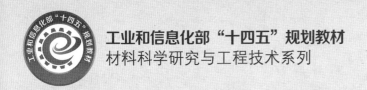

工业和信息化部"十四五"规划教材

材料科学研究与工程技术系列

材料计算设计基础

Fundamentals of Materials Computation and Design

朱景川　刘　勇　李明伟 编 著

U0223156

哈尔滨工业大学出版社

HARBIN INSTITUTE OF TECHNOLOGY PRESS

内 容 简 介

本书以从纳观到介观、微观、宏观的尺度变化为主线,依次介绍了第一性原理计算、分子力学、分子动力学、蒙特卡洛方法、元胞自动机、相场模拟、分形渗流、人工神经网络与机器学习等内容。

本书以知识与案例结合、理论与应用结合为特色,可作为高等学校材料专业及相关专业的高年级本科生和研究生教材,也可供科研工作者和工程技术人员参考。

图书在版编目(CIP)数据

材料计算设计基础/朱景川,刘勇,李明伟编著. —哈尔滨:哈尔滨工业大学出版社,2023.11
(材料科学研究与工程技术系列)
ISBN 978 - 7 - 5767 - 0859 - 2

Ⅰ.①材… Ⅱ.①朱… ②刘… ③李… Ⅲ.①材料—计算方法 Ⅳ.①TB3

中国国家版本馆 CIP 数据核字(2023)第 108117 号

策划编辑	许雅莹 张永芹
责任编辑	杨 硕 宋晓翠
封面设计	刘 乐
出版发行	哈尔滨工业大学出版社
社 址	哈尔滨市南岗区复华四道街 10 号 邮编 150006
传 真	0451 - 86414749
网 址	http://hitpress.hit.edu.cn
印 刷	哈尔滨久利印刷有限公司
开 本	787 mm×1092 mm 1/16 印张 19.5 字数 451 千字
版 次	2023 年 11 月第 1 版 2023 年 11 月第 1 次印刷
书 号	ISBN 978 - 7 - 5767 - 0859 - 2
定 价	58.00 元

(如因印装质量问题影响阅读,我社负责调换)

前　言

　　材料计算设计,指利用计算对材料的成分、组成、结构、性能进行计算机模拟与设计。材料计算设计是材料科学与计算机科学交叉的产物,近年来发展迅速。材料计算设计涉及两方面:一方面是材料计算模拟,通过建立数学模型及数值计算,模拟实际材料过程;另一方面是材料设计,直接通过理论模型和计算,预测和设计材料成分、结构与性能。材料计算设计使材料的研究与开发更具方向性、前瞻性,可以大大提高研究效率。

　　材料是人类社会进步的物质基础,也是人类文明发展的重要标志。人类历史的发展和新材料的发现与开发息息相关。传统的材料研发方法是试错法。试错法效率低下,而且不可避免地造成资源、物力、人力的大量浪费,已经不能适应现代社会对材料研发的需求。随着材料科学和计算机技术的发展,人们提出了材料设计的概念,应用已知理论与信息,预报具有预期性能的材料,并提出制备合成的方案,实现"按需定做",高效、经济地得到预期性能的材料。

　　材料设计的范畴涵盖了成分设计、微观结构设计、制备方法设计和测试表征方法设计。材料计算模拟是材料设计的基础,与材料特点相适应,体现了多尺度性。基于量子力学、经典力学、统计力学理论和各种数值近似计算方法已经形成了包括纳观、微观、介观或宏观尺度材料的各种计算机模拟方法,如第一性原理计算、分子力学、分子动力学、蒙特卡洛方法、相场模拟、原胞自动机、晶体塑性有限元和有限元方法等。这些计算模拟方法可以看作计算机"实验"。在现代材料学领域中,计算机"实验"已成为与实验室实验同样重要的研究手段,而且随着计算材料学的不断发展,它的作用会越来越大。对材料计算设计知识的掌握已成为材料工作者必备的技能之一。

　　目前,市面上有多种材料计算设计教材。这些教材有的偏重理论性,数理公式繁多,材料学科学生难以掌握;有的偏重实践性,对各种计算模拟方法的基础论述不足。鉴于此,作者撰写了本书。本书的特点是基础性和可读性相结合、理论性和实践性相结合。

　　(1)基础性和可读性相结合。材料计算设计是材料科学前沿交叉领域,涉及的学科门类多,各种计算方法基于近代数学、物理、化学基本理论,内容丰富、概念新颖、难点较多。为此,本书强调基本概念、基础理论和基本方法的掌握,按模拟计算尺度划分为涉及电子结构的第一性原理计算、涉及原子尺度的基于分子力场的模拟计算和涉及晶粒尺度的介观组织模拟三个层次组织教学内容,理论深入浅出。

　　(2)理论性和实践性相结合。材料计算设计又是一门实践性很强的学科,是在解决材料学科理论和实验面临的难题的过程中发展起来的,各种方法均具有可操作性,是以计算机模拟为手段的"虚拟实验"。因此,本书在撰写上强调理论与实践相结合,将第一性原理计算应用于新材料设计、基于分子力场的模拟计算应用于材料原子尺度的显微结构表征、介观尺度模拟应用于材料显微组织设计,便于学生在学习材料计算模拟基本理论和基本方法的基础上,进一步明确材料计算模拟方法的应用范围,提高分析问题和解决问题的能力。

本书共分 13 章。第 1 章为绪论,第 2 章为量子化学从头计算,第 3 章为密度泛函理论,第 4 章为固体能带理论,第 5 章为第一性原理计算在材料研究中的应用,第 6 章为原子间相互作用与分子力场,第 7 章为分子力学与材料结构计算设计,第 8 章为分子动力学与结构变化过程模拟,第 9 章为蒙特卡洛方法与材料计算设计,第 10 章为元胞自动机,第 11 章为相场动力学与材料微观组织模拟,第 12 章为分形渗流理论与材料显微组织模拟设计,13 章为人工神经网络与机器学习模型。

本书为工业和信息化部"十四五"规划教材,充分考虑了目前材料学科研究生的知识结构特点,适合作为高年级本科生和研究生教材,也可作为科研工作者和工程技术人员的参考书。

本书由朱景川统稿,朱景川、刘勇和李明伟共同撰写。在本书的撰写过程中,博士研究生曲囡、周飞、崔普昌、黄敬涛、陈佳莹、薛景腾、韦宗繁,硕士研究生熊晓倩、李宏飞、胡燕菲、王天姿、顾诗雨、邢阁书、郑璐、李文浩等参与了整理、图表绘制、文字录入等工作。本书在撰写和出版过程中得到哈尔滨工业大学研究生院、哈尔滨工业大学材料科学与工程学院的大力支持,在此一并表示感谢!

由于作者水平有限,书中疏漏之处在所难免,希望读者不吝赐教。

作　者

2023 年 7 月

目　　录

第1章　绪　　论

1.1　概　　述

1.1.1　材料设计的范畴

材料是人类社会进步的物质基础,也是人类文明发展的重要标志。人类历史的发展与新材料的发现和开发息息相关。最早新材料的发现可能是偶然的,而后人们有意识地开发新材料,所依赖的方法是试错法。近年来,随着科学技术的发展,人们提出了材料设计的概念。所谓材料设计,指应用已知理论与信息,预报具有预期性能的材料,并提出制备合成的方案。显然材料设计的目的是"按需定做",以得到有预期性能的材料。

材料设计的原则如下。

(1) 性能优先。例如,在国防、军事等高科技领域发展高超声速飞行器用材料。

(2) 成本优先。例如,在民用领域开发新型汽车发动机、车身等材料中,成本是重要的指标。

(3) 工艺优先。有些材料性能好但难以制备,很难推广使用,所以材料设计的一个重点是生产、制备、成型工艺设计,这在金属间化合物、工程陶瓷设计中尤为重要。

(4) 绿色环保。要求新材料低污染、可回收、环境友好等。

材料研发流程与材料设计的范畴(图 1.1)涵盖了成分设计、微观结构设计、制备方法设计和测试与表征方法设计。

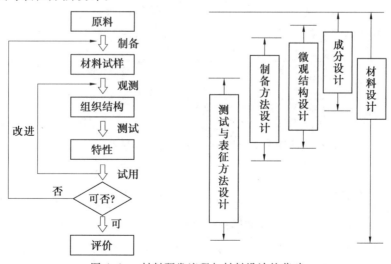

图 1.1　材料研发流程与材料设计的范畴

材料设计思路与流程如图1.2所示。材料包括成分、加工、性能和服役各因素,其中每个因素都与组织结构密切相关。基于上述的材料各因素,材料设计从目标性能出发,设计材料体系和化学成分,而后设计组织结构和制备加工方法,其中制备加工方法又影响组织结构。最后进行测试表征,看是否达到预期性能:若达到预期性能,则材料设计结束;若没有达到预期性能,则重新进行材料体系设计。

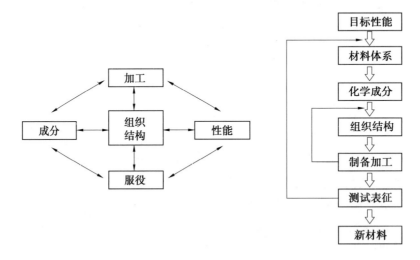

图 1.2 材料设计思路与流程

1.1.2 材料设计方法及其相互关系

材料设计方法源于常用的科学研究方法,包括实验、理论与模拟计算,其工作原理框图如图1.3所示。

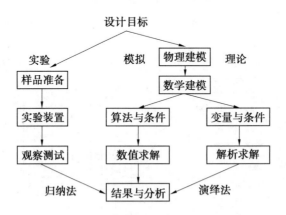

图 1.3 材料设计三种方法工作原理框图

过去习惯采用"试错法"对材料进行研究,试错法可以分为经验性方法和不确定性方法(材料所表现的性能产生的原因多样且难以唯一确定)两类。在试错法中,测试前对结构了解不多,对缺陷等也不清楚,它是一种事后追溯原因的方法,通过大量实验获得数据再拟合或采用基础理论加以分析或解释。试错法周期长、效率低、难以优化。

数学家和理论物理学家通常使用理论方法。理论方法通过剔除次要因素，保留主要因素，对实际材料进行简化得到模型，该物理模型与结构密切相关。得到物理模型后想了解材料有何特征和表现，必须对物理模型施加外场，观察材料在外场下有何响应（如 $\sigma - \varepsilon$ 关系），再建立数学模型（外场与响应的定量关系），并解析求解。

试错法与理论方法的不同点：① 试错法在实验前对材料结构（缺陷）未知或知之甚少，理论方法中物理模型本身与结构密切相关，输入的参数即为结构数据；② 试错法通过实验看材料对外场的响应，理论方法建立简化的外场响应模型并解析求解。但对于复杂结构的材料体系，很多方程组无法解析求解，必须基于数值方法近似求解，模拟计算方法应运而生。

"模拟计算"与"理论"和"实验"之间关系如图 1.4 所示。① 通过归纳大量实验数据建立理论模型（物理与数学建模）；② 对于难以解析的理论模型，通过数值近似计算得到合理的结果（数值模拟），并进行实验验证。因此，"模拟计算"是沟通"理论"与"实验"的桥梁，已成为与理论和实验并列的第三种重要的科学研究方法。

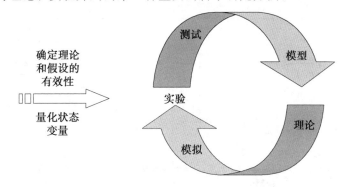

图 1.4　"模拟计算"与"理论"和"实验"之间关系

1.1.3　材料设计的发展

今天人类社会已跨过材料设计时代的门槛，但还没有实现完全定量化设计，这既有理论不完善的原因，也有计算能力受限的原因。

目前比较成熟的材料设计方法：① 传统配方型经验设计或"试错"设计；② 基于已有实验规律和数据库初步设计。

目前正在发展的方法：① 基于材料知识库和数据库技术，即建立以存取材料知识和数据为主要内容的数值数据库；② 材料设计专家系统，即基于材料知识库或数据库，外加人工智能推理的计算机程序系统；③ 材料计算机模拟设计，即基于纳观、微观、介观或宏观尺度的各种计算机模拟方法；④ 材料基因组工程，是一种基于理论与模拟计算结合实验验证与材料数据库的创新模式，其目标与系统构成如图 1.5 所示。

1.1.4　材料计算模拟方法

基于量子力学、经典力学与统计力学理论和各种数值近似计算方法，已经建立和发展

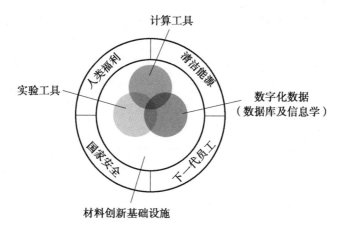

图 1.5　材料基因组工程目标与系统构成

了包括纳观、微观、介观或宏观尺度材料的各种计算机模拟方法(图 1.6)。

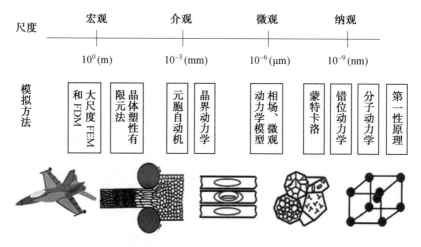

图 1.6　基于纳观、微观、介观或宏观尺度材料的各种计算机模拟方法
FEM— 有限元法;FDM— 有限差分法

1.1.5　模拟计算的必要性与材料设计的未来

对于材料这样的复杂体系,由于理论研究往往不能给出解析表达,或者即使能够给出解析表达也常常不能求解,因此也就失去了对实验研究的指导意义。反之,失去了理论指导的实验研究,也只能在原有的工作基础上,根据科研人员的经验理解、分析与判断,在各种工艺条件下反复摸索,反复实验。理论研究和实验研究相互脱节的根本原因并不在于理论和实验本身,而是人们为了能够全面而准确地反映客观实际,使理论模型变得十分复杂,无法直接解析求解。

材料体系的复杂性表现在多个方面,从低自由度体系转变到高自由度体系,从标量体系扩展到矢量、张量体系,从线性系统扩展到非线性系统,这些都使解析方法失去了原有的作用。因此,借助于计算机进行计算与模拟成为唯一可能的途径。

　　模拟计算方法的发展无论是在理论上还是在实验上都使原有的材料研究方法得到极大的改观。它不仅使理论研究从解析推导的束缚中解脱出来,而且使实验研究方法得到根本的改革,使其建立在更加客观的基础上,更有利于从实验现象中揭示客观规律、证实客观规律。因此,材料模拟计算是材料研究领域理论研究与实验研究的桥梁,不仅为理论研究提供了新途径,而且使实验研究进入了新阶段,如图1.7所示。

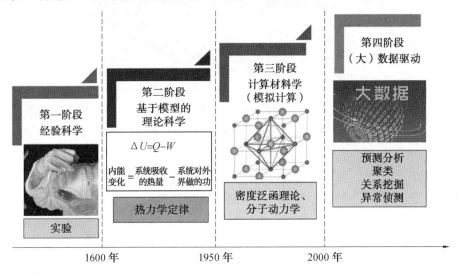

图1.7　材料设计与研发方法的发展历程

　　同时,需注意几个易混淆的概念:计算(computation),包括解析计算与模拟计算;模拟(modeling/simulation),强调模型化与数值模拟;计算材料学(computational materials science),多用于欧洲;材料设计(materials design),多用于日本。在本书中使用"材料计算设计(materials simulation and design)"的说法。

　　材料计算设计的内涵指根据材料科学和相关学科基本原理,通过模型化与模拟计算实现对材料制备、加工、结构、性能和服役表现等参量或过程的定量描述,理解材料结构与性能和功能之间的关系,从而实现材料(半)定量设计,缩短材料研制周期,降低材料研制成本。

1.2　材料计算设计分类及层次

　　材料计算设计涉及多尺度的问题。多尺度是指空间和时间的多尺度性。空间尺度是指纳观 → 微观 → 介观 → 宏观;时间尺度,如从发光(电子跃迁) → 扩散与相平衡过程 → 蠕变过程 → 煤、石油的生成,是时间不断增长的过程,各过程对应的时间尺度差异巨大。

　　材料计算设计的理论基础按尺度分类示意图如图1.8所示。

　　材料计算模拟方法可按图1.9进行分类。

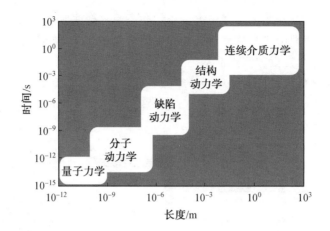

图 1.8 材料计算设计的理论基础按尺度分类示意图

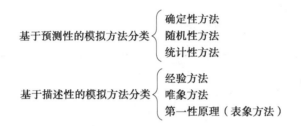

图 1.9 材料计算模拟方法分类

1.3 材料模拟计算的基本过程

1.3.1 材料模拟计算的基本思路 —— 离散化

离散化是材料结构定量表达的必要途径,也充分体现了材料宏观体系与微观组成单元之间的关系。材料原子尺度结构模型本身是空间离散化的,但微观组织一般具有空间连续性特征,需要通过网格划分离散化。以钢为例,钢微观组织与其中碳化物的原子尺度结构对比如图 1.10 所示:图 1.10(a) 为过共析钢组织,即先共析渗碳体 + 珠光体;图 1.10(b) 为渗碳体(Fe_3C)晶体结构。可见,微观组织具有空间连续性,而晶体结构是原子尺度离散化的。

材料数值近似计算常用迭代法分步求解,亦涉及相空间或过程的离散化。空间离散化体现在单元划分上,涉及单元形状与尺度;时间离散化体现在过程上,涉及步长及模拟计算的步数。

1.3.2 材料模拟计算的基本方法

材料模拟计算包括建模方法、数学模型和模拟几个部分。

(1) 建模方法。建模方法可分为从头计算、唯象理论和经验方法。

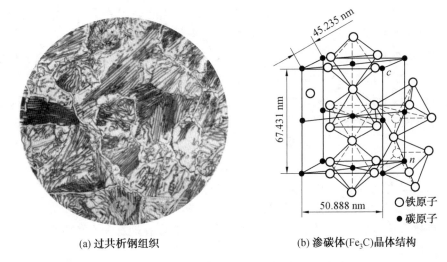

(a) 过共析钢组织　　　　(b) 渗碳体(Fe₃C)晶体结构

图 1.10　钢微观组织与其中碳化物的原子尺度结构对比

（2）数学模型。一个数学模型包括自变量、因变量、状态方程、结构演化方程、运动学方程及相关参数。

（3）模拟。模拟包括初始化与边界条件、算法、数值求解及结果分析。

1.3.3　材料模拟计算的基本步骤

材料模拟计算的基本步骤如图 1.11 所示。

图 1.11　材料模拟计算的基本步骤

（1）确定研究对象和模型近似方法，并做必要的简化。

（2）定义自变量，如时间和空间。

（3）定义因变量（态变量），如强度量或广延量。因变量包括显含因变量（微结构性质，如晶粒尺寸）和隐含因变量（介观或宏观平均值）。

（4）系统离散化：在空间或时间上确定极小单元和步长。

(5) 建立运动方程:不考虑实际作用力,描述质点变化的函数关系。计算一些相关参数,如应变、刚体自旋、晶体重新取向率等。

(6) 确定状态方程:选择和确定用来描述与路径无关的实际状态函数,如原子间相互作用势函数、相场模型的自由能函数。

(7) 建立结构演化方程:根据因变量的变化,预测微结构演化。非平衡态时,决定微结构演化方程的因素与路径有关,典型方程有分子动力学和位错动力学的牛顿运动方程。

(8) 确定相关物理参数:其取决于其他参数,并且存在非线性关系,对状态方程有直接影响,可以用不同形式来表示。

(9) 确定边界条件和初始条件:根据研究对象与研究目标加以选择和确定。

(10) 确定数值算法:微结构动力学离散化模型多数含有耦合微分方程,须应用数值方法近似求解。

1.4 材料计算设计理论基础及典型应用

1.4.1 理论基础

经典力学、量子力学是材料结构模拟建模的理论基础,线性代数、概率论与数值分析是数值近似算法的理论基础,统计力学则是根据模拟计算的材料体系微观状态(相空间)确定该体系宏观性质的理论基础。以纳观尺度模拟计算为例,图 1.12 给出了基础理论和纳观计算模拟方法的关系。

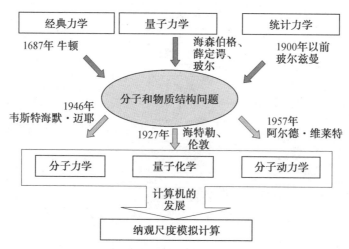

图 1.12 基础理论和纳观计算模拟方法的关系

1.4.2 材料第一性原理计算与设计

基于密度泛函理论(DFT)的第一性原理计算,已经做到不依赖于任何经验参数,准确预测材料本征结构与本征性质。来自世界各地45个学术权威机构、69名理论科学家组成的科研团队采用40种不同的量子力学模拟方法取得了一项突破性的成果——DFT第一性原理计算已经实现了对预测结果的再现性,符合相同且独立的科学研究应该得到一致结果的科学准则。这是第一性原理计算非常重要的突破和进展,是原子、电子层次新材料与材料改性设计的重要方法。

1.4.3 基于分子力场的材料结构模拟与设计

基于分子力场模拟的对象为多粒子体系,模拟的问题为有限温度(包括零温)下的结构和性质,模拟的基础是有效势(势函数)。其中,势函数的形式包括经验势(对势、多体势)、紧束缚势、第一性原理势等。模拟技术包括能量极小值法、分子动力学法、蒙特卡洛(Monte-Carlo, MC)方法。

能量极小值法(分子力学)可以在有效势或力场的作用下改变原子分布的几何位形,从而求出对应于能量为极小值的原子位形。分子动力学方法则对离散的时间步来求解牛顿运动方程。蒙特卡洛方法利用计算机对体系进行大量的随机取样,对取样结果作适当的平均而求得问题的近似解。模拟方法既可利用周期边界条件也可不用。

1.4.4 基于相场的材料微结构模拟与设计

相场模型是以热力学和动力学基本原理为基础而建立起来的一个用于预测固态相变过程中微结构演化的有力工具。在相场模型中,相变的本质由一组连续的序参量场所描述。微结构演化则通过求解控制空间上不均匀的序参量场的与时间关联的相场动力学方程而获得(图1.13)。相场模型对相变过程中可能出现的瞬时形貌和微结构不做任何事先的假设。

相场模型已经被广泛应用于各种扩散和无扩散相变的微结构演化研究,如析出反应、铁电相变、马氏体相变、应力相变、结构缺陷相变等。使用相场模型不仅能够预测最终的热力学平衡态,而且还能够在考虑各种化学、弹性、电磁和热因素对所含晶格缺陷的热力学势函数及其动力学贡献的情况下,预测实际的微结构。图1.14给出了微观相场模拟调幅分解动力学过程。

1.4.5 其他介观尺度材料微结构模拟方法与应用

1. 伊辛(Ising)模型与 q 态波茨模型

Ising模型是描述铁磁体自旋状态的两态统计物理模型,在此基础上扩展的 q 态波茨(potts)模型是解决多态问题的统计物理模型,具有可分析复杂组织和可视化仿真等能力,已广泛应用于材料的相变与晶粒生长、陶瓷的烧结(图1.15)等研究领域。

2. 元胞自动机

元胞自动机(Cellular Automata, CA)是一种时间、空间、状态都离散,空间相互作用和时间因果关系为局部的网格动力学模型,具有基于有限的简单规则模拟复杂系统时空

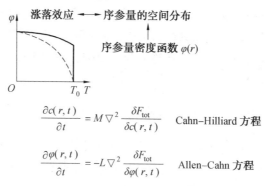

$$\frac{\partial c(r, t)}{\partial t} = M \nabla^2 \frac{\delta F_{tot}}{\delta c(r, t)} \quad \text{Cahn–Hilliard 方程}$$

$$\frac{\partial \varphi(r, t)}{\partial t} = -L \nabla^2 \frac{\delta F_{tot}}{\delta \varphi(r, t)} \quad \text{Allen–Cahn 方程}$$

相场变量 ── 序参量的空间分布 ── 相形态与分布

图 1.13　相场法理论基础与微观组织描述方法

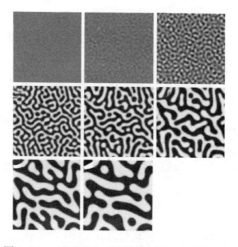

图 1.14　微观相场模拟调幅分解动力学过程

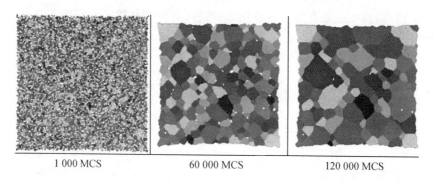

　　1 000 MCS　　　　　　60 000 MCS　　　　　　120 000 MCS

图 1.15　基于 q 态波茨模型的陶瓷烧结蒙特卡洛模拟(彩图见附录)

演化过程的能力,不仅可以模拟材料微结构的演化,也可研究生物、社会、交通以及星系等复杂系统的演化过程。图 1.16 为 CA 模拟元胞空间聚集,可反映多种物理与社会现象。

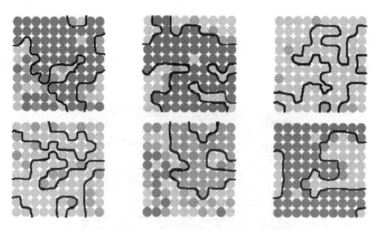

图 1.16 CA 模拟元胞空间聚集

3. 分形理论

分形理论研究的对象是具有自相似性的无序系统,其维数的变化是连续的,而不再限定为欧几里得几何学中整数的维数。分形理论借助相似性原理洞察隐藏于混乱现象中的精细结构,为人们从局部认识整体、从有限认识无限提供了新的非线性科学方法论。分形是对没有特征长度但具有一定意义下的自相似性图形和结构的总称,具有两个基本性质:自相似性和标度不变性。分形体内任何一个相对独立的部分(分形元或生成元),在一定程度上都是整体的再现和缩影。这种现象无论是在客观世界即自然界和社会领域,还是主观世界即思维领域,都是普遍存在的。分形理论在涉及随机非平衡过程的材料制备与生长、微观结构表征、损伤与断裂行为等研究领域得到广泛的应用。图 1.17 为马氏体组织与拉伸断口的分形特征。

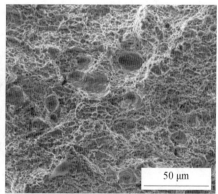

图 1.17 马氏体组织与拉伸断口的分形特征

4. 逾渗模型

无序系统中单元相互连接程度变化所引起状态突变称为逾渗现象,是自然界中的普遍现象,如疾病传播、液体在土壤中的渗透、火灾蔓延等。针对此类现象建立了各种数学的或物理的逾渗模型:当占据概率或粒子浓度逐渐增大以至超越阈值时,系统的宏观状态将发生突变,产生一种逾渗相变,导致系统长程联结性出现或者消失(图 1.18)。因此,逾渗模型成为研究无序系统临界行为的有力工具,在材料科学与工程中得到广泛应用,如溶胶－凝胶转变、非晶合金剪切失稳或屈服、损伤累积导致断裂以及复合材料强韧化与功能化设计等。

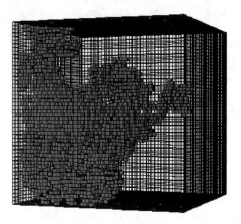

图 1.18　逾渗相变

1.4.6　数据驱动材料设计

随着材料科学与工程的发展,业已积累了海量的数据,包括成分、工艺、结构、性能等,这些数据以结构化或非结构化的形式散见于各种数据库、手册、文献或视频记录中,大都未得到有效利用。常用的统计或回归分析已难以处理高维非线性海量数据集,利用计算机代替人脑分析处理数据已成为必然选择。如人工神经网络(图 1.19)是数据建模的常用方法,基于数据训练与测试建立成分－工艺－结构－性能定量关系模型无论对于材料性能预测,还是成分、工艺设计均具有十分重要的意义。

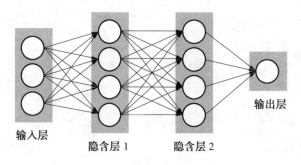

图 1.19　人工神经网络结构示意图

第 2 章　　量子化学从头计算

2.1　概　　述

第一性原理计算是从电子结构出发,基于量子力学理论,只借助基本常量和某些合理近似进行的。它如实地把固体作为电子和原子核的多粒子体系,求出系统总能量,根据总能量与电子结构和原子核关系,确定系统状态。第一性原理计算适用于各种原子、分子体、分子团簇、晶体表面、体材料,其实质是求解薛定谔(Schrödinger)方程,得到系统的各种性质。

第一性原理计算包括量子化学从头计算和密度泛函理论(DFT)计算。量子化学从头计算方法仅仅利用普朗克(Planck)常量、电子质量、电量等基本物理常数以及元素的原子序数,不再借助于任何经验参数(实验所得),计算体系全部电子的分子积分,求解薛定谔方程。

在处理实际问题时,现阶段不可能完全做到从头计算,所以要进行一些简化处理。也就是说根据量子力学基本原理最大限度地对问题进行非经验处理。

第一性原理计算基于三个基本近似:非相对论近似、玻恩－奥本海默(Born－Oppenheimer)近似和单电子近似。非相对论近似认为电子质量等于其静止质量,即 m_e(电子质量)$=m_{e,0}$(静止质量),并认为光速接近无穷大;玻恩－奥本海默近似(绝热近似)将核运动和电子运动分离开处理,由于原子核质量一般比电子质量大 $10^3 \sim 10^5$ 倍,分子中核的运动比电子的运动要慢很多,因此在电子运动时,可以把核近似看作不动;单电子近似只考虑一个电子,把其他电子对它的作用近似处理成某种平均势场,这样即把多电子问题转化为单电子问题。

2.2　量子力学基础

2.2.1　波粒二象性

人类在漫长的探索自然、认识自然的过程中认识到,光既具有粒子性,又具有波动性。实物粒子也具有波粒二象性,与运动的实物粒子相联系的波称为德布罗意波,波长称为德布罗意波长。德布罗意关系式给出了描述波动性的波长与粒子性动量之间的关系:

$$p = \frac{h}{\lambda} \cdot n \qquad (2.1)$$

式中，p 为粒子的动量；h 为普朗克常数；λ 为波长；n 为沿物质波传播方向的单位矢量。

粒子的能量可以写为

$$E = h\nu = \frac{h}{2\pi} \cdot 2\pi\nu = \hbar\omega \tag{2.2}$$

式中，ν 为频率；ω 为角频率，$\omega = 2\pi\nu$；$\hbar$ 为约化普朗克常数，$\hbar = \frac{h}{2\pi}$。

定义 k 为波矢，$k = \frac{2\pi}{\lambda} \cdot n$，描述波单位距离相位差的特性。

2.2.2 波函数

微观粒子具有波粒二象性，用来描述德布罗意波的函数称为波函数。它是一种概率波，其在空间某一点的强度（模的平方）与在该点找到粒子的概率成正比。定义概率密度

$$\rho \propto |\psi|^2 = \psi^* \psi \tag{2.3}$$

式中，ρ 为概率密度，即在某点附近单位体积找到粒子的概率；ψ 为波函数。

根据波函数的物理意义可知波函数必须具有单值、有限和连续的性质。

2.2.3 算符

算符是量子力学中常用的概念，其实质为一种数学运算符号，作用在一个函数 $f(x)$ 上得到另一个函数 $f'(x)$，如式 (2.4) 中 F 即为一种算符：

$$Ff(x) = f'(x) \tag{2.4}$$

如果算符 $\hat{A}$ 作用于 $f(x)$ 等于某一常数乘 $f(x)$，即

$$\hat{A}f(x) = kf(x) \tag{2.5}$$

则称该方程为一个本征方程，$f(x)$ 为本征函数，k 为该方程的本征值。

例如一个简单的微分本征方程：

$$\frac{\mathrm{d}}{\mathrm{d}x}y = ry \tag{2.6}$$

该本征方程中，算符为 $\mathrm{d}/\mathrm{d}x$；该方程的一个本征函数为 $y = \mathrm{e}^{\alpha x}$，对应的本征值为 α。

对于二次微分本征方程，一个简单的例子是：

$$\frac{\mathrm{d}^2 y}{\mathrm{d}x^2} = ry \tag{2.7}$$

该方程的解即本征函数为 $y = A\cos kx + B\sin kx$，其中 A 和 B 为常数。

在量子力学中，算符是一个重要的概念。能量、位置、动量等量子值均可以用算符得到。严格讲，量子力学中的力学量均可以用线性厄米算符表达。

2.2.4 薛定谔方程

量子力学中描述粒子微观运动状态的波函数所满足的系统运动方程为薛定谔方程。对于单粒子系统，薛定谔方程的一般形式为

$$\left\{ -\frac{\hbar^2}{2m}\left(\frac{\partial^2}{\partial x^2} + \frac{\partial^2}{\partial y^2} + \frac{\partial^2}{\partial z^2} \right) + V \right\} \psi(\boldsymbol{r}, t) = \mathrm{i}\hbar \frac{\partial \psi(\boldsymbol{r}, t)}{\partial t} \tag{2.8}$$

式中，m 为粒子质量；V 为势能算符；$\boldsymbol{r}$ 为粒子的位置矢量，$\boldsymbol{r}=x\boldsymbol{i}+y\boldsymbol{j}+z\boldsymbol{k}$；$t$ 为时间。

如果外加势场不依赖于时间 t，波函数可以分解为两部分：

$$\psi(r,t)=\varphi(r)T(t) \tag{2.9}$$

通过分离变量法处理式(2.9)，可以把薛定谔方程分解为只与时间相关及只与空间相关的两部分。只考虑势场与时间无关的情况，得到定态薛定谔方程：

$$\left\{-\frac{\hbar^2}{2m}\nabla^2+V\right\}\varphi(r)=E\varphi(r) \tag{2.10}$$

式中，E 为常数，代表粒子的能量；$\nabla^2=\nabla\cdot\nabla$ 为拉普拉斯算子（∇ 为向量微分算子）：

$$\nabla^2=\frac{\partial^2}{\partial x^2}+\frac{\partial^2}{\partial y^2}+\frac{\partial^2}{\partial z^2} \tag{2.11}$$

在定态薛定谔方程中，定义能量算符 $H=-\dfrac{\hbar^2}{2m}\nabla^2+V$，称为哈密顿（Hamiltonian）算符，代表系统中粒子的能量。显然，哈密顿算符代表的能量作用由势能和动能两部分组成。动能算符为 $-\dfrac{\hbar^2}{2m}\nabla^2$。

势能算符则是势能适当表达的加和形式。对于孤立原子和分子中的单个电子，势能算符包括电子与原子核及电子与其他电子之间的静电相互作用。对单个电子和具有核电荷数为 Z 的核子，势能算符为 $-\dfrac{Ze^2}{4\pi\varepsilon_0 r}$。

基于上述哈密顿算符，定态薛定谔方程简化为

$$H\varphi=E\varphi \tag{2.12}$$

可见，定态薛定谔方程是一个微分本征方程，波函数 φ 是本征函数，E 为（能量）本征值。

在定态薛定谔方程两边分别乘波函数的共轭函数 φ^*，然后在整个空间积分得到：

$$\int\varphi^* H\varphi\,\mathrm{d}\tau=\int\varphi^* E\varphi\,\mathrm{d}\tau \tag{2.13}$$

式中，E 为能量本征值，定态时为实数，可以提到积分外，故系统能量期望值由能量对波函数的变分获得：

$$E=\frac{\int\varphi^* H\varphi\,\mathrm{d}\tau}{\int\varphi^*\varphi\,\mathrm{d}\tau} \tag{2.14}$$

注意共轭符号"*"的应用，它提示波函数可能是一个复数。如果波函数是正交化的，则式(2.14)中的分母 $\int\varphi^*\varphi\,\mathrm{d}\tau=1$。对能量变分得到一个极小值，对应系统的基态能量。

沿 x 轴的动量算符为 $\dfrac{\hbar}{\mathrm{i}}\dfrac{\partial}{\partial x}$，则该量的期望值

$$p_x=\frac{\int\varphi^*\dfrac{\hbar}{\mathrm{i}}\dfrac{\partial}{\partial x}\varphi\,\mathrm{d}\tau}{\int\varphi^*\varphi\,\mathrm{d}\tau} \tag{2.15}$$

2.2.5 原子单位

量子力学研究对象主要是基本粒子(电子、质子、中子及原子核等)构成的多粒子系统,这些粒子的性质(如质量、电荷等)如果用国际单位来表达,需要乘或除以 10 的幂次。鉴于在计算中经常用到如电子的质量或电子电荷等,人们提出一套更简易的方法。在这种方法中这些量可以用原子单位进行表达,称为原子单位制。有两套不同的原子单位制,即哈特里(Hartree)单位制与里德伯(Rydberg)单位制,两者的主要区别在于质量单位与电荷单位的选取。量子力学中常用哈特里单位制,以下六个物理学常量的数值均为 1:电子的静质量与电荷;氢原子的玻尔半径与基态电势能的绝对值;另外还用到两个物理常数,即约化普朗克常数与库仑(Coulomb)定律中的常数。

按以上定义,原子单位制中各物理量单位的定义、描述、数值及单位见表 2.1。

表 2.1　原子单位制

物理量	物理量单位定义	描述	数值	单位
质量 m	m_e	电子质量	$9.109\,382\,15 \times 10^{-31}$	kg
长度 x	$a_0 = \dfrac{4\pi\varepsilon_0 \hbar^2}{m_e e^2}$	玻尔半径	$5.291\,772\,106\,7 \times 10^{-11}$	m
时间 t	$m_e a_0^2 / \hbar$	长度除以速度	$2.418\,884\,326 \times 10^{-17}$	s
角频率 ω	$\dfrac{\hbar}{m_e a_0^2}$	基态运动频率	$6.579\,683\,921 \times 10^{15}$	rad/s
能量 E	$\dfrac{\hbar^2}{m_e a_0^2} = \dfrac{e^2}{4\pi\varepsilon_0 a_0}$	基态电子势能大小	$4.359\,744\,649\,9 \times 10^{-18}$	J
速度 v	$\dfrac{\hbar}{m_e a_0}$	基态电子速度	$2.187\,691\,263\,3 \times 10^{6}$	m/s
角动量 L	$m_e v_0 a_0 = \hbar$	长度乘动量	$1.054\,571\,800 \times 10^{-34}$	J·s
电荷 q	e 或 q_e	电子电荷	$1.602\,176\,620\,8 \times 10^{-19}$	C
电场强度 ε	$\dfrac{e}{(4\pi\varepsilon_0) a_0^2}$	基态轨道电场强度	$5.142\,206\,707\,0 \times 10^{11}$	V/m

显然,原子单位制不但能适当地描述微观粒子系统,而且简化了原子核和电子系统的哈密顿算符和薛定谔方程表达式。例如,定态下类氢原子薛定谔方程的哈密顿算符为

$$H = -\frac{\hbar^2}{2m}\nabla^2 + V = -\frac{\hbar^2}{2m}\nabla^2 - \frac{Ze^2}{4\pi\varepsilon_0 r} \tag{2.16}$$

用原子单位制则表达为

$$H = -\frac{1}{2}\nabla^2 - \frac{z}{r} \tag{2.17}$$

2.2.6 一维无限深势阱算例

只有少数简单体系的薛定谔方程可以解析求解,如氢原子、简谐振子等。这些问题的

共同特点是必须对可能的解加入限制条件(边界条件),如在无限高势垒中的粒子,其波函数在边界处必须为 0。

薛定谔方程解的另一个要求是在指定点 r,其波函数与共轭函数的乘积代表这一点找到粒子的概率,即粒子波函数模的平方在一点的取值给出了在这一点附近单位体积找到粒子的概率。因此对在空间找到粒子的概率进行积分,结果必须等于 1:

$$\int \psi^* \psi \mathrm{d}\tau = 1 \tag{2.18}$$

式中,$\mathrm{d}\tau$ 指在整个空间进行积分。

满足条件的波函数必须是正交的,即满足

$$\int \psi_m^* \psi_n \mathrm{d}\tau = 0, \quad m \neq n \tag{2.19}$$

可采用 δ 函数作为通用的表达式来描述,即

$$\int \psi_m^* \psi_n \mathrm{d}\tau = \delta_{mn} \tag{2.20}$$

这就是薛定谔方程的解 —— 波函数的正交归一化条件。

现利用量子力学求解粒子处于一维无限深势阱问题。假设粒子位于势阱中,如图2.1所示。

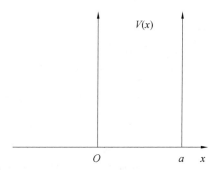

图 2.1   一维无限深势阱

粒子具有势能

$$U(x) = \begin{cases} 0, & 0 < x < a \\ \infty, & x \leqslant 0, x \geqslant a \end{cases} \tag{2.21}$$

则薛定谔方程为

$$-\frac{\hbar}{2m} \frac{\mathrm{d}^2}{\mathrm{d}x^2} \psi + U\psi = E\psi \tag{2.22}$$

对于 $0 < x < a$,$U = 0$,上述薛定谔方程变为

$$\frac{\mathrm{d}^2}{\mathrm{d}x^2} \psi + k^2 \psi = 0 \tag{2.23}$$

其中设

$$k^2 = 2mE/\hbar^2 \tag{2.24}$$

式(2.23)的通解为

$$\psi = A\sin(kx + \delta) \tag{2.25}$$

势阱无限深,说明在阱壁及阱壁外的区域,波函数为 0。则有

$$\psi = \begin{cases} A\sin(kx + \delta), & 0 < x < a \\ 0, & x \leqslant 0 \text{ 或 } x \geqslant a \end{cases} \tag{2.26}$$

由第一个边界条件,在阱壁 $x = 0$ 有

$$\psi = A\sin\delta = 0 \tag{2.27}$$

显然,如果 $A = 0$,式(2.27)没有意义;因此有 $A \neq 0$,$\delta = 0$。代入第二个边界条件,在阱壁 $x = a$,

$$\psi = A\sin(ka + \delta) = 0 \tag{2.28}$$

有

$$\psi = A\sin ka = 0 \tag{2.29}$$

则有

$$ka = n\pi, \quad n = 1, 2, 3, \cdots \tag{2.30}$$

$$k = \frac{n\pi}{a}, \quad n = 1, 2, 3, \cdots \tag{2.31}$$

解得波函数为

$$\psi_n(x) = \begin{cases} A\sin\dfrac{n\pi}{a}x, & 0 < x < a \\ 0, & x \leqslant 0 \text{ 或 } x \geqslant a \end{cases} \tag{2.32}$$

粒子具有的能量值为

$$E_n = \frac{\hbar^2 n^2 \pi^2}{2ma^2} \tag{2.33}$$

可见束缚于势阱中的粒子,能量取值不是任意的,而是由 n 决定的一系列不连续的值,呈现能量量子化的特点,n 称为量子数。能量量子化是束缚态粒子的量子力学特性。

由波函数的形式可以看出:波函数和波函数模的平方具有图 2.2 和图 2.3 的形式。值得注意的是,波函数模的平方代表在某点附近单位体积找到这个粒子的概率大小。通过图 2.3 可以看到粒子在空间的分布或存在概率的情况。

图 2.4 为不同粒子能量状态,其中 n 值可以取 $1, 2, \cdots$,图中仅给出前 4 个值。

由以上结果可以看到:微观粒子遵循量子力学运动规律。① 能量量子化,这是一切束缚粒子的基本特征,无须任何假设,是求解薛定谔方程的必然产物;② 基态能量不为 0,说明物质世界不可能有绝对静止状态;③ 对于一维无限深势阱中的粒子,相邻能量状态(能级)之间的间距为

$$\Delta E_n = E_{n+1} - E_n = \frac{\pi^2 \hbar^2}{2ma^2}(2n + 1) \tag{2.34}$$

波函数的解有无穷多个,表示处于无限深势阱中的粒子可以有无穷多种运动方式,或者说粒子有多种量子态。粒子处于哪一种方式,应该用统计物理解决。

可以通过类比经典力学进一步理解量子力学。经典力学中物体的状态用坐标表达,量子力学中体系的状态用波函数描述;经典力学中决定一个物体坐标运动轨迹的是牛顿

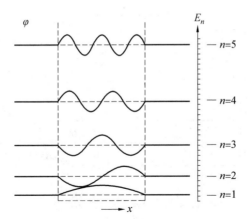

图 2.2　一维无限深势阱波函数的形式

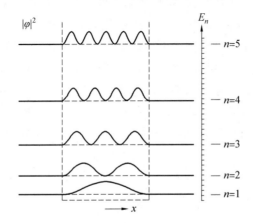

图 2.3　一维无限深势阱波函数模的平方的形式

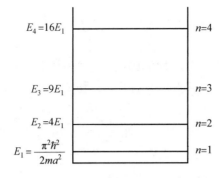

图 2.4　不同粒子能量状态

运动定律,而量子力学中决定体系状态演变的是薛定谔方程;经典力学中使物体状态发生改变的是外力,而量子力学中使体系状态演变的驱动力是外势场。表 2.2 给出了量子力学和经典力学的比较。

表 2.2　量子力学和经典力学的比较

经典力学	量子力学
$m\dfrac{\mathrm{d}^2 \boldsymbol{r}}{\mathrm{d}t^2} = \boldsymbol{F}$	$\left\{-\dfrac{\hbar^2}{2m}\nabla + V\right\}\varphi(\boldsymbol{r}) = E\varphi(\boldsymbol{r})$
宏观物体	微观粒子
描述物体状态的参量是位移 r	描述物体状态的参量是波函数 φ
状态改变的驱动量是外力 $\boldsymbol{F}$	状态改变的驱动量是外势场 V

2.3　单电子原子

可以将材料看作多粒子体系,将材料的第一性原理计算看作求解多粒子体系的薛定谔方程。最简单的多粒子体系是单电子原子或离子,也就是氢原子和类氢原子。事实上,氢原子薛定谔方程是量子力学里为数不多的可以精确解析求解的薛定谔方程,而且利用氢原子薛定谔方程的解可以准确地解释氢的光谱。这一例子证实了量子力学的正确性,也说明了量子力学强大的生命力。本节以类氢原子为例简单介绍单电子原子薛定谔方程及其解,以进一步加深对薛定谔方程的理解。

在单电子的原子里,势能依赖于核子和电子之间的距离,库仑势给出其形式。哈密顿算符可以写为

$$H = -\frac{\hbar^2}{2m}\nabla^2 - \frac{Ze^2}{4\pi\varepsilon_0 r} \tag{2.35}$$

用原子单位表达为

$$H = -\frac{1}{2}\nabla^2 - \frac{Z}{r} \tag{2.36}$$

氢原子是单电子原子,其核电荷数为 1,r 为空间某点到核的距离。如 He^+ 也是单电子粒子,其核电荷数为 2。

由于原子具有球状结构,氢原子薛定谔方程采用如图 2.5 所示球坐标系更为方便。其中,r 为径向坐标,其大小为该点和原点的距离;θ 为方向与 z 轴的夹角,ϕ 为 r 在 xy 平面上的投影与 x 轴的夹角。

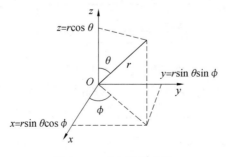

图 2.5　球坐标示意图

氢原子薛定谔方程的求解过程可以参考有关图书,在此不做赘述,仅讨论解的形式。

在球坐标系中波函数可以写为径向函数 $R_{nl}(r)$ 与角度函数 $Y_{lm}(\theta, \phi)$ 乘积的形式:

$$\psi_{nlm} = R_{nl}(r)Y_{lm}(\theta, \phi) \tag{2.37}$$

原子波函数的解在量子化学里常被称为轨道,每个原子轨道可以用三个量子数 n、m、l 组成的数组来识别。各量子数取值如下:

n 为主量子数,取 $1, 2, 3, \cdots$

l 为角量子数,可取 $0, 1, 2, \cdots, n-1$

m 为磁量子数,可取 $-l, -(l-1), \cdots, 0, \cdots, l-1, l$

径向函数具体形式为

$$R_{nl}(r) = -\left[\left(\frac{2Z}{na_0}\right)^3 \frac{(n-l-1)!}{2n[(n+l)!]^3}\right]^{1/2} \exp\left(-\frac{\rho}{2}\right)\rho^l L_{n+1}^{2l+1}(\rho) \tag{2.38}$$

式中,$\rho = 2Zr/na_0$,a_0 为玻尔半径;方括号内为标准化因子;$L_{n+1}^{2l+1}(\rho)$ 为一种特殊类型的函数,是关于 r 的多项式,称为拉盖尔(Laguerre)多项式。

如果用原子单位则更加简单。引入轨道系数 $\xi = z/n$,径向函数典型结果见表 2.3,对不同量子数 n、l 的组合,可以得到不同的径向函数。

表 2.3 径向函数典型结果(单电子原子)

n	l	$R_{nl}(r)$
1	0	$2\xi^{3/2}\exp(-\xi r)$
2	0	$2\xi^{3/2}(1-\xi r)\exp(-\xi r)$
2	1	$(4/3)^{1/2}\xi^{5/2} r\exp(-\xi r)$
3	0	$(2/3)^{1/2}\xi^{3/2}(3-6\xi r+2\xi^2 r^2)\exp(-\xi r)$
3	1	$(8/9)^{1/2}\xi^{5/2}(2-\xi r)r\exp(-\xi r)$
3	2	$(8/45)^{1/2}\xi^{7/2} r^2\exp(-\xi r)$

径向函数分布与量子数的关系如图 2.6 所示,可知:

(1)该图给出了电子聚集在核周围的紧密程度,可见径向函数在确定电子势能和原子能量时起主要作用。

(2)随距离 r 增加,所有径向函数很快趋于0,即在离核很远处发现电子的概率很小。

(3)当电子处于 $l=0$ 的轨道时(s轨道),在原子核处发现电子的概率不为0;当电子处于 l 不等于0的轨道时,在原子核处发现电子的概率为0。

波函数的角度部分为 Θ 和 Φ 函数的乘积。

$$Y_{lm}(\theta, \Phi) = \Theta_{lm}(\theta)\Phi_m(\phi) \tag{2.39}$$

$$\Phi_m(\Phi) = \frac{1}{\sqrt{2\pi}}\exp(im\phi) \tag{2.40}$$

$$\Theta_{lm}(\theta) = \left[\frac{(2l+1)}{2}\frac{(l-|m|)!}{(l+|m!)!}\right]^{1/2} P_l^{|m|}(\cos\theta) \tag{2.41}$$

式中,方括号内为归一化因子;$P_l^{|m|}(\cos\theta)$ 为一函数,称为连带勒让德(Legendre)多项式。

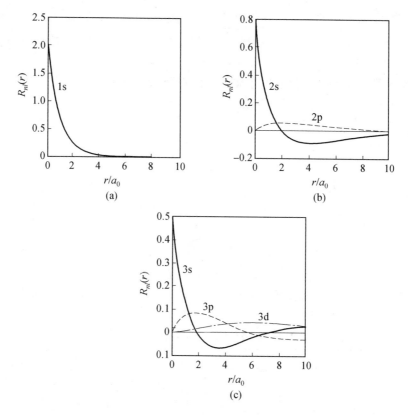

图 2.6 径向函数分布与量子数的关系

综合径向部分和角度部分的函数,可以得到单电子原子的波函数一般表达式。其原子轨道如图 2.7 所示。

通过解薛定谔方程可知,对于氢原子或者类氢原子,能量是主量子数的函数(对于多电子原子,由于钻穿效应和屏蔽效应,能量是主量子数和角量子数的函数)。需注意,图 2.7 并不是与上述波函数的解一一对应的。例如,对应 2p 轨道的解有一个实函数和两个虚函数。

$$2p(+1) = \sqrt{3/4\pi} R(r) \sin \theta e^{i\phi} \tag{2.42}$$

$$2p(0) = \sqrt{3/4\pi} R(r) \cos \theta \tag{2.43}$$

$$2p(-1) = \sqrt{3/4\pi} R(r) \sin \theta e^{-i\phi} \tag{2.44}$$

式中,$R(r)$ 为函数的径向部分;根号内为归一化因子。$2p(0)$ 函数是实函数,对应 $2p_z$ 轨道。其余两个 $2p(+1)$ 和 $2p(-1)$ 的线性组合得到两个实函数,对应 $2p_x$ 和 $2p_y$ 轨道。

$$2p_x = 1/2[2p(+1) + 2p(-1)] \tag{2.45}$$

$$2p_y = -1/2[2p(+1) - 2p(-1)] \tag{2.46}$$

薛定谔方程的解可以是实函数,也可以是成对出现的呈共轭关系的复数形式的函数,后者联合可以给出相同能量的实数解。

最后,注意到薛定谔函数的解是正交的。如果同一体系的两个轨道函数在空间积分,

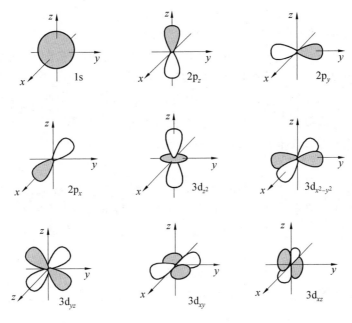

图 2.7　原子轨道

除非两个轨道函数相等,否则积分得 0;两个轨道函数相等时,积分为 1。这种性质称为正交归一性。正交归一化可以通过乘适当的归一化因子得到。

2.4　多电子系统波函数形式和斯莱特行列式

一般材料都是复杂的多电子系统,包括多电子原子和分子。下面考虑多电子系统的波函数形式和薛定谔方程。

多电子原子和分子的薛定谔方程求解较复杂,其复杂性体现在:① 薛定谔方程一般不能精确求解,波函数可以取多种形式。② 必须考虑电子自旋状态,电子自旋采用自旋量子数 s 进行描述,s 可以取 $1/2$ 和 $-1/2$ 两个值,分别对应自旋角动量在 z 轴的投影为 $+h/2\pi$ 和 $-h/2\pi$。③ 电子波函数为依靠于空间坐标的空间函数和依赖于自旋的自旋函数乘积的形式。空间函数描述了电子密度在空间的分布;自旋函数定义了电子的自旋部分。④ 自旋函数可以分别记为 α、β,其自变量为自旋量子数,自旋量子数只能取 $1/2$ 和 $-1/2$,并且有 $\alpha(1/2)=1,\alpha(-1/2)=0,\beta(1/2)=0,\beta(-1/2)=1$。

自旋量子数为半整数的粒子是费米子,电子是费米子。费米子组成的系统遵从费米－狄拉克分布:

$$f(E)=\frac{1}{\mathrm{e}^{(E-\mu(0))/k_{\mathrm{B}}T}+1} \tag{2.47}$$

式中,E 为能量;$\mu(0)$ 为 0 K 时的化学势;k_{B} 为玻尔兹曼常数;T 为绝对温度。

因为电子是费米子,其波函数符合以下特性:交换一对电子,电子密度的分布保持不变,波函数改变符号。

在这一部分常用轨道的概念。轨道在量子化学中指单电子波函数,原子的单电子波函数称为原子轨道,分子的单电子波函数称为分子轨道。

设系统具有 N 个电子,并且波函数具有反对称性。根据哈特里(Hartree)近似,系统的波函数可以写为单个电子波函数乘积的形式:

$$\psi(1,2,3,\cdots,N) = \chi_1(1)\chi_2(2)\cdots\chi_N(N) \tag{2.48}$$

这种形式的波函数称为哈特里方程。该方程表示系统的能量等于单个电子自旋轨道能量的和。哈特里近似意味着在空间某一点找到一个电子的概率与在这一点找到其他电子的概率无关。

但该函数有其不足之处:① 不符合反对称性原则;② 事实上电子的运动是关联的,在某点附近找到电子的概率受其他电子的影响。显然哈特里近似过于简单。

下面以氦原子为例讨论多电子原子波函数的形式。考虑低能状态下一个可以接受的函数形式为

$$1s(1)1s(2)[\alpha(1)\beta(2) - \alpha(2)\beta(1)] \tag{2.49}$$

式中,$1s(1)$、$1s(2)$ 等表示空间函数;$\alpha(1)$、$\beta(1)$ 等表示自旋函数。显然,上述形式满足反对称性。

上述函数可以写为行列式的形式:

$$\begin{vmatrix} 1s(1)\alpha(1) & 1s(1)\beta(1) \\ 1s(2)\alpha(2) & 1s(2)\beta(2) \end{vmatrix} \tag{2.50}$$

把上述的两列分别记为两个自旋轨道,每个自旋轨道包含空间函数和自旋函数两部分,

$$\chi_1 = 1s(1)\alpha(1) \text{ 和} \chi_2 = 1s(1)\beta(1) \tag{2.51}$$

则行列式可以简写为 $|\chi_1 \chi_2|$。

在哈特里近似基础上,通过构造斯莱特(Slater)行列式以满足多电子系统波函数反对称性条件,称为哈特里-福克(Hartree-Fock)近似。行列式是描述允许的多电子波函数符合反对称性条件的最方便的方法。如式(2.50)所示,两个电子交换,相当于交换两行,行列式的值变为原来的负值,说明这种形式的波函数满足反对称性。

一般来讲,对于多电子系统,N 个电子具有自旋轨道 $\chi_1,\cdots,\chi_N$,每一轨道为一空间函数与自旋函数的乘积形式

$$\psi = \frac{1}{\sqrt{N!}} \begin{vmatrix} \chi_1(1) & \cdots & \chi_N(1) \\ \vdots & & \vdots \\ \chi_1(N) & \cdots & \chi_N(N) \end{vmatrix} \tag{2.52}$$

式(2.52)形式的行列式称为斯莱特行列式,其具有以下特点:① 交换行列式的任意两行,相当于交换两个电子,改变了行列式的符号,相当于满足了反对称性的要求。② 如果行列式的两列是相同的,或者说同一轨道上具有两个相同状态的电子,则行列式变为0,这符合泡利(Pauli)原则。③ 电子交换奇数次,波函数改变符号;电子交换偶数次,最后仍得到原来的波函数。④ 任意一列加到另一列上,不改变行列式的值。这意味着自旋轨

道并不是唯一的。其他线性组合也具有相同的能量。

下面通过氦原子的第一激发态说明多电子系统波函数形式的不唯一性。氦原子的第一激发态 $1s^1 2s^1$ 可以写为以下斯莱特行列式的情况：

$$\begin{vmatrix} 1s(1)\alpha(1) & 2s(1)\alpha(1) \\ 1s(2)\alpha(2) & 2s(2)\alpha(2) \end{vmatrix} = 1s(1)\alpha(1)2s(2)\alpha(2) - 1s(2)\alpha(2)2s(1)\alpha(1) \quad (2.53)$$

设 $\chi'_1 = \dfrac{1s + 2s}{\sqrt{2}}\alpha$，$\chi'_2 = \dfrac{1s - 2s}{\sqrt{2}}\alpha$，则下列形式的行列式也满足条件

$$\begin{vmatrix} \chi'_1(1) & \chi'_2(1) \\ \chi'_1(2) & \chi'_2(2) \end{vmatrix} = \frac{[1s(1)+2s(1)][1s(2)-2s(2)]\alpha(1)\alpha(2)}{2} -$$

$$\frac{[1s(1)-2s(1)][1s(2)+2s(2)]\alpha(1)\alpha(2)}{2} \quad (2.54)$$

式(2.53)和式(2.54)均可作为氦原子的第一激发态的波函数形式。

2.5 多电子系统的能量

上节讨论了多电子系统的波函数的形式，本节进一步讨论多电子系统的能量。首先计算氢分子的能量，找出多电子系统能量的组成，之后推广到一般情况。

2.5.1 氢分子能量

分子自旋轨道可以表达为原子轨道的线性组合，这种方法称为原子轨道线性组合(LCAO)方法。

$$\psi_i = \sum_{\mu=1}^{k} c_{\mu i}\varphi_\mu \quad (2.55)$$

式中，φ_μ 为原子轨道；$c_{\mu i}$ 为系数。

LCAO 方法的实质是将每个原子为中心的原子轨道进行线性组合来构成遍及几个核的分子轨道。

氢分子的成键轨道是分布在两核周围的一个复杂函数，分子轨道在每个核附近的形式类似于这个核的 1s 轨道，因此可以用两个 1s 轨道叠加的形式表示分子轨道。

其哈密顿量

$$H = -\frac{1}{2}\nabla_1^2 - \frac{1}{2}\nabla_2^2 - \frac{Z_A}{r_{1A}} - \frac{Z_B}{r_{1B}} - \frac{Z_A}{r_{2A}} - \frac{Z_B}{r_{2B}} + \frac{1}{r_{12}} \quad (2.56)$$

考虑 H_2 低能状态简单的 LCAO，首先利用 LCAO 构造分子轨道的空间函数部分

$$1\sigma_g = A(1s_A + 1s_B) \quad (2.57)$$

式中，$1s_A$、$1s_B$ 为氢原子的 1s 轨道；A 为标准化因子，A 的具体值在讨论中并不重要。

再考虑自旋函数，得到分子轨道完整的表达方式

$$\chi_1(1) = 1\sigma_g(1)\alpha(1) \quad (2.58)$$

$$\chi_2(1) = 1\sigma_g(1)\beta(1) \quad (2.59)$$

$$\chi_1(2) = 1\sigma_g(2)\alpha(2) \tag{2.60}$$

$$\chi_2(2) = 1\sigma_g(2)\beta(2) \tag{2.61}$$

利用式(2.58)~(2.61),得到满足反对称性的分子轨道波函数

$$\psi = \begin{vmatrix} \chi_1(1) & \chi_2(1) \\ \chi_1(2) & \chi_2(2) \end{vmatrix} = \chi_1(1)\,\chi_2(2) - \chi_1(2)\,\chi_1(1) \tag{2.62}$$

则系统的能量为

$$\begin{aligned}
E = \frac{1}{2}\iint \mathrm{d}\tau_1\,\mathrm{d}\tau_2\, \Big[\chi_1(1)\,\chi_2(2) - \chi_2(1)\,\chi_1(2)\Big]^* \Big[-\frac{1}{2}\nabla_1^2 - \frac{1}{2}\nabla_2^2 - \frac{Z_A}{r_{1A}} - \\
\frac{Z_B}{r_{1B}} - \frac{Z_A}{r_{2A}} - \frac{Z_B}{r_{2B}} + \frac{1}{r_{12}}\Big]\Big[\chi_1(1)\,\chi_2(2) - \chi_2(1)\,\chi_1(2)\Big]
\end{aligned} \tag{2.63}$$

令 $H_1 = -\dfrac{1}{2}\nabla_1^2 - \dfrac{Z_A}{r_{1A}} - \dfrac{Z_B}{r_{1B}}$、$H_2 = -\dfrac{1}{2}\nabla_2^2 - \dfrac{Z_B}{r_{2B}} - \dfrac{Z_A}{r_{2A}}$,则式(2.63)变为

$$\begin{aligned}
E = \frac{1}{2}\iint \mathrm{d}\tau_1\,\mathrm{d}\tau_2 \Big\{\Big[\chi_1(1)\,\chi_2(2) - \chi_2(1)\,\chi_1(2)\Big]^* \Big[H_1 + H_2 + \frac{1}{r_{12}}\Big] \\
\Big[\chi_1(1)\,\chi_2(2) - \chi_2(1)\,\chi_1(2)\Big]\Big\}
\end{aligned} \tag{2.64}$$

对 H_2 分子而言:$Z_A = 1, Z_B = 1$。但本节为了后续介绍方便,仍采用 Z_A、Z_B 写法。

对上述能量项进行展开,得

$$\begin{aligned}
E = &\iint \mathrm{d}\tau_1\,\mathrm{d}\tau_2\,\chi_2(2)^*\,\chi_1(1)^*\,H_1\,\chi_1(1)\,\chi_2(2) - \\
&\iint \mathrm{d}\tau_1\,\mathrm{d}\tau_2\,\chi_2(2)^*\,\chi_1(1)^*\,H_1\,\chi_2(1)\,\chi_1(2) + \cdots + \\
&\iint \mathrm{d}\tau_1\,\mathrm{d}\tau_2\,\chi_2(2)^*\,\chi_1(1)^*\,H_2\,\chi_1(1)\,\chi_2(2) - \\
&\iint \mathrm{d}\tau_1\,\mathrm{d}\tau_2\,\chi_2(2)^*\,\chi_1(1)^*\,H_2\,\chi_2(1)\,\chi_1(2) + \cdots + \\
&\iint \mathrm{d}\tau_1\,\mathrm{d}\tau_2\,\chi_2(2)^*\,\chi_1(1)^*\,\frac{1}{r_{12}}\,\chi_1(1)\,\chi_2(2) - \\
&\iint \mathrm{d}\tau_1\,\mathrm{d}\tau_2\,\chi_2(2)^*\,\chi_1(1)^*\,\frac{1}{r_{12}}\,\chi_2(1)\,\chi_1(2) + \cdots
\end{aligned} \tag{2.65}$$

上述能量项可以分为电子-原子核作用项和电子-电子作用项两类。对于含电子-原子核作用项(含 H_1 或 H_2 项)处理如下。

对式(2.65)第一项进行积分,并利用波函数的正交归一性进行处理,注意其中的轨道函数可以写为空间函数和自旋函数乘积的形式。

$$\iint d\tau_1 d\tau_2 \tau_2\, \chi_2(2)^*\, \chi_1(1)^*\, H_1\, \chi_1(1)\, \chi_2(2)$$

$$= \int d\tau_2\, \chi_2(2)^*\, \chi_2(2) \int d\tau_1\, \chi_1(1)^* \left(-\frac{1}{2}\nabla_1^2 - \frac{Z_A}{r_{1A}} - \frac{Z_B}{r_{1B}}\right)\chi_1(1)$$

$$= \int d\tau_1\, \chi_1(1)^* \left(-\frac{1}{2}\nabla_1^2 - \frac{Z_A}{r_{1A}} - \frac{Z_B}{r_{1B}}\right)\chi_1(1)$$

$$= \int d\nu_1\, 1\sigma_g(1)^* \left(-\frac{1}{2}\nabla_1^2 - \frac{Z_A}{r_{1A}} - \frac{Z_B}{r_{1B}}\right)1\sigma_g(1) \int d\sigma_1\, \alpha(1)^*\alpha(1)$$

(2.66)

对式(2.65)第二项进行积分

$$\iint d\tau_1 d\tau_2\, \chi_2(2)^*\, \chi_1(1)^*\, H_1\, \chi_2(1)\, \chi_1(2)$$

$$= \int d\tau_2\, \chi_2(2)^*\, \chi_1(2) \int d\tau_1\, \chi_1(1)^* \left(-\frac{1}{2}\nabla_1^2 - \frac{Z_A}{r_{1A}} - \frac{Z_B}{r_{1B}}\right)\chi_2(1)$$

(2.67)

其中，$\int d\tau_2\, \chi_2(2)^* \chi_1(2) = 0$ 是由波函数的正交归一化得到，所以第二项积分为零。

对式(2.67)逐项进行处理，得到对于电子－原子核作用项积分，只有 4 项非 0，每一非 0 项等于一个单电子在两个氢原子核场中的能量。

式(2.65)中剩余的 4 项为电子与电子的相互作用，处理如下。

$$\iint d\tau_1 d\tau_2\, \chi_2(2)^*\, \chi_1(1)^*\, \frac{1}{r_{12}}\chi_1(1)\chi_2(2) + \iint d\tau_1 d\tau_2\, \chi_1(2)^*\, \chi_2(1)^*\, \frac{1}{r_{12}}\chi_2(1)\chi_1(2) -$$

$$\iint d\tau_1 d\tau_2\, \chi_2(2)^*\, \chi_1(1)^*\, \frac{1}{r_{12}}\chi_2(1)\chi_1(2) - \iint d\tau_1 d\tau_2\, \chi_1(2)^*\, \chi_2(1)^*\, \frac{1}{r_{12}}\chi_1(1)\chi_2(2)$$

(2.68)

对于式(2.68)的前两项，每一项可以进行如下处理：轨道函数写为空间函数和自旋函数乘积的形式，并利用波函数的正交归一性进一步进行简化。

$$\iint d\tau_1 d\tau_2\, \chi_2(2)^*\, \chi_1(1)^*\, \frac{1}{r_{12}}\chi_1(1)\chi_2(2)$$

$$= \iint d\nu_1 d\nu_2\, 1\sigma_g(2)^*\, 1\sigma_g(1)^*\, \frac{1}{r_{12}}1\sigma_g(1)1\sigma_g(2) \int d\sigma_1\, \alpha(1)^*\alpha(1) \int d\sigma_2\, \beta(1)^*\beta(1)$$

$$= \iint d\nu_1 d\nu_2\, 1\sigma_g(2)^*\, 1\sigma_g(1)^*\, \frac{1}{r_{12}}1\sigma_g(1)1\sigma_g(2)$$

(2.69)

对于其他两项

$$\iint d\tau_1 d\tau_2\, \chi_2(2)^*\, \chi_1(1)^* \left(\frac{1}{r_{12}}\right)\chi_2(1)\chi_1(2)$$

$$= \iint d\nu_1 d\nu_2\, 1\sigma_g(2)^*\, 1\sigma_g(1)^*\, \frac{1}{r_{12}}1\sigma_g(1)1\sigma_g(2) \int d\sigma_1\, \alpha(1)^*\beta(1) \int d\sigma_2\, \alpha(2)^*\beta(2)$$

(2.70)

$$\iint d\tau_1 d\tau_2 \, \chi_1(2)^* \, \chi_2(1)^* \left(\frac{1}{r_{12}}\right) \chi_1(1) \, \chi_2(2)$$

$$= \iint d\nu_1 d\nu_2 \, 1\sigma_g(2)^* \, 1\sigma_g(1)^* \, \frac{1}{r_{12}} 1\sigma_g(1) 1\sigma_g(2) \int d\sigma_1 \beta(1)^* \, \alpha(1) \int d\sigma_2 \, \alpha(2)^* \, \beta(2)$$

(2.71)

根据波函数的正交归一性对自旋函数积分部分进行处理,可得式(2.70)和式(2.71)两项为 0;但如两个电子自旋函数相同时,上述积分不为 0,这意味着存在一种特殊的能量。下面仍以 H_2 分子为例,考察 H_2 分子的激发态。

H_2 的激发态可以通过把电子激发到高能状态得到,这种高能轨道的空间函数可以写为 $1\sigma_u$:

$$1\sigma_u = A(1s_A - 1s_B) \tag{2.72}$$

结合自旋函数,则描述 H_2 激发态的波函数可以写为行列式形式:

$$\begin{vmatrix} 1\sigma_g\alpha(1) & 1\sigma_u\alpha(1) \\ 1\sigma_g\alpha(2) & 1\sigma_u\alpha(2) \end{vmatrix} \tag{2.73}$$

(上述分子轨道均具有相同的自旋状态 spin(α)。)

则类似式(2.70)和式(2.71)的电子交互作用项为

$$\iint d\tau_1 d\tau_2 \, \chi_2(2)^* \, \chi_1(1)^* \left(\frac{1}{r_{12}}\right) \chi_2(1) \, \chi_1(2)$$

$$= \iint d\nu_1 d\nu_2 \, 1\sigma_u(2)^* \, 1\sigma_g(1)^* \, \frac{1}{r_{12}} 1\sigma_u(1) 1\sigma_g(2) \int d\sigma_1 \alpha(1)^* \, \alpha(1) \int d\sigma_2 \, \alpha(2)^* \, \alpha(2)$$

(2.74)

此时这些项并不为 0,即交叉项积分并不与基态一样为 0。可见,上述积分项在两个相互自旋平行的电子中不为 0,这种作用称为交换作用。交换作用具有使相同的自旋电子相互回避的趋势。这种作用仅发生在自旋相同的电子之间。

关于交换能,可以这样理解:电子之间除了存在库仑作用,还存在自旋相关效应,即电子自旋取向相反的电子紧靠在一起,自旋电子取向相同的电子存在相互回避的内禀倾向。从能量观点看,自旋相同的电子之间的真实平均排斥能比一般的库仑作用能 J 小,修正的平均排斥能可以记为 $J-K$,修正项 K 称为交换能。

综上,多电子系统的能量包括:电子在核子的作用场中运动的动能和势能、库仑作用对应的能量、仅发生在自旋相同的电子之间的交换作用能。

2.5.2 多电子系统的能量

将 2.5.1 节能量计算推广至含 N 个电子的系统,其哈密顿量写为

$$H = -\frac{1}{2}\sum_{i=1}^{N} \nabla_i^2 - \frac{Z_A}{r_{1A}} - \frac{Z_B}{r_{1B}}\cdots + \frac{1}{r_{12}} + \frac{1}{r_{13}} + \cdots \tag{2.75}$$

系统的波函数写为

$$\frac{1}{\sqrt{N!}} \begin{vmatrix} \chi_1(1) & \chi_2(1) & \cdots & \chi_N(1) \\ \chi_1(2) & \chi_2(2) & \cdots & \chi_N(2) \\ \vdots & \vdots & & \vdots \\ \chi_1(N) & \chi_2(N) & \cdots & \chi_N(N) \end{vmatrix} \tag{2.76}$$

或简写为

$$\chi_i(1)\,\chi_j(2)\,\chi_k(3)\cdots \tag{2.77}$$

能量可用

$$E = \frac{\int \psi^* H\psi\,\mathrm{d}\tau}{\int \psi^* \psi\,\mathrm{d}\tau}$$

计算。

$$\int \psi^* H\psi\,\mathrm{d}\tau$$

$$= \int \cdots \int \mathrm{d}\tau_1 \mathrm{d}\tau_2 \cdots \mathrm{d}\tau_N \left\{ \begin{array}{l} \left[\chi_i(1)\,\chi_j(2)\,\chi_k(3)\cdots\right]^* \\ \left(-\dfrac{1}{2}\displaystyle\sum_{i=1}^N \nabla_i^2 - \dfrac{Z_A}{r_{1A}} - \dfrac{Z_B}{r_{1B}}\cdots + \dfrac{1}{r_{12}} + \dfrac{1}{r_{13}} + \cdots \right)\left[\chi_i(1)\right. \\ \left.\chi_j(2)\cdots \chi_k(3)\cdots\right] \end{array} \right\} \tag{2.78}$$

$$\int \psi^* \psi\,\mathrm{d}\tau = \int \cdots \int \mathrm{d}\tau_1 \mathrm{d}\tau_2 \cdots \mathrm{d}\tau_N \left\{ \left[\chi_i(1)\,\chi_j(2)\,\chi_k(3)\cdots\right]^* \left[\chi_i(1)\,\chi_j(2)\,\chi_k(3)\cdots\right] \right\} \tag{2.79}$$

对上述计算进行展开,可以得到具有 N 个电子系统的能量,包括电子在核子的作用场中运动的动能和势能、电子之间库仑作用能和交换作用能。

(1) 能量项 1:电子在核子的作用场中运动的动能和势能。

式(2.80)为单个电子的动能和在原子核中的势能;式(2.81)为 N 个电子的动能与在原子核中势能之和。

$$H_{ii}^{\text{core}} = \int \mathrm{d}\tau_1\,\chi_i(1)^* \left(-\frac{1}{2}\nabla_i^2 - \sum_{A=1}^M \frac{Z_A}{r_{iA}}\right)\chi_i(1) \tag{2.80}$$

$$E_{\text{total}}^{\text{core}} = \sum_{i=1}^N \mathrm{d}\tau_1\,\chi_i(1)^* \left(-\frac{1}{2}\nabla_i^2 - \sum_{A=1}^M \frac{Z_A}{r_{iA}}\right)\chi_i(1) = \sum_{i=1}^N H_{ii}^{\text{core}} \tag{2.81}$$

(2) 能量项 2:电子之间库仑作用能。

库仑作用能形式如下,式(2.82)为库仑作用算符;式(2.83)为单个电子在其他电子作用下的库仑作用能;式(2.84)为 N 个电子在其他电子作用下的库仑作用能之和。

$$J_{ij} = \iint \mathrm{d}\tau_1 \mathrm{d}\tau_2\,\chi_j(2)^*\,\chi_i(1)^* \frac{1}{r_{12}}\chi_i(1)\,\chi_j(2) \tag{2.82}$$

$$E_i^{\text{coulomb}} = \sum_{j \neq i}^N \iint \mathrm{d}\tau_1 \mathrm{d}\tau_2\,\chi_j(2)^*\,\chi_i(1)^* \frac{1}{r_{12}}\chi_i(1)\,\chi_j(2) \tag{2.83}$$

$$E_{\text{total}}^{\text{coulomb}} = \sum_{i=1}^{N} \sum_{j=i+1}^{N} \iint d\tau_1 d\tau_2 \, \chi_j(2)^* \, \chi_i(1)^* \, \frac{1}{r_{12}} \, \chi_i(1) \, \chi_j(2) = \sum_{i=1}^{N} \sum_{j=i+1}^{N} J_{ij} \quad (2.84)$$

（3）能量项 3：交换作用能。

自旋相同的电子倾向于相互避免，它们承受的电子相互之间的静电作用低于上述能量项 2 的库仑作用，其能量的差值为交换作用能。交换作用能形式如下，式（2.85）为交换作用算符，式（2.86）为单个电子所受交换作用能，式（2.87）为 N 个电子总的交换作用能。

$$K_{ij} = \iint d\tau_1 d\tau_2 \, \chi_j(2)^* \, \chi_i(1)^* \, \frac{1}{r_{12}} \, \chi_i(2) \, \chi_j(1) \quad (2.85)$$

$$E_i^{\text{exchange}} = \sum_{j \neq i}^{N} \iint d\tau_1 d\tau_2 \, \chi_j(2)^* \, \chi_i(1)^* \, \frac{1}{r_{12}} \, \chi_i(2) \, \chi_j(1) \quad (2.86)$$

$$E_{\text{total}}^{\text{exchange}} = \sum_{i=1}^{N} \sum_{j=i+1}^{N} \iint d\tau_1 d\tau_2 \, \chi_j(2)^* \, \chi_i(1)^* \, \frac{1}{r_{12}} \, \chi_i(2) \, \chi_j(1) \quad (2.87)$$

交换作用仅发生在具有相同自旋方向的电子之间。

在量子化学电子结构计算中常引入简略符号。两电子之间的积分 J_{ij} 和 K_{ij} 一般采用简写的形式。如库仑作用 J_{ij} 写为

$$\left\langle \chi_i^* \, \chi_j^* \, \middle| \, \frac{1}{r_{12}} \, \middle| \, \chi_i \, \chi_j \right\rangle \quad (2.88)$$

在上述记法中，左侧为共轭部分，右侧为实部分，有时轨道符号略去。

$$\left\langle ij \, \middle| \, \frac{1}{r_{12}} \, \middle| \, ij \right\rangle \quad (2.89)$$

交换作用 K_{ij} 为

$$\left\langle ij \, \middle| \, \frac{1}{r_{12}} \, \middle| \, ji \right\rangle \quad (2.90)$$

在化学文献中一种记法被广泛应用：电子 1 记在左侧（包括共轭部分），电子 2 记在右侧。库仑作用记为 $(ii \mid jj)$，交换作用记为 $(ij \mid ji)$，对于单电子积分，则记为

$$\left(i \, \middle| \, -\frac{1}{2} \nabla_i^2 - \sum_{A=1}^{M} \frac{Z_A}{r_{iA}} \, \middle| \, j \right) = \int d\tau_1 \, \chi_i(1)^* \left(-\frac{1}{2} \nabla_i^2 - \sum_{A=1}^{M} \frac{Z_A}{r_{iA}} \right) \chi_j(1) \quad (2.91)$$

2.5.3 闭壳系统的能量

闭壳系统的特征是亚壳层完全被电子占据。典型的分子、部分原子和离子都具有闭壳系统。考虑分子的基态，设分子具有 $N/2$ 个轨道，N 个电子；对每一个空间轨道 ψ_i 可以取两个自旋轨道 $\psi_i\alpha$ 和 $\psi_i\beta$。

多电子系统的能量的讨论同样适用于闭壳系统的能量。但闭壳系统具有特殊性，其系统的能量组成可以进一步写为如下形式。

（1）能量项 1：记 H_{ii}^{core} 为单个电子在裸露原子核作用场中运动时的能量。对于在轨道 ψ_i 运动的电子：如果一个轨道具有两个电子，那么对 ψ_i 轨道，其电子能量为 $2H^{\text{core}}$。

$N/2$ 个轨道具有的能量为

$$\sum_{i=1}^{N/2} 2H_{ii}^{\text{core}} \tag{2.92}$$

（2）能量项 2：电子与电子的作用。设 ψ_i 和 ψ_j 中存在 4 个电子，在一个轨道上的 2 个电子以库仑作用的方式与另一个轨道上的两个电子发生作用，综合记为 $4J_{ij}$；另外两个轨道中的自旋方向相同的电子之间存在交换能，总交换能为 $-2K_{ij}$；最后考虑同一轨道上的一对电子之间的库仑作用，但是这些电子具有成对的自旋，因此不存在交换能。

基于以上讨论，闭壳系统具有的总能量为

$$E = 2\sum_{i=1}^{N/2} H_{ii}^{\text{core}} + \sum_{i=1}^{N/2}\sum_{j=i+1}^{N/2} (4J_{ij} - 2K_{ij}) + \sum_{i=1}^{N/2} J_{ii} \tag{2.93}$$

2.6　哈特里－福克方程

2.6.1　哈特里－福克方程的推导

多电子系统的薛定谔方程一般采用变分方法进行处理。变分方法的基本思想为：真实函数近似计算得到的能量总是高于真实函数对应的能量。波函数越准确，则能量越低；能量最低时，得到最好的波函数。变分处理的具体算法如下。

$\delta E = 0$ 是能量取极值的条件。这一条件作用于多电子系统的能量表达式，得到哈特里－福克(Hartree－Fock，H－F)方程。

波函数正交归一化条件可以通过交叠矩阵 S_{ij} 写为如下形式：

$$S_{ij} = \int \chi_i^* \chi_j \mathrm{d}\tau = \delta_{ij} \tag{2.94}$$

具有限制条件的能量极小问题可以应用拉格朗日(Lagrange)方法。

将在每一个正交归一条件下的拉格朗日乘法因子记为 λ_{ij}，则有

$$\delta E + \delta \sum_i \sum_j \lambda_{ij} S_{ij} = 0 \tag{2.95}$$

拉格朗日乘法因子可以写为 $-2\varepsilon_{ij}$，式(2.95)可变为

$$\delta E - 2\delta \sum_i \sum_j \varepsilon_{ij} S_{ij} = 0 \tag{2.96}$$

通过上述计算得到的单电子的薛定谔方程，称为哈特里－福克方程。

假设一个电子存在于原子核作用场内一个自旋轨道 χ_i 中，其他电子位于轨道 χ_j 中，考虑其他电子对自旋轨道 χ_i 中电子的相互作用。注意，薛定谔方程的解要么是实函数，要么是呈简并形式的复函数对。这些简并对是共轭的，可以组合为能量等价的实函数，通常仅仅在处理一些特殊算符时保留复波函数形式，因此一般可忽略复数记法，只处理实函数的轨道。在下面处理中只处理实函数。

$$\left\{ -\frac{1}{2}\nabla_1^2 - \sum_{A=1}^{M} \frac{Z_A}{r_{iA}} \right\} \chi_i(1) + \sum_{j \neq i} \left[\int \mathrm{d}\tau_2\, \chi_j(2) \frac{1}{r_{12}} \chi_j(2) \right] \chi_i(1) -$$
$$\sum_{j \neq i} \left[\int \mathrm{d}\tau_2\, \chi_j(2) \frac{1}{r_{12}} \chi_i(2) \right] \chi_j(1) = \sum_j \varepsilon_{ij} \chi_j(1) \tag{2.97}$$

记 $H^{core}(1) = -\dfrac{1}{2}\nabla_i^2 - \sum\limits_{A=1}^{M}\dfrac{Z_A}{r_{1A}}$ 为芯部哈密顿算符；$J_j(1) = \int d\tau_2\, \chi_j(2)\dfrac{1}{r_{12}}\chi_j(2)$ 为库仑作用算符，$K_j(1)\chi_i(1) = \left[\int d\tau_2\, \chi_j(2)\dfrac{1}{r_{12}}\chi_i(2)\right]\chi_j(1)$ 为交换作用算符。采用上述简写，式(2.97)可以写为

$$H^{core}(1)\chi_i(1) + \sum_{j\neq i}J_j(1)\chi_i(1) - \sum_{j\neq i}K_j(1)\chi_i(1) = \sum_j \varepsilon_{ij}\chi_j(1) \quad (2.98)$$

进一步得到

$$\left\{H^{core}(1) + \sum_{j=1}^{N}\left[J_j(1) - K_j(1)\right]\right\}\chi_i(1) = \sum_{j=1}^{N}\varepsilon_{ij}\chi_j(1) \quad (2.99)$$

记 $F_i(1) = H^{core}(1) + \sum\limits_{j=1}^{N}\left[J_j(1) - K_j(1)\right]$ 为福克算符，表示多电子系统的哈密顿算符。对于闭核系统，该算符可以写为

$$F_i(1) = H^{core}(1) + \sum_{j=1}^{N/2}\left[2J_j(1) - K_j(1)\right] \quad (2.100)$$

则式(2.99)可以写为

$$F_i\chi_i = \sum_j \varepsilon_{ij}\chi_j \quad (2.101)$$

但是式(2.101)不是标准形式的本征方程。利用矩阵变换进行对角化处理，使得除非 i 等于 j，否则拉格朗日乘法因子为 0。这样式(2.101)可以进一步变为

$$F'_1\chi_i = \varepsilon_i\chi_i \quad (2.102)$$

或进一步写为

$$F_1\chi_i = \varepsilon_i\chi_i \quad (2.103)$$

这是 H－F 方程标准本征值形式。

在 H－F 方程中，每一个电子都被假设在包括原子核和其他电子的固定区域中运动；而每一个电子方程得到的解都会影响系统中其他电子的解。

采用自洽场(SCF)的方法解 H－F 方程。首先采用一个 H－F 本征方程的试探解，计算库仑和交换能；解 H－F 方程，给出第二套解，再进行计算；依次类推。通过自洽场方法逐渐得到对应能量越来越低的单电子的解，直到满足一定的条件为止。

H－F 方程可以采用另外一种形式，在此作为参考一并给出。对于哈特里近似，有

$$\psi(1,2,3,\cdots,N) = \chi_1(1)\chi_1(2)\cdots\chi_1(N) \quad (2.104)$$

对于哈特里－福克近似，有

$$\psi = \frac{1}{\sqrt{N!}}\begin{vmatrix} \chi_1(1) & \chi_2(1) & \cdots & \chi_N(1) \\ \vdots & \vdots & & \vdots \\ \chi_1(N) & \chi_2(N) & \cdots & \chi_N(N) \end{vmatrix} \quad (2.105)$$

则系统的能量期望值为

$$E = H = \sum_i \int \mathrm{d}r_1 \, \chi_i^*(1) H_i \chi_i(1) + \frac{1}{2} \sum_{i,j}' \iint \mathrm{d}r_1 \mathrm{d}r_2 \, \frac{\left|\chi_i(1)\right|^2 \left|\chi_j(2)\right|^2}{\left|r_1 - r_2\right|} -$$

$$\frac{1}{2} \sum_{i,j}' \iint \mathrm{d}r_1 \mathrm{d}r_2 \, \frac{\chi_i^*(1) \chi_j^*(2) \chi_i(2) \chi_j(1)}{\left|r_1 - r_2\right|}$$

$$(2.106)$$

根据变分原理,由最佳单电子波函数构成的系统波函数一定能给出系统能量的极小值。将 E 对 χ_i 作变分,以 E_i 为拉格朗日乘子,得到单电子波函数应满足的微分方程,即哈特里－福克方程:

$$\left[-\frac{1}{2}\nabla^2 + V(r)\right]\chi_i(r) + \sum_{j \neq i} \int \mathrm{d}r' \, \frac{\left|\chi_j(r')\right|^2}{\left|r - r'\right|} \chi_i(r) +$$

$$(2.107)$$

$$\sum_{j \neq i, //} \int \mathrm{d}r' \, \frac{\chi_j^*(r') \chi_i(r')}{\left|r - r'\right|} \chi_j(r) = E_i \chi_i(r)$$

综上,通过哈特里－福克近似,把多电子系统的薛定谔方程转化为了单电子方程。

2.6.2 多电子原子的哈特里－福克方程及其解法

下面讨论 $H-F$ 方程的解法。在讨论一般性的解法之前,先讨论多电子原子系统的波函数的解。多电子原子系统的波函数的解可以在单电子原子(氢原子)的薛定谔方程解的基础上考虑芯电子的"屏蔽效应"而得到。

假设电子的分布是呈球形对称的,多电子原子系统薛定谔方程的解仍采用如下形式:

$$\psi = R_{nl}(r) Y_{lm}(\theta, \phi) \tag{2.108}$$

氢原子(单电子原子)得到的径向函数不能直接用于多电子原子,因为内壳层电子对原子核电荷具有屏蔽作用。如果考虑屏蔽效应把轨道指数做适当的修正,则仍可以采用氢原子的波函数形式。设 Z 为原子数,σ 为屏蔽常数,n^* 为有效的主量子数,定义轨道指数 $\zeta = \dfrac{Z - \sigma}{n^*}$。

径向函数采用斯莱特函数的形式:

$$R_{nl}(r) = (2\zeta)^{n+1/2} \left[(2n)!\right]^{-1/2} r^{n-1} \mathrm{e}^{-\zeta r} \tag{2.109}$$

对不同的 n、l 取值可以得到下列具体的函数形式,如:

$$R_{1s}(r) = 2\zeta^{3/2} \mathrm{e}^{-\zeta r} \tag{2.110}$$

$$R_{2s}(r) = R_{2p}(r) = (4\zeta^5/3)^{1/2} r \mathrm{e}^{-\zeta r} \tag{2.111}$$

$$R_{3s}(r) = R_{3p}(r) = R_{3d}(r) = (8\zeta^7/45)^{1/2} r^2 \mathrm{e}^{-\zeta r} \tag{2.112}$$

角度函数可以直接采用氢原子波函数的相关形式,径向函数和角度函数结合,得到整个波函数,如:

$$\phi_{1s}(r) = \sqrt{\zeta^3/\pi} \exp(-\zeta r) \tag{2.113}$$

$$\phi_{2s}(r) = \sqrt{\zeta^5/3\pi} \, r \exp(-\zeta r) \tag{2.114}$$

$$\phi_{2p_z}(r) = \sqrt{\zeta^5/\pi} \exp(-\zeta r) \cos\theta \tag{2.115}$$

在上述方法中用轨道指数表示芯电子的屏蔽效应。确定轨道指数有多种方法。以斯莱特方法为例,斯莱特给出了一套轨道指数的确定方法。

(1)n^* 的取值:$n=1,2,3$ 时,n^* 取与 n 相同的值;$n=4,5,6$ 时,n^* 分别取 3.7,4.0,4.2。

(2) 屏蔽常数按下列规则确定。把轨道划分如下组:(1s);(2s,2p);(3s,3p);(3d);(4s,4p);(4d);(4f);(5s,5p);(5d)。对给定的轨道,屏蔽常数由下列各项贡献之和确定:① 如果起屏蔽作用的电子到原子核的距离比到上述各组远,则它们对屏蔽常数的贡献为 0;② 如果起屏蔽作用的电子与所研究的电子在同一组,则每个电子贡献为 0.35,但若其轨道为 1s,则贡献为 0.3;③ 当起屏蔽作用的电子具有的主量子数比所研究的电子所在轨道小 1 时,若所研究的电子所在轨道为 d 或 f 则贡献为 1.0,若为 s 或 p 则贡献为 0.85;④ 如果屏蔽电子所在轨道的主量子数比所研究的电子所在轨道小 2 或更多,则贡献为 1。

例 2.1 计算硅价电子屏蔽常数。

Si 原子电子结构为 $(1s^2)(2s^2 2p^6)(3s^2 3p^2)$,以最外层电子为研究对象。首先,根据规则 ② 得到与所研究电子在同一组的其他电子所起的屏蔽作用为 $0.35\times 3=1.05$;其次,根据规则 ③,得到 2s 和 2p 电子的屏蔽作用为 $0.85\times 8=6.8$;再次,根据规则 ④,得到 1s 电子的屏蔽作用为 $1.0\times 2=2$;最后,上述三项相加得到屏蔽常数 $\sigma=1.05+6.8+2=9.85$,原子核数为 14,则 $Z-\sigma$ 为 4.15。

2.6.3 原子轨道线性组合

直接解析求解形如式(2.103)或式(2.107)的 H−F 方程非常困难。因此,可以采用原子轨道线性组合(LCAO)的方法,转化为求解系数的问题。LCAO 指每一个自旋轨道写为单个原子轨道的线性组合的形式:

$$\psi_i = \sum_{\nu=1}^{K} c_{\nu i}\varphi_\nu \tag{2.116}$$

式中,φ_ν 为原子中一个电子的波函数,对应原子轨道;$c_{\nu i}$ 为系数。可见在上述展开中,以 φ_ν 作为基函数。对于具有 K 个电子的体系,取用 K 个基函数,最终得到 K 个分子轨道。

这种方法在固体物理能带理论中应用广泛。所用的展开的基函数不限于原子轨道,也可以是其他的基函数如平面波等。不同的基函数,形成了不同的能带求解方法。

2.7 罗特汉－霍尔方程和求解

2.7.1 闭壳系统和罗特汉－霍尔方程

以闭壳系统为例,讨论 H−F 方程的解法。设闭壳系统具有 $N/2$ 个轨道,N 个电子。基于上文提到的原子轨道线性组合的方法,罗特汉和霍尔独立提出了闭壳系统 H−F 方程的矩阵形式,称为罗特汉或罗特汉－霍尔(Roothaan−Hall,R−H) 方程。

对于闭壳系统,总能量和福克算符可以写为

$$E = 2 \sum_{i=1}^{N/2} H_{ii}^{\text{core}} + \sum_{i=1}^{N/2} \sum_{j=1}^{N/2} (2J_{ij} - K_{ij}) \tag{2.117}$$

$$F_i(1) = H^{\text{core}}(1) + \sum_{j=1}^{N/2} \{2J_j(1) - K_j(1)\} \tag{2.118}$$

引入轨道 ψ_i 的原子轨道展开式，把相应的原子轨道展开式代入 H－F 方程，得到

$$F_i(1) \sum_{\nu=1}^{K} c_{\nu i} \varphi_\nu(1) = \varepsilon_i \sum_{\nu=1}^{K} c_{\nu i} \varphi_\nu(1) \tag{2.119}$$

方程两侧都乘另一基函数 $\varphi_\mu(1)^*$，并进行积分

$$\sum_{\nu=1}^{K} c_{\nu i} \int d\nu_1 \varphi_\mu(1)^* F_i(1) \varphi_\nu(1) = \varepsilon_i \sum_{\nu=1}^{K} c_{\nu i} \int d\nu_1 \varphi_\mu(1)^* \varphi_\nu(1) \tag{2.120}$$

其中，两个基函数之间如下形式的积分称为交叠积分。不同基函数之间的这种积分作为矩阵元，形成交叠矩阵。

$$S_{\mu\nu} = \int d\nu_1 \varphi_\mu(1)^* \varphi_\nu(1) \tag{2.121}$$

如式(2.120)左侧形式的积分作为矩阵元，形成福克矩阵

$$F_{\mu\nu} = \int d\nu_1 \varphi_\mu(1)^* F_i(1) \varphi_\nu(1) \tag{2.122}$$

以 HeH$^+$ 系统为例，按照上述方法处理，以进一步理解交叠矩阵和福克矩阵的概念。HeH$^+$ 系统含有两个电子，因此取用 2 个原子轨道 $1s_A$ 和 $1s_B$，构造 2 个分子轨道

$$\psi_1 = c_{11} 1s_A + c_{12} 1s_B \tag{2.123}$$

$$\psi_2 = c_{21} 1s_A + c_{22} 1s_B \tag{2.124}$$

将形如式(2.123)或式(2.124)的分子轨道的原子轨道线性组合的方式代入 H－F 方程(式(2.119))，得到式(2.125)～(2.130)。

对于分子轨道 1，有

$$c_{11} F_i(1) 1s_A + c_{12} F_i(1) 1s_B = \varepsilon_1 c_{11} 1s_A + \varepsilon_1 c_{12} 1s_B \tag{2.125}$$

式(2.125)每项左乘 $1s_A^*$，并积分：

$$c_{11} \int d\nu_1 1s_A^* F_i(1) 1s_A + c_{12} \int d\nu_1 1s_A^* F_i(1) 1s_B = \varepsilon_1 c_{11} \int d\nu_1 1s_A^* 1s_A + \varepsilon_1 c_{12} \int d\nu_1 1s_A^* 1s_B \tag{2.126}$$

式(2.125)每项左乘 $1s_B^*$，并积分：

$$c_{11} \int d\nu_1 1s_B^* F_i(1) 1s_A + c_{12} \int d\nu_1 1s_B^* F_i(1) 1s_B = \varepsilon_1 c_{11} \int d\nu_1 1s_B^* 1s_A + \varepsilon_1 c_{12} \int d\nu_1 1s_B^* 1s_B \tag{2.127}$$

对于分子轨道 2，有

$$c_{21} F_i(1) 1s_A + c_{22} F_i(1) 1s_B = \varepsilon_2 c_{21} 1s_A + \varepsilon_2 c_{22} 1s_B \tag{2.128}$$

式(2.128)每项左乘 $1s_A^*$，并积分：

$$c_{21} \int d\nu_1 1s_A^* F_i(1) 1s_A + c_{22} \int d\nu_1 1s_A^* F_i(1) 1S_B = \varepsilon_1 c_{21} \int d\nu_1 1s_A^* 1s_A + \varepsilon_1 c_{22} \int d\nu_1 1s_A^* 1s_B \tag{2.129}$$

式(2.128) 每项左乘 $1s_B^*$，并积分：

$$c_{21}\int d\nu_1 1s_B^* F_i(1) 1s_A + c_{22}\int d\nu_1 1s_B^* F_i(1) 1S_B = \varepsilon_2 c_{21}\int d\nu_1 1s_B^* 1s_A + \varepsilon_2 c_{22}\int d\nu_1 1s_B^* 1s_B$$

$$(2.130)$$

式(2.126) ~ (2.130) 可以写为矩阵的形式：

$$\begin{bmatrix} \int 1s_A^* F_i(1) 1s_A d\nu_1 & \int 1s_A^* F_i(1) 1s_B d\nu_1 \\ \int 1s_B^* F_i(1) 1s_A d\nu_1 & \int 1s_B^* F_i(1) 1s_B d\nu_1 \end{bmatrix} \begin{bmatrix} c_{11} & c_{21} \\ c_{12} & c_{22} \end{bmatrix}$$

$$= \begin{bmatrix} \int 1s_A^* 1s_A d\nu_1 & \int 1s_A^* 1s_B d\nu_1 \\ \int 1s_B^* 1s_A d\nu_1 & \int 1s_B^* 1s_B d\nu_1 \end{bmatrix} \begin{bmatrix} c_{11} & c_{21} \\ c_{12} & c_{22} \end{bmatrix} \begin{bmatrix} \varepsilon_1 & 0 \\ 0 & \varepsilon_2 \end{bmatrix}$$

$$(2.131)$$

或者简写为

$$\boldsymbol{FC} = \boldsymbol{SCE} \tag{2.132}$$

这就是 HeH^+ 系统的 $H-F$ 方程的矩阵形式，称为罗特汉－霍尔方程。

下面讨论闭壳系统罗特汉－霍尔方程的福克矩阵元素。福克矩阵元素可以写为芯部、库仑作用和交换作用项的综合。

$$F_{\mu\nu} = \int d\nu_1 \varphi_\mu(1)^* H^{core}(1) \varphi_\nu(1) + \sum_{j=1}^{N/2} \int d\nu_1 \varphi_\mu(1)^* \left[2J_j(1) - K_j(1) \right] \varphi_\nu(1)$$

$$(2.133)$$

对于芯部能量，有

$$\int d\nu_1 \varphi_\mu(1)^* H^{core}(1) \varphi_\nu(1) = \int d\nu_1 \varphi_\mu(1)^* \left[-\frac{1}{2} \nabla^2 - \sum_{A=1}^{M} \frac{Z_A}{|r_1 - R_A|} \right] \varphi_\nu(1)$$

$$(2.134)$$

可见，$H_{\mu\nu}^{core}$ 矩阵中各个元素可以通过对应单个电子哈密顿项的动能积分和势能积分得到。

对于库仑作用以及交换作用项，有

$$\sum_{j=1}^{N/2} \int d\nu_1 \varphi_\mu(1)^* \left[2J_j(1) - K_j(1) \right] \varphi_\nu(1) \tag{2.135}$$

库仑算符 $J_j(1)$ 与自旋轨道 χ_j 作用有关，可写为

$$J_j(1) = \int d\tau_2 \chi_j(2)^* \frac{1}{r_{12}} \chi_j(2) \tag{2.136}$$

利用轨道函数的基函数线性组合的方法得到

$$J_j(1) = \int d\tau_2 \sum_{\sigma=1}^{k} c_{\sigma j} \varphi_\sigma(2)^* \frac{1}{r_{12}} \sum_{\lambda=1}^{k} c_{\lambda j} \varphi_\lambda(2) \tag{2.137}$$

同理，交换作用项可以写为

$$K_j(1) \chi_i(1) = \left[\int d\tau_2 \chi_j(2)^* \frac{1}{r_{12}} \chi_i(2) \right] \chi_j(2) \tag{2.138}$$

$$K_j(1)\chi_i(1) = \left[\int d\tau_2 \sum_{\sigma=1}^{k} c_{\sigma j}\varphi_\sigma(2)^* \frac{1}{r_{12}}\chi_i(2)\right] \sum_{\lambda=1}^{k} c_{\lambda j}\varphi_\lambda(2) \tag{2.139}$$

将以上各项代入 H－F 方程，得到

$$\sum_{j=1}^{N/2}\int d\nu_1 \varphi_\mu(1)^* \left[2J_j(1) - K_j(1)\right]\varphi_\nu(1)$$

$$= \sum_{j=1}^{N/2}\sum_{\lambda=1}^{K}\sum_{\sigma=1}^{K} c_{\lambda j}c_{\sigma j} \begin{bmatrix} 2\int d\nu_1 d\nu_2 \varphi_\mu(1)^* \varphi_\nu(1)^* \frac{1}{r_{12}}\varphi_\lambda(2)\varphi_\sigma(2) - \\ \int d\nu_1 d\nu_2 \varphi_\mu(1)^* \varphi_\lambda(1)^* \frac{1}{r_{12}}\varphi_\nu(2)\varphi_\sigma(2) \end{bmatrix} \tag{2.140}$$

$$= \sum_{j=1}^{N/2}\sum_{\lambda=1}^{K}\sum_{\sigma=1}^{K} c_{\lambda j}c_{\sigma j}\left[2(\mu\nu\mid\lambda\sigma) - (\mu\lambda\mid\nu\sigma)\right]$$

定义密度矩阵 $P_{\mu\nu}$ 为原子轨道组合的系数构成的矩阵，可以用于计算某一点的电子密度：

$$P_{\mu\nu} = 2\sum_{i=1}^{N/2} c_{\mu i}c_{\nu i} \text{ 或 } P_{\lambda\sigma} = 2\sum_{i=1}^{N/2} c_{\lambda i}c_{\sigma i} \tag{2.141}$$

闭壳系统福克矩阵中每一项元素为

$$F_{\mu\nu} = H_{\mu\nu}^{core} + \sum_{\lambda=1}^{K}\sum_{\sigma=1}^{K} P_{\lambda\sigma}\left[(\mu\nu\mid\lambda\sigma) - \frac{1}{2}(\mu\lambda\mid\nu\sigma)\right] \tag{2.142}$$

综上可见，福克矩阵为 $k\times k$ 阶矩阵；罗特汉－霍尔方程可以写为矩阵形式：

$$F_i(1)\sum_{\nu=1}^{K} c_{\nu i}\varphi_\nu(1) = \varepsilon_i \sum_{\nu=1}^{K} c_{\nu i}\varphi_\nu(1) \tag{2.143}$$

$$\sum_{\nu=1}^{K} c_{\nu 1}\int d\nu_1 \varphi_\mu(1)^* F_i(1)\varphi_\nu(1) = \varepsilon_i \sum_{\nu=1}^{K} c_{\nu 1}\int d\nu_1 \varphi_\mu(1)^* \varphi_\nu(1) \tag{2.144}$$

对于 k 个方程，写为形如式（2.132）$FC = SCE$ 形式的矩阵形式。C 为由原子轨道线性组合所用系数构成的矩阵，E 为由轨道能量组成的对角矩阵：

$$C = \begin{bmatrix} c_{11} & c_{12} & \cdots & c_{1k} \\ c_{21} & c_{22} & \cdots & c_{2k} \\ \vdots & \vdots & & \vdots \\ c_{k1} & c_{2k} & \cdots & c_{kk} \end{bmatrix} \quad E = \begin{bmatrix} \varepsilon_1 & 0 & \cdots & 0 \\ 0 & \varepsilon_2 & 0 & 0 \\ \vdots & \vdots & \ddots & \vdots \\ 0 & 0 & \cdots & \varepsilon_k \end{bmatrix} \tag{2.145}$$

2.7.2 罗特汉－霍尔方程的求解过程

闭壳系统 H－F 方程通过原子轨道线性组合的方法可以变为如式（2.132）所示的矩阵形式的方程。根据线性代数知识可知，标准求解方法需要方程的矩阵形式为 $FC = CE$，显然 R－H 方程中只有交叠矩阵 S 取单位矩阵才可成为上述标准形式；而交叠矩阵中非对角线元素可能不为 0，因此需要对式（2.132）进行变换，变为 $FC = CE$ 的形式。这个变换相当于变换基函数，并使之正交归一化。

首先，进行 S 矩阵的对角化

$$U^T SU = D = \text{diag}(\lambda_1, \cdots, \lambda_k) \tag{2.146}$$

对 S 进行对角化处理,得到 D、U 矩阵,D 为包含 S 矩阵本征值 λ 的对角矩阵,U 则包含了 S 的本征矢量。

其次,利用 D、U 矩阵可以得到矩阵 X,利用 X 可以使 S 变为单位矩阵。

$$X^{\mathrm{T}} S X = I \tag{2.147}$$

如果基于 X 进行 S 变换,式(2.132)左侧的 F、C 和右侧的 C 也按一定的规则变化,变为 F' 和 C',则式(2.132)变为

$$F'C' = C'E \tag{2.148}$$

可用标准化的方法对形如式(2.148)的方程进行求解,方程有解的条件为

$$\left| F' - EI \right| = 0 \tag{2.149}$$

求解 R－H 方程的一般方法如图 2.8 所示。

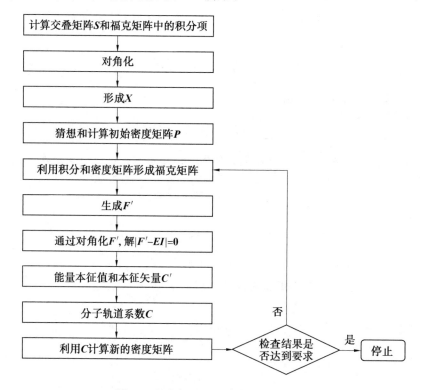

图 2.8　求解 R－H 方程的一般方法

该方法实质为采用迭代方法的数值计算。迭代开始时需要猜想密度矩阵 P,最简单的方法是采用空矩阵。H－F 计算的结果得到 K 个分子轨道,其中 K 是计算的基函数的数量。

H－F 方程给出了一系列的轨道能量 ε_i:

$$\varepsilon_i = H_{ii}^{\mathrm{core}} + \sum_{j=1}^{N/2} (2J_{ij} - K_{ij}) \tag{2.150}$$

整个基态的电子能量

$$E = 2\sum_{i=1}^{N/2} H_{ii}^{core} + \sum_{i=1}^{N/2}\sum_{j=1}^{N/2}(2J_{ij} - K_{ij}) \tag{2.151}$$

或可写为

$$E = \sum_{i=1}^{N}\varepsilon_i - \sum_{i=1}^{N/2}\sum_{j=1}^{N/2}(2J_{ij} - K_{ij}) \tag{2.152}$$

综上,多电子系统波函数是由体系分子轨道波函数为基础构造的斯莱特行列式。体系分子轨道波函数可由体系中所有原子轨道波函数经过线性组合构成,那么不改变方程中的算子和波函数形式,仅仅改变构成分子轨道的原子轨道波函数系数,便能使体系能量达到最低点。这一最低能量便是体系电子总能量的近似,而在这一点上获得的多电子系统波函数便是体系波函数的近似。

2.7.3 基函数的选择

如上所述,原子轨道线性组合是求解薛定谔方程的基本方法。原子轨道是波函数展开的基函数。那么原子轨道作为基函数是什么形式?本节将对此展开讨论。

量子力学中原子轨道可以采用斯莱特函数或者斯莱特形式的函数作为基函数。但当原子轨道不在同一原子核上时,使用斯莱特函数进行多中心积分比较困难。因此,可以使用高斯函数取代斯莱特函数。高斯函数形式如下:

$$x^a y^b z^c \exp(-\alpha r^2) \tag{2.153}$$

式中,a、b、c 为整数。如果 $a+b+c=0$,则式(2.153)称为 0 次高斯函数;如果 $a+b+c=1$,则式(2.153)称为一次高斯函数。可以推知,有 1 个 0 次高斯函数,3 个一次高斯函数,6 个二次高斯函数。

高斯函数最大的优点是两个高斯函数的乘积可以用另外一个高斯函数表示,这个函数位于原函数空间坐标连线上。设有高斯函数 $\exp(-\alpha_m r_m^2)$ 和 $\exp(-\alpha_n r_n^2)$,r_m 和 r_n 代表空间点 m 和 n 到原点的距离,m 坐标(x_m, y_m, z_m),n 坐标(x_n, y_n, z_n),则有

$$\exp(-\alpha_m r_m^2)\exp(-\alpha_n r_n^2) = \exp\left(-\frac{\alpha_m \alpha_n}{\alpha_m + \alpha_n}r_{mn}^2\right)\exp(-\alpha r_c^2) \tag{2.154}$$

式中,r_{mn} 为 m、n 两点的距离;α 为 α_m 与 α_n 之和;r_c 为 c 到原点的距离,c 点坐标计算如下:

$$x_c = \frac{\alpha_m x_m + \alpha_n x_n}{\alpha_m + \alpha_n} \quad y_c = \frac{\alpha_m y_m + \alpha_n y_n}{\alpha_m + \alpha_n} \quad z_c = \frac{\alpha_m z_m + \alpha_n z_n}{\alpha_m + \alpha_n} \tag{2.155}$$

高斯函数的积分比较复杂,但现在已有比较成熟的方法可以应用。高斯函数可以较好地描述原子轨道。如 0 次高斯函数式(2.156)具有 s 轨道球对称的特点,3 个一次高斯函数式(2.157)～(2.159)具有 p 轨道的对称性。

$$g_s(\alpha, r) = \left(\frac{2\alpha}{\pi}\right)^{3/4} e^{-\alpha r^2} \tag{2.156}$$

$$g_x(\alpha, r) = \left(\frac{128\alpha^5}{\pi^3}\right)^{1/4} x e^{-\alpha r^2} \tag{2.157}$$

$$g_y(\alpha, r) = \left(\frac{128\alpha^5}{\pi^3}\right)^{1/4} y e^{-\alpha r^2} \tag{2.158}$$

$$g_z(\alpha, r) = \left(\frac{128\alpha^5}{\pi^3}\right)^{1/4} z e^{-\alpha r^2} \tag{2.159}$$

6 个二次高斯函数具有如式(2.160)、式(2.161)的形式

$$g_{xx}(\alpha, r) = \left(\frac{2\,048\alpha^7}{9\pi^3}\right)^{1/4} x^2 e^{-\alpha r^2} \tag{2.160}$$

$$g_{xy}(\alpha, r) = \left(\frac{2\,048\alpha^7}{9\pi^3}\right)^{1/4} xy e^{-\alpha r^2} \tag{2.161}$$

这些二次高斯函数并不直接给出 3d 轨道的角对称性,但是一套包括 g_{xy}、g_{xz}、g_{yz} 以及三者的线性组合可以给出理想的结果。

单个高斯函数表示的斯莱特函数会导致较大误差,如果每一个原子轨道表示为高斯函数的线性组合式(2.162),则会有较好的效果:

$$\varphi_\mu = \sum_{i=1}^{L} d_{i\mu} \varphi_i(\alpha_{i\mu}) \tag{2.162}$$

式中,d 为初次高斯函数 φ_i 的系数;$\alpha_{i\mu}$ 为指数;L 为采用的高斯函数的数目,采用高斯函数的数目越多,精度越高。

2.7.4　R－H 方程的求解

以上讲述了多电子系统量子化学从头计算的有关概念、理论和算法,下面以 HeH^+ 系统为例,讲述 R－H 方程具体求解过程。

对于 HeH^+ 系统,根据绝热近似,设原子核固定不动,核间距固定为 1 Å(1 Å = 0.1 nm)。因为 HeH^+ 系统有两个电子,故取用两个基函数 $1s_A$(以氢原子为中心)、$1s_B$(以氢原子为中心),基函数采用系列高斯近似斯莱特轨道的形式。每一个波函数(分子轨道)可以表达为中心位于 A 和 B 上的 1s 原子轨道的线性组合:

$$\psi_1 = c_{1A} 1s_A + c_{1B} 1s_B \tag{2.163}$$

$$\psi_2 = c_{2A} 1s_A + c_{2B} 1s_B \tag{2.164}$$

R－H 方程具体求解基本要点如下:通过单电子和双电子积分得到福克矩阵和交叠矩阵,每一个是 2×2 的对称矩阵;由于每一波函数是归一化的,交叠矩阵对角元素为 1,而非对角元素具有小的非 0 值。

具体步骤如下。

(1)交叠矩阵计算:利用已知形式的基函数进行积分计算

$$S_{\mu\nu} = \int d\nu_1 \varphi_\mu(1)^* \varphi_\nu(1) \tag{2.165}$$

μ、ν 分别取 $1s_A$、$1s_B$ 原子轨道波函数,分别组合为 $1s_A^* 1s_A$、$1s_A^* 1s_B$、$1s_B^* 1s_A$、$1s_B^* 1s_B$,积分后得到交叠矩阵各元素:

$$\boldsymbol{S} = \begin{bmatrix} 1.0 & 0.392 \\ 0.392 & 1.0 \end{bmatrix} \tag{2.166}$$

(2)福克矩阵形式:芯部作用 H^{core} 为 2×2 矩阵,包括电子动能项和与核子 A、B 的作用,通过式(2.167)和式(2.168)计算。

$$F_{\mu\nu} = \int \mathrm{d}\nu_1 \varphi_\mu(1)^* F_i(1) \varphi_\nu(1) \qquad (2.167)$$

$$F_i(1) = H^{\mathrm{core}}(1) + \sum_{j=1}^{N} \left[J_j(1) - K_j(1) \right], \quad H^{\mathrm{core}}(1) = -\frac{1}{2} \nabla_i^2 - \sum_{A=1}^{M} \frac{Z_A}{r_{1A}} \qquad (2.168)$$

μ、ν 分别取 $1s_A$、$1s_B$ 原子轨道波函数,有关组合为 $1s_A^* 1s_A$、$1s_A^* 1s_B$、$1s_B^* 1s_A$、$1s_B^* 1s_B$,积分后得到矩阵各元素。通过

$$T_{\mu\nu} = \int \mathrm{d}\nu_1 \varphi_\mu(1)^* \left(\frac{-1}{2} \nabla^2 \right) \varphi_\nu(1) \qquad (2.169)$$

得到

$$\boldsymbol{T} = \begin{bmatrix} 1.412 & 0.081 \\ 0.081 & 0.760 \end{bmatrix} \qquad (2.170)$$

通过

$$T_{A,\mu\nu} = \int \mathrm{d}\nu_1 \varphi_\mu(1)^* \left(-\frac{Z_A}{r_{1A}} \right) \varphi_\nu(1) \qquad (2.171)$$

得到

$$\boldsymbol{V}_A = \begin{bmatrix} -3.344 & -0.758 \\ -0.758 & -1.026 \end{bmatrix} \qquad (2.172)$$

通过

$$T_{B,\mu\nu} = \int \mathrm{d}\nu_1 \varphi_\mu(1)^* \left(\frac{-Z_B}{r_{1B}} \right) \varphi_\nu(1) \qquad (2.173)$$

得到

$$\boldsymbol{V}_B = \begin{bmatrix} -0.525 & -0.308 \\ -0.308 & -1.227 \end{bmatrix} \qquad (2.174)$$

式(2.170)、式(2.172)和式(2.174)相加,得

$$\boldsymbol{H}^{\mathrm{core}} = \begin{bmatrix} -2.457 & -0.985 \\ -0.985 & -1.493 \end{bmatrix} \qquad (2.175)$$

在 2 个基函数的条件下共有 16 个可能的双电子积分,如下所示:

$$\begin{cases} P_{\lambda\sigma} = 2 \sum_{i=1}^{N/2} c_{\lambda i} c_{\sigma i} \\ 2(\mu\nu \mid \lambda\sigma) = 2 \int \mathrm{d}\nu_1 \mathrm{d}\nu_2 \varphi_\mu(1)^* \varphi_\nu(1)^* \frac{1}{r_{12}} \varphi_\lambda(2) \varphi_\sigma(2) \\ (\mu\lambda \mid \nu\sigma) = \int \mathrm{d}\nu_1 \mathrm{d}\nu_2 \varphi_\mu(1)^* \varphi_\lambda(1)^* \frac{1}{r_{12}} \varphi_\nu(2) \varphi_\sigma(2) \end{cases} \qquad (2.176)$$

μ、ν、λ、σ 分别取 $1s_A$、$1s_B$ 原子轨道波函数,其组合有 $1s_A^* 1s_A^* 1s_A 1s_A$、$1s_A^* 1s_A^* 1s_A 1s_B$、$1s_A^* 1s_A^* 1s_B 1s_A$、$1s_A^* 1s_B^* 1s_A 1s_A$、$1s_B^* 1s_A^* 1s_A 1s_A$、$1s_A^* 1s_A^* 1s_B 1s_B$、$1s_A^* 1s_B^* 1s_A 1s_B$、$1s_B^* 1s_B^* 1s_B 1s_B$ 共 16 项,积分计算后得到 4 个矩阵元,双电子积分函数计算结果如下。

$$(1s_A^* 1s_A^* \mid 1s_A 1s_A) = 1.056 \qquad (2.177)$$

$$(1s_A^* 1s_A^* \mid 1s_A 1s_B) = (1s_A^* 1s_A^* \mid 1s_B 1s_A) = (1s_A^* 1s_B^* \mid 1s_A 1s_A)$$
$$= (1s_B^* 1s_A^* \mid 1s_A 1s_A) = 0.303 \tag{2.178}$$

$$(1s_A^* 1s_B^* \mid 1s_A 1s_B) = (1s_A^* 1s_B^* \mid 1s_B 1s_A) = (1s_B^* 1s_A^* \mid 1s_A 1s_B)$$
$$= (1s_B^* 1s_A^* \mid 1s_B 1s_A) = 0.112 \tag{2.179}$$

$$(1s_A^* 1s_A^* \mid 1s_B 1s_B) = (1s_B^* 1s_B^* \mid 1s_A 1s_A) = 0.496 \tag{2.180}$$

$$(1s_A^* 1s_B^* \mid 1s_B 1s_B) = (1s_B^* 1s_A^* \mid 1s_B 1s_B) = (1s_B^* 1s_B^* \mid 1s_A 1s_B)$$
$$= (1s_B^* 1s_B \mid 1s_B 1s_A) = 0.244 \tag{2.181}$$

$$(1s_B^* 1s_B^* \mid 1s_B 1s_B) = 0.775 \tag{2.182}$$

上述计算结果在后续计算中会反复使用。

（3）通过对角化 S，求解 X。

$$X = \begin{bmatrix} -1.065 & -0.217 \\ -0.217 & 1.065 \end{bmatrix} \tag{2.183}$$

（4）猜想起始密度矩阵 P，取用最简单的形式为空矩阵，即所有元素为 0。
则这时开始的福克矩阵等于 H^{core}。

（5）计算 F 矩阵。

（6）福克矩阵通过前乘和后乘 X 可以转变为 F'：

$$F' = \begin{bmatrix} -2.401 & -0.249 \\ -0.249 & -1.353 \end{bmatrix} \tag{2.184}$$

（7）通过对角化 F'，解 $|F' - EI| = 0$，给出能量本征值 E 和本征矢量 C'：

$$E = \begin{bmatrix} -2.458 & 0.0 \\ 0.0 & -1.92 \end{bmatrix} \tag{2.185}$$

$$C' = \begin{bmatrix} 0.975 & -0.220 \\ 0.220 & 0.975 \end{bmatrix} \tag{2.186}$$

（8）通过 C' 和 X 计算分子轨道系数 C，得

$$C = \begin{bmatrix} 0.991 & -0.446 \\ 0.220 & 1.087 \end{bmatrix} \tag{2.187}$$

（9）从 C 中计算新的密度矩阵。

为了计算密度矩阵 P，需鉴别占据的轨道，找到所有电子占据的最低能量的轨道（最低的本征值）。根据上述计算结果，最低能量的轨道为

$$\psi = 0.991\ 1s_A + 0.022\ 1s_B \tag{2.188}$$

（10）基于式(2.187)得到的 C 矩阵，形成新的 P 矩阵，进一步得到新的福克矩阵：

$$F = \begin{bmatrix} -1.406 & -0.690 \\ -0.690 & -0.618 \end{bmatrix} \tag{2.189}$$

对应于这一密度矩阵的能量为 -3.870Hartree。

（11）利用上述矩阵可以得到新矩阵 F'、E、C'、C，进而得到新的 P，对应新的 P 得到新的 F，此时对应的能量为 -3.909Hartree。

(12) 上述过程反复进行,一直达到所要的精度为止。

可见 R－H 方程采用自洽和迭代的方法求解,是典型的数值解法。

2.8 利用从头计算计算分子性能

量子化学从头计算可以计算分子的结构,预报电离能和电子亲和能、电子密度分布和分子特性,在化学、材料等领域应用非常广泛。

2.8.1 库普曼理论以及电离能、电子亲和能计算

库普曼(Koopman)理论指出,如果施加一能量,其大小等于电子在某轨道中的能量,那么该电子将被从原轨道中移走。该理论意味着在 H－F 近似下一个占据轨道(非占据轨道)的能量本征值等于在一个电子从(向)该轨道被移走(填充)且其他各轨道保持不变的情况下 H－F 总能的变化($E_0(N) - E_0(N-1)$)。

一个具有 K 个分子轨道的 H－F 自洽场近似给出 K 个分子轨道,但是并非所有轨道都被电子占据,存在空轨道。通过计算把一个电子放到空轨道上的能量变化,就可以得到电子亲合能。

2.8.2 分子轨道中电子密度分布

根据波函数的定义,电子密度分布可以写为

$$\rho(\boldsymbol{r}) = 2\sum_{i=1}^{N/2} \left| \psi_i(\boldsymbol{r}) \right|^2 \tag{2.190}$$

采用基函数的线性组合表示分子轨道,式(2.190)变为

$$\rho(\boldsymbol{r}) = \sum_{\mu=1}^{K}\sum_{\nu=1}^{K} P_{\mu\nu}\varphi_\mu(\boldsymbol{r})\varphi_\nu(\boldsymbol{r}) \tag{2.191}$$

电子密度分布可以利用等值线或等值面的方法进行描述。图 2.9 给出了电子密度分布计算结果的可视化表示。

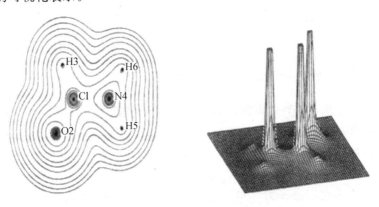

图 2.9 电子密度分布计算结果的可视化表示

2.8.3 电子密度划分

巴德(Bader)提出了一种在分子中原子之间电子密度的划分方法。其方法基于梯度矢量路径(gradient vector path)法。梯度矢量路径是围绕分子的一些曲线,这些曲线垂直于电子密度等高线,如图 2.10(a) 所示;一些梯度矢量终止于原子核处,另一些则集中于键合极限点。键合极限点是在键合的原子之间电子密度极小的点。

三维空间电子密度等高线中沿梯度途径的方向电子密度下降最快。在三维空间中基于这些键合极限点和梯度矢量路径,即可实现不同原子之间电子密度的划分(图 2.10(b))。

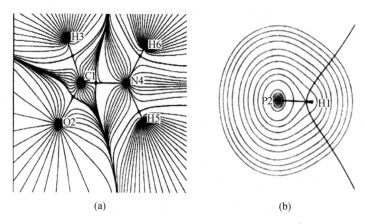

(a)   (b)

图 2.10   梯度矢量路径和分子中原子电子密度划分

2.8.4 静电势

在某一点的静电势 $\phi(r_i)$ 定义为把一个正电荷从无限远处移到这一点所做的功。位于 r 处的点电荷 q 与分子之间的静电相互作用为 $q\phi(r)$。静电势源于原子核势($\phi_{nucl}(r)$)和核外电子势($\phi_{ele}(r)$)。可以利用式(2.192) 和式(2.193) 进行计算:

$$\phi(r) = \phi_{nucl}(r) + \phi_{ele}(r) \tag{2.192}$$

$$\phi_{ele}(r) = -\int \frac{dr'\rho(r)}{|r-r'|}, \quad \phi_{nucl}(r) = \sum_{A=1}^{M} \frac{Z_A}{|r-R_A|} \tag{2.193}$$

2.8.5 热力学和分子结构的计算

利用量子力学从头计算计算分子结构,基于单点能法可以实现分子结构的优化。单点能的计算是针对具有特定几何结构的分子的总能量和有关性质的计算,是对分子势能曲面上某一点的计算,其值为电子能量和核排斥能之和。势能面的极小值点对应分子(体系)的稳态结构。

现已开发许多进行量子力学从头计算的程序,最著名的是高斯(Gaussian)系列程序。高斯软件是一个功能强大的量子化学综合软件包。其可执行程序可在不同型号的大型计算机、超级计算机、工作站和个人计算机上运行,并相应有不同的版本。高斯软件能够实现过渡态能量和结构、键和反应能量、分子轨道、原子电荷和电势、振动频率、红外和拉曼光谱、核磁性质、极化率和超极化率、热力学性质、反应路径的计算和预报；计算可以对体系的基态或激发态执行。高斯软件作为功能强大的工具，已经用于研究许多化学和材料领域的课题，例如化学反应机理、势能曲面和激发能等。

第3章　密度泛函理论

第2章讲述了量子化学从头计算和哈特里－福克近似(H－F近似)，H－F近似使求解多电子系统薛定谔方程问题变为求解单电子薛定谔方程问题。事实上，人们提出密度泛函理论(Density Functional Theory，DFT)，也将求解多电子薛定谔方程变为求解单电子薛定谔方程，并且理论上更严格。目前，密度泛函理论已经成为第一性原理的核心理论，DFT方法具有精度高、速度快的优点，在量子物理计算及材料模拟中占据主流的地位。不同于H－F近似，DFT方法的核心是求解基态电荷空间分布，而不涉及具体的电子组态。本章重点介绍密度泛函理论。

3.1　密度泛函理论简介

DFT是一种将电子密度分布$\rho(r)$作为基本变量，研究多粒子体系基态性质的理论。DFT的中心思想是在总的电子能量和电子密度之间建立关系。相比于H－F理论，DFT理论可以显著降低物质电子结构问题中的维数。DFT可将多电子问题转化为单电子问题，是分子、固体电子结构和总能量计算的有效工具，而且从理论上比H－F理论更严格。近几年来，DFT同分子动力学方法相结合，发展了许多新的材料计算模拟方法，在材料设计、合成、模拟计算和评价等诸多方面取得显著进展。DFT已成为计算凝聚态物理以及计算材料科学和量子化学的重要基础和核心技术，在工业技术领域的应用也开始令人关注。

密度泛函理论具有以下优点：① 它提供了第一性原理或从头计算的计算框架。在这个框架下可以发展各式各样的能带计算方法。②DFT适用于大量不同类型的应用。如电子基态能量与原子(核)位置间的关系可用来确定分子或晶体结构；当原子处在非平衡位置时，DFT可以给出作用在原子(核)位置上的力。③ 使用范围广。在凝聚态物理中，可以用来求解材料电子结构和几何结构、固体和液态金属中的相变等；也可以求解原子分子物理中的许多问题，如电离势、振动谱、化学反应、生物分子结构、催化活性位置的特性等。

3.2　霍恩伯格－科恩定理

霍恩伯格－科恩(Hohenberg－Kohn)定理给出了体系能量与电子密度分布之间的泛函关系，将多体问题转化为单体问题，是现代密度泛函理论的基础。该定理主要由两部分组成。

定理 1 多粒子系统的基态能量和其他性质由电子密度唯一决定,是电子密度 $\rho(r)$ 的唯一函数。

$$Q[f(r)] = \int f(r) \mathrm{d}r \qquad (3.1)$$

式中,$f(r)$ 依赖于其他函数,在 DFT 下依赖于电子密度,在这种情况下 Q 是 $f(r)$ 的函数。简单情况下,$f(r)$ 等于密度;特殊情况下,$f(r)$ 不仅取决于 $\rho(r)$,还依赖于 $\rho(r)$ 梯度,这时称函数是非局域的或梯度修正的。r 严格讲是位置矢量,具有方向性。为简化起见,在本章中不作矢量标注。

定理 2 在粒子数不变的条件下能量对密度函数变分得到系统基态的能量,能量泛函在粒子数不变的条件下对正确的粒子数密度函数 $\rho(r)$ 取极小值,并且该值等于基态能量。在绝热近似下电子系统的能量为

$$E[\rho(r)] = \int V_{\mathrm{ext}}(r)\rho(r)\mathrm{d}r + F[\rho(r)] \qquad (3.2)$$

式中,第一项是由电子和外加势场的作用引起的,典型的情况为电子与原子核的库仑作用;$F[\rho(r)]$ 为电子动能项和电子间相互作用能的综合。根据定理 2,能量的极小值对应精确的基态电子密度,即最好"解"对应于极小的能量,而非正确的解给出高于真实值的能量,因此可以使用变分方法。

一个特定的系统具有固定的电子数,这是电子密度的限制条件。

$$N = \int \rho(r)\mathrm{d}r \qquad (3.3)$$

引入拉格朗日因子 $(-\mu)$,使用变分法得到

$$\frac{\delta}{\delta[\rho(r)]}\left[E[\rho(r)] - \mu\int \rho(r)\mathrm{d}r\right] = 0 \qquad (3.4)$$

则有

$$\left(\frac{\delta E[\rho(r)]}{\delta \rho(r)}\right)_{V_{\mathrm{ext}}} = \mu \qquad (3.5)$$

式(3.5)是薛定谔方程的 DFT 等效式。角标 V_{ext} 代表外势场是恒定的,如原子核在固定位置时产生的势场。这里拉格朗日因子 μ 可以被认为是电子的化学势,

$$\mu = \left(\frac{\partial E}{\partial N}\right)_{V_{\mathrm{ext}}} \qquad (3.6)$$

3.3 科恩－沈方程

科恩(Kohn)和沈吕九(Sham)提出具体求解霍恩伯格－科恩方程的方法。求解式(3.2)的困难在于不清楚 $F(\rho(r))$ 的具体形式。科恩和沈吕九建议 $F(\rho(r))$ 可以写为 3 项之和:

$$F[\rho(r)] = E_{\mathrm{KE}}[\rho(r)] + E_{\mathrm{H}}[\rho(r)] + E_{\mathrm{XC}}[\rho(r)] \qquad (3.7)$$

式中,第一项为动能;第二项为电子库仑作用能(哈特里静电能);第三项为电子的交换关联能。科恩和沈吕九假设有电子相互作用的动能泛函可以用已知的无相互作用电子系统

的泛函表示,二者具有相同的密度函数,即第一项电子动能项为具有与真实系统相同电子密度 $\rho(r)$ 的无相互作用的电子系统的动能:

$$E_{KE}[\rho(r)] = \sum_{i=1}^{N} \int \psi_i(r) \left(-\frac{\nabla^2}{2}\right) \psi_i(r) dr \qquad (3.8)$$

哈特里静电能可以写为

$$E_H[\rho(r)] = \frac{1}{2} \iint \frac{\rho(r_1)\rho(r_2)}{|r_1 - r_2|} dr_1 dr_2 \qquad (3.9)$$

这里引入的交换关联能函数 $E_{XC}(\rho(r))$ 不仅包含了电子间交换和关联作用,还包含了系统真实动能和 $E_{KE}[\rho(r)]$ 的差异。

上述能量项式(3.7)加上电子－核之间的相互作用能,便得到 N 电子系统总能量表达式

$$E[\rho(r)] = \sum_{i=1}^{N} \int \psi_i(r) \left(-\frac{\nabla^2}{2}\right) \psi_i(r) d\tau + \frac{1}{2} \iint \frac{\rho(r_1)\rho(r_2)}{|r_1 - r_2|} dr_1 dr_2 + E_{XC}[\rho(r)] -$$
$$\sum_{A=1}^{M} \int \frac{Z_A}{|r - R_A|} \rho(r) dr \qquad (3.10)$$

科恩和沈吕九假设电子密度为一套单个电子满足正交归一化要求的轨道的模的平方,用多个单电子波函数构成密度函数:

$$\rho(r) = \sum_{i=1}^{N} |\psi_i(r)|^2 \qquad (3.11)$$

通过变分方法,得到如下单个电子的科恩－沈(K－S)方程式:

$$\left\{ -\frac{\nabla_1^2}{2} - \left(\sum_{A=1}^{M} \frac{Z_A}{r_{1A}}\right) + \int \frac{\rho(r_2)}{r_{12}} dr_2 + V_{XC}(r_1) \right\} \psi_i(r_1) = \varepsilon_i \psi_i(r_1) \qquad (3.12)$$

式中,ε_i 为轨道能量;V_{XC} 为交换关联函数,电子交换关联函数可以由交换关联能得到:

$$V_{XC}[r] = \frac{\delta E_{XC}[\rho(r)]}{\delta[\rho(r)]} \qquad (3.13)$$

交换关联能包含了除库仑相互作用之外的所有电子相互作用,包括电子之间的交换作用,也包括自旋方向相反的电子之间的关联作用。

虽然 K－S 方程十分简单,其计算量也只有哈特里方程的水平,但包含着深刻的物理内容。根据 K－S 方程,多体基态的解被准确地简化为基态密度分布的解,而这个密度是由单粒子的薛定谔方程给出的;方程中的有效势在原理上包括了所有的相互作用效应,即哈特里势、交换势和关联势(一个给定的电子对整个电荷分布的影响所产生的势)。它比哈特里－福克方程要优越得多。

量子力学体系的性质可以通过求解薛定谔方程进行计算,但更加容易的、形式上等价的方法是求解 DFT 下的 K－S 方程。但是准确的 $E_{XC}[\rho(r)]$ 函数形式未知,需要采用近似方法处理,如局域密度近似(LDA)或广义梯度近似(GGA)。

求解 K－S 方程一般采用自洽的方法。首先猜想一个初始的密度,将其代入 K－S 方程,得到一套波函数的解;根据得到的波函数的解可以得到更精确的密度并用于第二次迭代,依次循环直至得到所要求的精度为止。

3.4 自旋极化密度泛函理论

局部自旋密度泛函理论(LSDFT)是标准 DFT 理论的扩展。在局部自旋密度泛函理论框架下形成了限制和非限制的 H−F 扩展形式的方程来处理包含未成对电子的系统。自旋极化密度泛函理论处理包含未成对电子的系统时引入了净自旋密度 $\sigma(r)$ 的概念,表示处于上旋和下旋状态的电子密度差异。

$$\sigma(r) = \rho\uparrow(r) - \rho\downarrow(r) \tag{3.14}$$

总电子密度是处于上旋和下旋状态两种类型的电子之和。在两种不同的电子自旋情况下交换关联能是不同的,相应的自旋极化 K−S 方程式如下:

$$\left\{ -\frac{\nabla_1^2}{2} - \left(\sum_{A=1}^{M} \frac{Z_A}{r_{1A}} \right) + \int \frac{\rho(r_2)}{r_{12}} d\tau_2 + V_{\text{XC}}(r_1) \right\} \psi_i^{\alpha}(r_1) = \varepsilon_i \psi_i^{\alpha}(r_1) \tag{3.15}$$

$$\left\{ -\frac{\nabla_1^2}{2} - \left(\sum_{A=1}^{M} \frac{Z_A}{r_{1A}} \right) + \int \frac{\rho(r_2)}{r_{12}} d\tau_2 + V_{\text{XC}}(r_1) \right\} \psi_i^{\beta}(r_1) = \varepsilon_i \psi_i^{\beta}(r_1) \tag{3.16}$$

式中,α 和 β 代表不同的自旋状态。

3.5 局域密度近似与交换关联函数

3.5.1 交换关联函数

交换关联函数是密度泛函方法成功应用的关键。DFT 最大的优势在于即使采用一个相对简单的交换关联函数也可以得到较好的结果。得到交换关联函数的最简单的方法是采用局域密度近似(LDA),对于含未成对电子系统采用局域自旋密度近似。总的交换关联能 E_{XC} 如式(3.17)所示,即局域密度近似基于均匀电子气模型,把交换关联能视为各个离散的 r 点处仅由局域电子密度 $\rho(r)$ 决定的交换关联能密度的加权求和,权重即 $\rho(r)$。

$$E_{\text{XC}}[\rho(r)] = \int \rho(r) \varepsilon_{\text{XC}}(\rho(r)) dr \tag{3.17}$$

式中,$\varepsilon_{\text{XC}}(\rho(r))$ 是在均匀电子气条件下每个电子的交换关联能,称为交换关联能密度。交换关联函数(交换关联势)通过对式(3.17)进行微分得到。

$$V_{\text{XC}}[r] = \rho(r) \frac{d\varepsilon_{\text{XC}}(\rho(r))}{d\rho(r)} + \varepsilon_{\text{XC}}(\rho(r)) \tag{3.18}$$

局域密度近似基本物理意义如下:在位置 r 处电子真实状态是非均匀分布的,其电子密度为 $\rho(r)$;在局域密度泛函理论里,在位置 r_0 处(电子密度为 $\rho(r_0)$)的 V_{XC} 与 ε_{XC} 与电子密度为 $\rho(r_0)$ 的均匀电子气具有相同的值。或者说,在位置 r_0 处围绕某一体积元的真实的电子密度被一个常电子密度所代替,该常电子密度等于 r_0 处的电子密度值。局域密度近似示意图如图 3.1 所示。一般情况下对于空间每一个点,常电子密度的值是不同的。

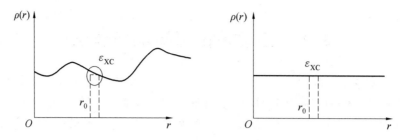

图 3.1 局域密度近似示意图

通过量子蒙特卡洛等方法可以得到精确的均匀电子气下每个电子的交换关联能。为方便实用，人们把交换关联能密度表达为解析形式，把 ε_{XC} 表达为电子密度 $\rho(r)$ 的函数，并且经常把交换能和关联能分别考虑。但也有些解析表达式给出联合的形式。下面给出几种典型的例子。

Gunnarsson $-$ Lundqvist 表达式：

$$\varepsilon_{XC}(\rho(r)) = -\frac{0.458}{r_s} - 0.066\,6G\left(\frac{r_s}{11.4}\right) \tag{3.19}$$

$$G(x) = \frac{1}{2}\left[(1+x)\ln(1+x^{-1}) - x^2 + \frac{x}{2} - \frac{1}{3}\right], \quad r_s^3 = \frac{3}{4\pi\rho(r)} \tag{3.20}$$

式中，r_s 为一由电子密度 $\rho(r)$ 决定的参数。

斯莱特 1974 年提出了基于局域密度近似的交换能的简单表达式

$$E_X\left[\rho_\alpha(r), \rho_\beta(r)\right] = -\frac{3}{2}\left(\frac{3}{4\pi}\right)^{1/3}\int\left(\rho_\alpha^{3/4}(r) + \rho_\beta^{3/4}(r)\right)\mathrm{d}r \tag{3.21}$$

式中，α、β 代表上旋和下旋状态。

事实上人们把更多的注意力放在关联能上，因为对于关联能而言，没有如上所述的简单表达式。Perdew 和 Zunger 提出了如下的关联能表达式：

$$r_s^3 = \frac{3}{4\pi\rho(r)} \tag{3.22}$$

$$\begin{cases} \varepsilon_C(\rho(r)) = -0.142\,3/(1 + 1.952\,9r_s^{1/2} + 0.333\,4r_s)\,, & r_s \geqslant 1 \\ \varepsilon_C(\rho(r)) = -0.048\,0 + 0.031\,1\ln r_s - 0.011\,6r_s + 0.002\,0r_s\ln r_s)\,, & r_s < 1 \end{cases} \tag{3.23}$$

Vosko、Wilk 和 Nusair 提出了一种关联函数形式：

$$\begin{aligned} \varepsilon_C(\rho(r)) = \frac{A}{2}&\left\{\ln\frac{x^2}{X(x)} + \frac{2b}{Q}\arctan\frac{Q}{2x+b} - \frac{bx_0}{X(x_0)}\right. \\ &\left.\left[\ln\frac{(x-x_0)^2}{X(x)} + \frac{2(b+2x_0)}{Q}\arctan\frac{Q}{2x+b}\right]\right\} \end{aligned} \tag{3.24}$$

式中，$x = r_s^{1/2}$，$X(x) = x^2 + bx + c$，$Q = (4c - b^2)^{1/2}$，$A = 0.062\,181\,4$，$x_0 = -0.409\,286$，$b = 13.072\,0$，$c = 42.719\,8$。

可见，交换关联函数往往是通过经验、理论或经验结合理论得出的解析表达式。这些表达式可以非常方便地应用于计算机求解 K $-$ S 方程。

应该指出交换能本质是非局域的函数，其函数值取决于全空间的电子密度，而非取决于某点的局域电子密度。对于电子气分布较均匀的体系,如简单金属等,LDA 是合理的,但是对于以共价键为主的晶体或分子体系,LDA 效果欠佳。在使用过程中人们发现 LDA 在计算中会高估结合能、低估晶格常数,得到的弹性常数往往比实验值高 10% 左右;会低估半导体或绝缘体的带隙及介电常数;对于强关联体系,如过渡族金属氧化物,无法通过 LDA 得到满意的结果,也无法有效处理范德瓦耳斯力。

综上,处理多电子系统薛定谔方程,关键问题是电子之间的相互作用。基于哈特里近似、哈特里－福克近似、LDA 和局域自旋密度近似(LSD)下的电子相互作用的处理是不同的,具体列于表 3.1。

表 3.1　电子－电子相互作用

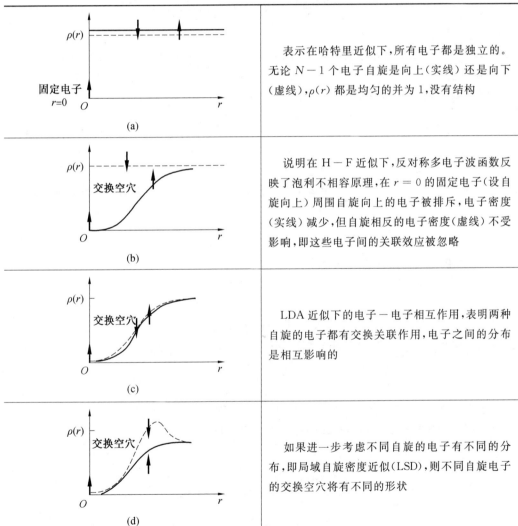

(a)	表示在哈特里近似下,所有电子都是独立的。无论 $N-1$ 个电子自旋是向上(实线)还是向下(虚线),$\rho(r)$ 都是均匀的并为 1,没有结构
(b)	说明在 H－F 近似下,反对称多电子波函数反映了泡利不相容原理,在 $r=0$ 的固定电子(设自旋向上)周围自旋向上的电子被排斥,电子密度(实线)减少,但自旋相反的电子密度(虚线)不受影响,即这些电子间的关联效应被忽略
(c)	LDA 近似下的电子－电子相互作用,表明两种自旋的电子都有交换关联作用,电子之间的分布是相互影响的
(d)	如果进一步考虑不同自旋的电子有不同的分布,即局域自旋密度近似(LSD),则不同自旋电子的交换空穴将有不同的形状

3.5.2　广义梯度近似

密度泛函理论最大的特点是考虑了交换能和关联能。总体而言,局域密度近似虽然形式看起来简单,但是对于大部分问题使用效果都令人满意。不过局域密度近似对于一些问题效果并不好,原因是在实际的固体中电子云分布不是均匀的。那么,考虑通过在交换关联项中引入电子密度的梯度以及更高阶的导数项来改进局域密度近似,或者说使用梯度修正的、非局域的函数。上述近似称为广义梯度近似(GGA)。广义梯度近似指交换关联函数不仅取决于所处位置的电子密度值,而且和电子密度在此位置的空间梯度有关。这些梯度修正分解为分离的交换和关联作用。人们提出了很多梯度修正项的函数形式。

(1)Becke 提出的局域自旋密度近似下的交换能的梯度修正函数如下:

$$E_{\mathrm{X}}[\rho(r)] = E_{\mathrm{X}}^{\mathrm{LSDA}}[\rho(r)] - b\sum_{\sigma=\alpha,\beta}\int \rho_{\sigma}^{4/3}\frac{x_{\sigma}^{2}}{(1+6bx_{\sigma}\mathrm{arcsinh}\,x_{\sigma})}\mathrm{d}r, \quad x_{\sigma} = \frac{|\nabla\rho_{\sigma}|}{\rho_{\sigma}^{4/3}}$$

(3.25)

式中,$E_{\mathrm{X}}^{\mathrm{LSDA}}$ 采用交换能的标准斯莱特形式,如式(3.21)所示;x_{σ} 为无量纲因子;b 为常数,$b=0.004\,2$。

(2)Lee、Yang、Parr 等提出的关联函数应用也很广泛,具体如下:

$$E_{\mathrm{C}}[\rho(r)] = -a\int \frac{1}{1+\mathrm{d}\rho^{-1/3}}\left\{r + b\rho^{-2/3}\left[C_{\mathrm{F}}\rho^{5/3} - 2t_{\mathrm{w}} + \left(\frac{1}{9}t_{\mathrm{w}} + \frac{1}{18}\nabla^{2}\rho\right)\mathrm{e}^{-\sigma^{-1/3}}\right]\right\}\mathrm{d}r$$

(3.26)

式中,$t_{\mathrm{w}} = \sum_{i=1}^{N}\frac{|\nabla\rho_{i}(r)|^{2}}{\rho_{i}(r)} - \frac{1}{8}\nabla^{2}\rho$;$C_{\mathrm{F}} = \frac{3}{10}(3\pi^{2})^{2/3}$;$a$、$b$、$c$、$d$ 为常数,分别取 0.049、0.132、0.253 3、0.349。

式(3.26)给出了局域和非局域部分的贡献。其中梯度体现了第二部分的贡献。Becke 梯度交换修正的标准局域自旋密度近似下的交换能式(3.25)与 Lee－Yang－Parr 的关联函数联合得到的 BLYP 泛函,应用非常广泛,BLYP 泛函也可写为以下形式:

$$\varepsilon_{\mathrm{X}}^{\mathrm{BLYP}} = \varepsilon_{\mathrm{X}}^{\mathrm{LDA}}\left(1 - \frac{\beta}{2^{1/3}A_{\mathrm{X}}}\frac{x^{2}}{1+6\beta x\,\mathrm{arcsinh}\,x}\right)$$

(3.27)

式中,$\beta = 0.042$,$A_{\mathrm{X}} = (3/4)(3/\pi)^{1/3}$,$x = 2^{1/3}|\nabla\rho(r)|/\rho(r)^{4/3}$

$$\varepsilon_{\mathrm{C}}^{\mathrm{BLYP}} = -\frac{a}{1+d\rho^{-1/3}}\left\{\rho + b\rho^{-2/3}\left[C_{\mathrm{F}}\rho^{5/3} - 2t_{\mathrm{w}} + \frac{1}{9}\left(t_{\mathrm{w}} + \frac{1}{2}\nabla^{2}\rho\right)\right]\mathrm{e}^{-\varphi^{-1/3}}\right\}$$

(3.28)

式中,$C_{\mathrm{F}} = (3/10)(3\pi^{2})^{2/3}$;$a = 0.049\,18$;$b = 0.132$;$c = 0.253\,3$;$d = 0.349$。

(3)常用的函数还有 PW91 泛函,如式(3.29)和式(3.30)所示:

$$\varepsilon_{\mathrm{X}}^{\mathrm{PW91}}(r_{s},\xi) = \varepsilon_{\mathrm{X}}^{\mathrm{hom}}(r_{s})F_{\mathrm{X}}(s_{1})$$

$$= \varepsilon_{\mathrm{X}}^{\mathrm{hom}}(r_{s})\frac{1 + 0.196\,45s_{1}\mathrm{arcsin}(7.795\,6s_{1}) + (0.275\,3 - 0.150\,8\mathrm{e}^{-100s_{1}^{2}})}{1 + 0.196\,45s_{1}\mathrm{arcsin}(7.795\,6s_{1}) + 0.004s_{1}^{4}}$$

(3.29)

$$E_{\mathrm{C}}^{\mathrm{PW91}}[\rho\uparrow,\rho\downarrow] = \int \rho(r)[\varepsilon_{\mathrm{C}}^{\mathrm{hom}}(r_{s},\xi) + H(r_{s},t,\zeta)]\mathrm{d}r$$

(3.30)

式中,$s_{1} = \frac{|\nabla\rho|}{2k_{\mathrm{F}}\rho}$;$t = |\nabla\rho|/(2\varphi(\xi)k_{s}\rho)$,$|k_{s}| = \sqrt{4k_{\mathrm{F}}/\pi}$,$k_{s}$ 为托马斯－费米(Thomas－Fermi) 屏蔽波矢,$\varphi(\xi) = [(1+\xi)^{2/3} + (1-\xi)^{2/3}]/2$;$\xi$ 为自旋极化分布,

$$\xi = \frac{\rho \uparrow (r) - \rho \downarrow (r)}{\rho \uparrow (r) + \rho \downarrow (r)};$$

$$H = \varphi^3(\xi) \frac{\beta}{2\alpha} \ln\left\{1 + \frac{2\alpha}{\beta} \frac{t^2 + At^4}{1 + At^2 + A^2 t^4}\right\} +$$

$$\nu[C_C(r_s) - C_C(0) - 3C_X/7]\varphi^3(\xi) t^2 \exp[-100\varphi^4(\zeta)(k_s^2/k_F^2) t^2]$$

$$(3.31)$$

其中,$A = \frac{2\alpha}{\beta} \dfrac{1}{\exp[-2\alpha\varepsilon_C^{hom}(r_s,\zeta)/(\varphi^3(\zeta)\beta^2)] - 1}$;$\alpha = 0.09$;$\beta = \nu C_C(0) = (16/\pi)$

$(3\pi^2)^{1/3} \times 0.004\ 235$;$C_X = -0.001\ 667$;

$$C_C(r_s) = 10^{-3} \frac{2.568 + ar_s + br_s^2}{1 + cr_s + dr_s^2 + 10br_s^3}$$

$$(3.32)$$

式中,$a = 23.266$;$b = 0.007\ 389$;$c = 8.723$;$d = 0.472$。

(4)PBE 泛函形式与 PW91 类似,但是更简单,而且在实际应用中取得较好的效果,目前在材料计算领域被广泛采用。PBE 泛函形式如下:

$$\varepsilon_X^{PW91}(r_s,\xi) = \varepsilon_X^{hom}(r_s)F_X(r_s,\xi,s_1) = \varepsilon_X^{hom}\left(1 + \kappa - \frac{\kappa}{1 + \mu s_1^2/k}\right)$$

$$(3.33)$$

式中,$\mu = 0.219\ 15$,$\kappa = 0.804$。

PBE 泛函理论将 E_C 分为两项之和:

$$E_C^{PW91}[\rho\uparrow,\rho\downarrow] = \int \rho(r)[\varepsilon_C^{hom}(r_s,\xi) + H(r_s,t,\zeta)]dr$$

$$(3.34)$$

式中,

$$H(r_s,t,\xi) = \frac{e^2}{a_0}\gamma\varphi^2(\xi)\ln\left\{1 + \frac{\beta}{\gamma}t^2\left[\frac{1 + At^2}{1 + At^2 + A^2 t^4}\right]\right\}$$

$$(3.35)$$

其中,

$$A = \frac{\beta}{\gamma} \frac{1}{\exp[-\varepsilon_C^{hom}(r_s,\xi)/(\gamma\varphi^3(\xi)e^2/a_0)] - 1}$$

$$(3.36)$$

式中,$\beta = 0.066\ 725$;$\gamma = 0.031\ 091$;t、$\varphi(\xi)$ 均与 PW91 泛函形式相同。

GGA 由于考虑了电子密度的修正,计算结果一般比 LDA 精确,在原子能量、晶体结合能、体系键长、键角等方面,计算值与实验结果更为接近。但是对于金属和氧化物的表面能,LDA 效果反而更好。

3.6　科恩－沈方程的解法

下面讨论 K－S 方程的求解。求解 K－S 方程有很多方法和策略。它们之间的主要区别是波函数展开时所用的基函数不同。基函数可以采用高斯函数的形式或斯莱特函数的形式,也可以采用其他数值基的函数。K－S 轨道表示为基函数的线性组合,即

$$\psi_i(r) = \sum_{\nu=1}^{K} c_{\nu i}\varphi_\nu$$

$$(3.37)$$

将式(3.37)代入 K－S 方程式中,可以得到矩阵形式的方程:

$$HC = SCE$$

$$(3.38)$$

式中，K－S 矩阵 $\boldsymbol{H}$ 的矩阵元为

$$H_{\mu\nu} = \int \mathrm{d}r_1 \varphi_\mu(r) \left\{ -\frac{\nabla_1^2}{2} - \sum_{A=1}^{M} \frac{Z_A}{r_{1A}} + \int \frac{\rho(r_2)}{r_{12}} \mathrm{d}r_2 + V_{\mathrm{XC}}(r_1) \right\} \varphi_\nu(r_1) \tag{3.39}$$

其中，前两项对应芯部能量项 $H_{\mu\nu}^{\mathrm{core}}$，可以直接给出；库仑作用项可以用基函数和密度矩阵 $\boldsymbol{P}$ 来表述：

$$\iint \frac{\varphi_\mu(r_1) \rho(r_2) \varphi_\nu(r_1)}{|r_1 - r_2|} \mathrm{d}r_1 \mathrm{d}r_2 = \sum_{\lambda=1}^{K} \sum_{\sigma=1}^{k} P_{\lambda\sigma} \iint \frac{\varphi_\mu(r_1) \varphi_\nu(r_1) \varphi_\lambda(r_2) \varphi_\sigma(r_2)}{|r_1 - r_2|} \mathrm{d}r_1 \mathrm{d}r_2 \tag{3.40}$$

对于具有 N 个电子的闭壳系统，密度矩阵的元素为

$$P_{\mu\nu} = 2 \sum_{i=1}^{N/2} c_{\mu i} c_{\nu i} \tag{3.41}$$

这类似于 H－F 理论的 R－H 方程的密度矩阵，其交叠矩阵元素为

$$S_{\mu\nu} = \int \varphi_\mu(r) \varphi_\nu(r) \mathrm{d}r \tag{3.42}$$

求解 K－S 方程的方法还是采用自洽的数值解法。具体解法如图 3.2 所示。

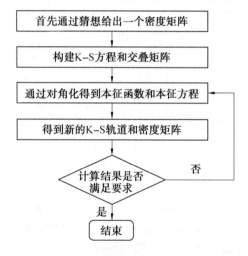

图 3.2　自洽法求解 K－S 方程

第4章 固体能带理论

能带是固体电子结构的重要特征之一,为理解固体性质提供了理论基础,对功能材料及器件的设计具有重要的意义。能带计算是材料第一性原理计算的核心内容。本章介绍固体能带的基本理论和能带的计算方法。鉴于固体中大部分材料是晶体,固体能带理论以晶体为研究对象。

晶体中原子排布具有周期性,因此存在周期性的势场。图4.1为晶体中的周期性势场。周期性势场中的电子波函数必然与自由电子具有很大的不同。事实上,晶体中的电子不再束缚于个别原子,而在一个具有晶格周期性的势场中做共有化运动。这时,对应孤立原子中电子的一个能级,在晶体中该能级扩展为一个带,称为能带。晶体中电子的能带是倒易格子的周期函数。能带理论成功地解释了固体的许多物理特性,是研究固体性质的重要理论基础。

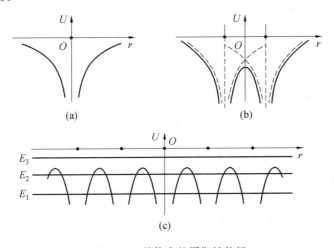

图 4.1 晶体中的周期性势场

4.1 布洛赫定理与固体能带理论

4.1.1 能带理论的基本假设

固体晶体中有大量的原子核和电子,严格求解这种多粒子系统的薛定谔方程是不可能的,必须采用一些近似和简化。绝热近似、平均场近似和周期场近似,均为能带理论的基本假设。虽然2.1节已给出绝热近似,但为系统完整起见,本章一并介绍。

（1）绝热近似（玻恩－奥本海默近似）。

实际材料往往是庞大的多粒子系统，并且包含大量的原子核和核外电子。鉴于原子核的质量远远大于电子的质量，如果原子核的运动状态发生改变，电子可以瞬时进行调整，因此可以将电子从核子的运动中分离开来，在计算电子状态时，可以近似认为原子核静止不动，即可以认为价电子是在固定不变的离子实势场中运动。

（2）平均场近似。

由于多个电子之间存在复杂的相互作用，人们采取一种方便的处理方法，即将一平均场代替电子与电子间复杂的相互作用，每个电子在固定的离子实势场和电子之间的平均势场中运动。通过该近似，将多电子问题转化为单电子问题。

（3）周期场近似。

电子受势场作用，包括离子实势场和电子之间的平均势场，是一个严格的周期性势场，这种近似称为周期场近似。周期场近似可以为以下形式：

$$V(\boldsymbol{r}) = V(\boldsymbol{r} + \boldsymbol{R}_n) \tag{4.1}$$

式中，$\boldsymbol{R}_n$ 为晶格平移矢量。

在绝热近似、平均场近似和周期场近似下，可以处理晶体中的电子运动问题。

4.1.2 晶体中的单电子薛定谔方程

晶体可以看作由外层电子（价电子）与内壳层电子（芯电子）以及原子核构成的。设 $\boldsymbol{r}_1$、$\boldsymbol{r}_2$、$\boldsymbol{r}_3$ 和 $\boldsymbol{R}_1$、$\boldsymbol{R}_2$ 和 $\boldsymbol{R}_3$ 分别表示电子和离子实的位置矢量，是时间的函数，则晶体的定态薛定谔方程为

$$H\psi(\boldsymbol{r}_1, \boldsymbol{r}_2, \boldsymbol{r}_n, \cdots; \boldsymbol{R}_1, \boldsymbol{R}_2, \boldsymbol{R}_n, \cdots) = E\psi(\boldsymbol{r}_1, \boldsymbol{r}_2, \boldsymbol{r}_n, \cdots; \boldsymbol{R}_1, \boldsymbol{R}_2, \boldsymbol{R}_n, \cdots) \tag{4.2}$$

式中，H 为晶体的哈密顿算符，由一切可能形式的能量算符之和构成，包括电子动能 T_e、离子动能 T_z、电子－电子相互作用能 U_e、离子－离子相互作用能 U_z、电子－离子相互作用能 U_{ez}、离子、电子在外场中的势能 V。

根据绝热近似，在研究晶体中电子的运动时，认为离子实静止在晶格平衡位置，电子在离子实产生的具有晶格周期性的势场中运动，这样可以不考虑离子－离子相互作用能 U_z 以及离子动能 T_z 和离子在外场中的势能。鉴于电子之间还存在相互作用，薛定谔方程中的 H 项可以写为

$$H = -\frac{\hbar^2}{2m}\sum_i \nabla^2 + \sum_i\sum_n V(|\boldsymbol{r}_i - \boldsymbol{R}_n|) + \frac{1}{8\pi\varepsilon_0}{\sum_{i,j}}' \frac{e^2}{|\boldsymbol{r}_i - \boldsymbol{r}_j|} \tag{4.3}$$

其中，第一项为电子动能项，即

$$\hat{T}_e = \sum_i \frac{-\hbar^2 \nabla^2}{2m} \tag{4.4}$$

电子势能项可以写为

$$V(\boldsymbol{r}_i) = \sum_n V(|\boldsymbol{r}_i - \boldsymbol{R}_n|) + V_e(\boldsymbol{r}_i) \tag{4.5}$$

N 电子体系的 H 量可以简化为 N 个独立点的 H 量之和，每个电子都在相同的有效势场 $V(\boldsymbol{r}_i)$ 中运动，这样即把多电子问题转化为单电子问题。通过上述假设，将研究对象由

多粒子体系简化为多电子系统再简化为单电子体系。

周期势中单电子满足的薛定谔方程为

$$\left[-\frac{\hbar^2}{2m}\nabla^2 + V(\boldsymbol{r})\right]\psi(\boldsymbol{r}) = E\psi(\boldsymbol{r}) \tag{4.6}$$

式中,ψ 为单电子的本征态波函数;E 为单电子本征态能量;$V(\boldsymbol{r})$ 为单电子有效势,是由晶格离子势和电子的相互作用势两部分构成的,在上述处理过程中处理为电子相互独立的,其中电子相互作用以某种平均的方式归并到单电子有效势中。

4.1.3 布洛赫定理

能带理论认为,固体中的电子不再被束缚于单个原子之中,而是在整个固体内运动。这种在整个固体内运动的电子称为共有化电子,布洛赫(Bloch)定理给出了在周期性势场中运动的共有化电子的波函数形式。

布洛赫定理指出:

在具有晶格周期性 $V(\boldsymbol{r}) = V(\boldsymbol{r} + \boldsymbol{R}_n)$ 势场中运动的单电子薛定谔方程的本征函数具有如下性质:

$$\psi(\boldsymbol{r} + \boldsymbol{R}_n) = \mathrm{e}^{\mathrm{i}\boldsymbol{k}\cdot\boldsymbol{R}_n}\psi(\boldsymbol{k},\boldsymbol{r}) \tag{4.7}$$

式中,$\boldsymbol{k}$ 为波矢,由于周期性边界条件的限制,$\boldsymbol{k}$ 在倒易空间取不连续值:

$$\boldsymbol{k} = \frac{l_1\boldsymbol{b}_1}{N_1} + \frac{l_2\boldsymbol{b}_2}{N_2} + \frac{l_3\boldsymbol{b}_3}{N_3} \tag{4.8}$$

式中,$\boldsymbol{b}_1$、$\boldsymbol{b}_2$、$\boldsymbol{b}_3$ 为晶体的倒易格子基矢;N_1、N_2、N_3 分别为晶格基矢 $\boldsymbol{a}_1$、$\boldsymbol{a}_2$、$\boldsymbol{a}_3$ 方向上的原胞数;l_1、l_2、l_3 为整数。$\boldsymbol{R}_n$ 为格矢,即晶格中格点的平移矢量。$\psi(\boldsymbol{k},\boldsymbol{r})$ 称为布洛赫函数,对应的晶格电子称为布洛赫电子。

布洛赫定理的物理意义在于:在以晶格原胞为周期的势场中运动的电子,当平移晶格矢量为 $\boldsymbol{R}_n$ 时,单电子态波函数只增加了位相因子 $\mathrm{e}^{\mathrm{i}\boldsymbol{k}\cdot\boldsymbol{R}_n}$。

布洛赫定理可表示为另外一种形式,即

$$\psi(\boldsymbol{k},\boldsymbol{r}) = \mathrm{e}^{\mathrm{i}\boldsymbol{k}\cdot\boldsymbol{r}}u(\boldsymbol{k},\boldsymbol{r}) \tag{4.9}$$

$$u(\boldsymbol{k},\boldsymbol{r}) = u(\boldsymbol{k},\boldsymbol{r} + \boldsymbol{R}_n) \tag{4.10}$$

这意味着周期性势场中电子布洛赫波函数可以写为被周期函数调幅的平面波(布洛赫波)的形式。布洛赫函数是平面波与周期函数的乘积。需要说明的是,布洛赫定理的两种形式是等价的。

满足布洛赫定理的波函数为布洛赫函数;由它描述的电子为布洛赫电子。布洛赫定理说明:晶体具有周期性,晶格势场具有周期性;晶体电子波函数在晶格等效点是相似的。

以一维周期点阵为例(图 4.2),设 a 为晶格周期,在 r 点的波函数 $\psi(k,r)$ 与在 $\psi(r + Na)$ 点的函数 $(k,r + Na)$ 具有一定的联系。布洛赫定理给出了这种联系。根据布洛赫定理,允许的晶格函数满足如下性质:

$$\psi(r + a) = \mathrm{e}^{\mathrm{i}ka}\psi(r) \tag{4.11}$$

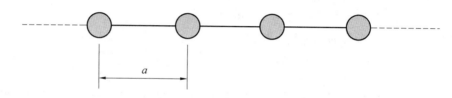

图 4.2　一维晶格示意图

式中,ψ 为晶格波函数;k 为电子的波矢;a 为一维晶格常数。

布洛赫定理还有一个重要的推论,即如果 G_m 是倒格矢,则 $k + G_m$ 与 k 是等价的:

$$\psi(k + G_m, r) = \psi(k, r) \tag{4.12}$$

根据式(4.12),可以将 k 值限制在一个包括所有不等价 k 的区域求解薛定谔方程,这个区域一般取第一布里渊区。

4.1.4　能带概念与性质

能带的形成是求解布洛赫电子薛定谔方程的必然结果。单电子薛定谔方程的形式为

$$\left[-\frac{\hbar}{2m} \nabla^2 + V(r) \right] \psi_k(r) = E\psi_k(r) \tag{4.13}$$

将布洛赫波函数形式代入式(4.13),有

$$\left[-\frac{\hbar}{2m} \nabla^2 + V(r) \right] e^{ik \cdot r} u(k, r) = E e^{ik \cdot r} u(k, r) \tag{4.14}$$

求解式(4.14)可得出单电子本征能量 $\psi_k(r)$ 和 $E(k)$。能量本征值与 k 有关,对于一个给定的 k 可由式(4.14)得出无穷多个能量本征值和相应的本征函数。用量子数 n 表示对应固定的 k 值时第 n 个能量本征值($n = 1, 2, 3 \cdots$),记为 $E_n(k)$,相应的本征态即为 $\psi_{n,k}(r)$。则能量本征值和波函数为

$$\begin{cases} E_1(k), E_2(k), E_3(k), E_4(k), E_5(k), \cdots, E_n(k) \\ \psi_{1k}(r), \psi_{2k}(r), \psi_{3k}(r), \psi_{4k}(r), \psi_{5k}(r), \cdots, \psi_{nk}(r) \end{cases} \tag{4.15}$$

式中,波矢 k 的取值如式(4.8)所示。

波矢相邻取值之间相差很小;当 n 确定时,本征能量包含由不同的 k 取值所对应的许多能级,这些能级在一定范围内变化,有能量的上下界,构成一能带。不同的 n 值代表不同的能带,量子数 n 称为带指数,用来标志不同的能带。可见,单电子方程的本征值 $E(k)$ 形成 n 个分离的带,每一个由对 k 准连续的、可区分的能级组成,称为能带。所有的能带称为能带结构。Si 的能带结构如图 4.3 所示。

能带具有以下性质。

(1)$E_n(k)$ 是 k 的偶函数,

$$E_n(-k) = E_n(k) \tag{4.16}$$

(2)$E_n(k)$ 具有周期性,即对于同一能带有

$$E_n(k + G_m) = E_n(k) \tag{4.17}$$

式中,G_m 是晶体的倒格矢,$G_m = m_1 b_1 + m_2 b_2 + m_3 b_3$。

由于三维晶体的波矢 k 也是三维的,图示 $E_n(k)$ 需要四维空间,因此,一般使波矢 k 沿

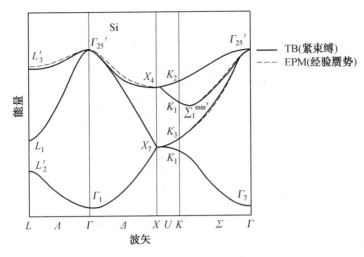

图 4.3   Si 的能带结构

一定的直线方向取值,画出二维的 $E_n(\boldsymbol{k})$ 图。所选定的直线方向一般是晶体倒易点阵的高对称方向,如图 4.4、图 4.5 所示立方晶体倒易点阵的 Δ 轴($\langle 100 \rangle$ 方向)、Σ 轴($\langle 110 \rangle$ 方向)和 Λ 轴($\langle 111 \rangle$ 方向)。

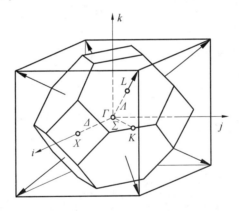

图 4.4   面心立方格子的第一布里渊区

人们常常关注由原子的价电子形成的能量相对高的几个能带,其中在绝对零度(0 K)时,被价电子填满的能带称为价带,而未被填满或全空的能带称为导带。导带底与价带顶之间的能量区间称为禁带,导带底与价带顶的能量之差为禁带宽度。

固体能带求解的方法很多,如近自由电子方法、紧束缚方法、平面波法和正交化平面波法、赝势法等,本章将陆续给予介绍。

4.2   费米能和态密度

4.2.1   费米能

从上节可知,求解晶体电子薛定谔方程,可以得到一系列能级,这些能级具有不同的

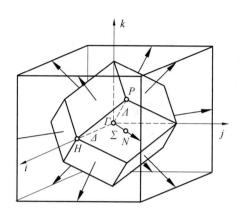

图 4.5　体心立方格子的第一布里渊区

能量(不考虑简并),每一个能级代表一个电子可以存在的量子态。那么电子是如何分布的? 究竟处于哪一个状态? 或者说处于一种状态的可能性有多大? 以上问题应用统计物理解决。对电子而言,应遵循费米－狄拉克统计,费米－狄拉克统计函数为在温度 T 下,达到热平衡时能量为 E 的电子态被电子占据的概率:

$$f(E,T) = \frac{1}{\exp\left(\dfrac{E-\mu}{k_B T}\right) + 1} \tag{4.18}$$

式中,E 为能量;T 为绝对温度;k_B 为玻尔兹曼常数;μ 为化学势,

$$\mu = \left(\frac{\partial F}{\partial N}\right)_{T,V} \tag{4.19}$$

由式(4.19)可见,化学势 μ 表示 T、V 不变时体系自由能随电子总数 N 的变化率。在分布函数中,μ 是一个决定电子在各能级中分布的参量,由电子总数 N 应满足的条件来确定,

$$N = \int_0^\infty f(E,T)g(E)\,\mathrm{d}E \tag{4.20}$$

其中,被积函数 $f(E,T)g(E)$ 为 E 附近单位能量间隔内的电子数 —— 电子分布密度。式(4.20)可以进一步写为

$$N = \frac{V}{2\pi^2}\left(\frac{2m}{\hbar^2}\right)^{3/2} \int_0^\infty \frac{E^{1/2}\,\mathrm{d}E}{\mathrm{e}^{(E-\mu)/k_B T} + 1} \tag{4.21}$$

根据式(4.21)可以得到,化学势 μ 是温度 T 和电子密度 $n = N/V$ 的函数。

当 $T = 0$ K 时,自由电子气处于基态,也就是体系能量最低的状态。这时分布函数为

$$\lim_{T \to 0} f(E,T) = \begin{cases} 1, & E < \mu(0) \\ 0, & E > \mu(0) \end{cases} \tag{4.22}$$

$\mu(0)$ 是 $T = 0$ K 时的化学势。如图 4.6 所示,0 K 时,能量在 $\mu(0)$ 以上的状态是空的,能量在 $\mu(0)$ 以下的状态被电子占满。受泡利不相容原理的限制,每个电子只能容纳两个自旋相反的电子,所以电子只能按电子态的能量从低到高的顺序依次填充。$\mu(0)$ 是自由

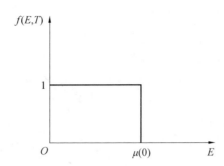

图 4.6　0 K 时的分布函数

电子气基态中电子的最高能量,称 $E_F = \mu(0)$ 为费米能。

根据量子力学,有

$$E_F = \frac{\hbar^2 k_F^2}{2m} \tag{4.23}$$

$$k_F = (3\pi^2 n)^{1/3} \tag{4.24}$$

式中,n 为电子密度,$n = N/V$。

定义 k 空间能量为 E_F 的等能面为费米面,k_F 为费米波矢,其长度称为费米半径。可见费米波矢依赖于电子密度 n;费米能也由电子密度 n 完全决定。在绝对零度下,费米球内所有状态全被电子占满,球外则全空。

当 $T \neq 0$ K 时,自由电子气处于激发态,电子获得热能 $k_B T$,从费米面内跃迁到费米面外的空状态。这时电子分布与基态完全不同。费米面内出现部分空状态,费米面外有部分状态被占据,空状态和占据状态没有明显界限。

4.2.2　态密度

在原子中,电子的本征状态形成一系列的能级,并可以通过计算得到各能级的能量。当原子形成固体时,电子能级是异常密集的,形成准连续分布,此时要表明每个能级的能量是没有意义的。为了描述这种情形下的状况,引入"态密度"的概念。考虑能量在 E 到 $E + \Delta E$ 间的能态数目。若 ΔZ 表示能态数目,则态密度定义为

$$g(E) = \lim_{\Delta E \to 0} \frac{\Delta Z}{\Delta E} \tag{4.25}$$

如果在波矢空间中,根据 $E(k) = $ 常数作出等能面,那么在等能面 E 和 $E + \Delta E$ 间的状态数目即为 ΔZ。由于状态在 k 空间分布是均匀的、准连续的,其状态密度是 $V/(2\pi)^3$,因此可以根据 $E(k)$ 的函数关系画出空间的等能面,并计算 E 到 $E + \Delta E$ 间的状态数目。

$$\Delta Z = \frac{V}{(2\pi)^3} \times \Delta V \tag{4.26}$$

式中,ΔV 为能量在 E 到 $E + \Delta E$ 的等能面之间的体积。等能面的体积如图 4.7 所示,可以用对体积元 $\mathrm{d}S\mathrm{d}k$ 的积分表示,因此有

$$\Delta Z = \frac{V}{(2\pi)^3} \int \mathrm{d}S\mathrm{d}k \tag{4.27}$$

式中,$\mathrm{d}k$ 表示两等能面之间的垂直距离;$\mathrm{d}S$ 表示面积元,有

$$\mathrm{d}k \mid \nabla_k E \mid = \Delta E \tag{4.28}$$

式中,$\mid \nabla_k E \mid$ 表示沿法线方向能量的改变率。

由(4.27)和式(4.28),有

$$\Delta Z = \left[\frac{V}{(2\pi)^3} \int \frac{\mathrm{d}S}{\mid \nabla_k E \mid} \right] \Delta E \tag{4.29}$$

进而得到态密度的一般表达式:

$$\frac{\Delta Z}{\Delta E} = \frac{V}{(2\pi)^3} \int \frac{\mathrm{d}S}{\mid \nabla_k E \mid} \tag{4.30}$$

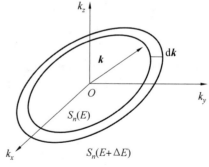

图 4.7　能量为 E 和 $E + \Delta E$ 的两个等能面

考虑到电子的自旋,上述 ΔZ 数目应乘 2,则态密度为

$$g(E) = 2 \frac{V}{(2\pi)^3} \int \frac{\mathrm{d}S}{\mid \nabla_k E \mid} \tag{4.31}$$

以上仅仅考虑一条能带,考虑所有能带态密度应该是对应所有能带的计算结果之和:

$$g(E) = \sum_n g_n(E) \tag{4.32}$$

它的数学形式与晶格振动模式密度完全相同。

电子的态密度给出了电子量子态沿能量的分布状况,在一定程度上说明了电子在不同能量处的分布。态密度和费米能一样,是描述固体电子结构的重要参量。图 4.8 给出了 TiN 能带结构和态密度,通过图 4.8 可以清楚了解 TiN 的电子结构。

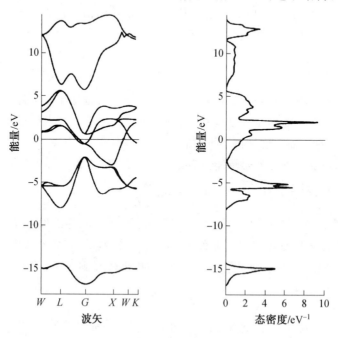

图 4.8　TiN 能带结构和态密度

4.3 近自由电子方法

金属中的价电子在一个很弱的周期场中运动,价电子的行为很接近自由电子,二者的区别在于近自由电子受到一个弱周期场的作用。因此,可以把金属中的价电子看作近自由电子,只受弱周期场作用。但是,从 $E-k$ 关系曲线看,二者在本质上完全不同。

对于自由电子,薛定谔方程为

$$-\frac{\hbar^2}{2m}\nabla^2\psi(\boldsymbol{r})=E\psi(\boldsymbol{r}) \tag{4.33}$$

周期场中的单电子薛定谔方程为

$$\left(-\frac{\hbar^2}{2m}\nabla^2+V(\boldsymbol{r})\right)\psi(\boldsymbol{r})=E\psi(\boldsymbol{r}) \tag{4.34}$$

假定对于一维简单格子,原子沿 x 方向排列,周期场起伏较小,而电子的平均动能比其势能的绝对值大得多,作为零级近似,用势能的平均值 V_0 代替 $V(x)$,把周期性起伏 $\Delta V=V(x)-V_0$ 作为微扰来处理,有

$$V(x)=V_0+\Delta V \tag{4.35}$$

对于周期为 a 的一维简单格子,则有 $V_0=\dfrac{1}{a}\displaystyle\int_{-a/2}^{a/2}V(x)\mathrm{d}x$ 是势能的平均值。

V_0 可以设为 0,有

$$\left[-\frac{\hbar^2}{2m}\frac{\mathrm{d}^2}{\mathrm{d}x^2}+V(x)\right]\psi_k(x)=E_k\psi_k(x) \tag{4.36}$$

$$V(x)=V_0+\Delta V \tag{4.37}$$

$$V_0=0 \tag{4.38}$$

薛定谔方程式(4.36)变为

$$\left[-\frac{\hbar^2}{2m}\frac{\mathrm{d}^2}{\mathrm{d}x^2}+\Delta V\right]\psi_k(x)=E_k\psi_k(x) \tag{4.39}$$

按照微扰理论,哈密顿量写为

$$\hat{\boldsymbol{H}}=\hat{\boldsymbol{H}}_0+\hat{\boldsymbol{H}}' \tag{4.40}$$

$$\hat{\boldsymbol{H}}_0=-\frac{\hbar^2}{2m}\frac{\mathrm{d}^2}{\mathrm{d}x^2},\quad \hat{\boldsymbol{H}}'=\Delta V \tag{4.41}$$

如不考虑微扰作用,则电子为自由电子,满足的薛定谔方程为

$$\left(-\frac{\hbar^2}{2m}\frac{\mathrm{d}^2}{\mathrm{d}x^2}\right)\psi_k(x)=E_k\psi_k(x) \tag{4.42}$$

求解上述薛定谔方程,得到自由电子的解,波函数的形式为平面波:

$$\psi_k(x)=V^{-\frac{1}{2}}\mathrm{e}^{\mathrm{i}k\cdot r} \tag{4.43}$$

$$E(\boldsymbol{k})=\frac{\hbar^2\boldsymbol{k}^2}{2m} \tag{4.44}$$

考虑晶体弱周期场的微扰,具体推导过程在此不赘述,读者可以阅读有关资料。晶体弱周期场微扰近作用的结果是自由电子能谱在布里渊区边界(即 $k=\pm\pi/a,\pm2\pi/a,$

$\pm 3\pi/a$,… 处发生能量跳变,产生宽度分别为 $2|V_1|,2|V_2|,2|V_3|$,… 的禁带,$V_1,V_2,$ $V_3,$… 为 V 利用倒格矢进行傅里叶展开的对应项系数。对于一维简单格子,有

$$V(x) = V_0 + \sum_{n \neq 0} V_n e^{i\frac{2\pi}{a}nx} \tag{4.45}$$

式中,

$$V_n = \frac{1}{L} \int_0^L V(x) e^{-i\frac{2\pi}{a}nx} \mathrm{d}x \tag{4.46}$$

其中,L 为一维简单格子的长度。

这样在布里渊区边界得到能量间隙。自由电子的能谱 $E(k)$ 被分割为许多能带。图 4.9 给出了晶体弱周期场的微扰的 $E - k$ 能谱及相应的能带。

上述结论可以推广到三维。注意,在一维情形中能隙即禁带,而对于三维情形,k 在某一布里渊区界面时所出现的能隙并不一定是禁带,因为在 k 空间的其他方向该能量范围的电子状态有可能是允许的。

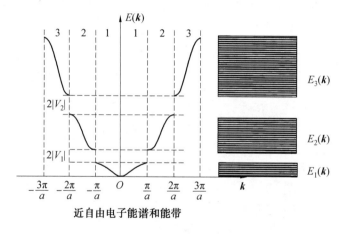

近自由电子能谱和能带

图 4.9   晶体弱周期场的微扰的 $E - k$ 能谱及相应的能带

4.4   紧束缚方法

在近自由电子方法中,从自由电子出发研究晶体中的电子态,把晶格周期场当作弱微扰处理,是一种极端情况,一般用于金属,并非所有晶体都适用。如果电子受原子核束缚较强,原子之间的相互作用因原子间距较大等原因较弱,晶体中的电子更接近于孤立原子附近的电子,这是另外一种极端情况,如内壳层电子、绝缘体电子、部分金属 3d 电子等。这时可以从原子出发,研究晶体中的电子态,认为原子结合成晶体后,价电子受原子的束缚较紧,基本保持原子状态的特征,其他原子的作用可以看作微扰,这种近似可以称为紧束缚近似。

4.4.1　模型和微扰计算

设晶体由 N 个相同的原子组成,如图 4.10 所示。晶体中的电子在某个原子附近时主要受该原子势场 $V(r-R_n)$ 的作用,其他原子的作用可视为微扰来处理,以孤立原子的电子态作为零级近似。r 表示某电子的位置矢量,R_n 为束缚电子所属的原子的位置矢量。

势场为

$$V(r) = V^{at}(r-R_n) + \sum_{R_m}{}' V^{at}(r-R_m) \tag{4.47}$$

式中,$V(r-R_n)$ 表示位于 $R_n = n_1 a_1 + n_2 a_2 + n_3 a_3 + \cdots$ 的孤立原子在 r 处的势场;$\sum_{R_m}{}'$ 表示求和不含 $R_m = R_n$ 一项,记

$$H = -\frac{\hbar^2}{2m}\nabla^2 + V^{at}(r-R_n) + \sum_{R_m}{}' V^{at}(r-R_m) = H_0 + H \tag{4.48}$$

式中,

$$H_0 = -\frac{\hbar^2}{2m}\nabla^2 + V^{at}(r-R_n) \tag{4.49}$$

$$H' = \sum_{R_m}{}' V^{at}(r-R_m) \tag{4.50}$$

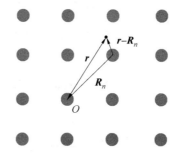

图 4.10　晶体中原子核与电子示意图

如果不考虑原子间的相互影响,在格点 R_n 附近的电子将以原子束缚态 φ_α^{at} 绕 R_n 点运动。$\varphi_\alpha^{at}(r-R_n)$ 表示孤立原子的电子波函数。电子在一个孤立原子束缚下的运动方程为

$$H_0 \varphi_\alpha^{at}(r-R_n) = E_\alpha^{at} \varphi_\alpha^{at}(r-R_n) \tag{4.51}$$

式中,E_α^{at} 为孤立原子中的电子能级,α 取 1s、2s、2p 等。

记晶体中的电子运动方程为 $\psi_\alpha(k,r)$,

$$H\psi_\alpha(r-R_n) = E_\alpha \psi_\alpha(r-R_n) \tag{4.52}$$

$\psi_\alpha(k,r)$ 与 $\varphi_\alpha^{at}(r-R_n)$ 考虑如下:

如果晶体是由 N 个相同的原子构成的布拉维晶格,则在各原子附近将有 N 个相同的能量为 E_α^{at} 的束缚态波函数 φ_α^{at},因此在不考虑原子间相互作用时,应有 N 个类似的方程,例如取 α 为 s,则有

$$E_s^{at} \rightarrow \begin{cases} \varphi_s^{at}(r - R_1) \\ \varphi_s^{at}(r - R_2) \\ \vdots \\ \varphi_s^{at}(r - R_N) \end{cases} \tag{4.53}$$

这些波函数对应于同样的能量 E_s^{at}，是 N 重简并的。这些原子形成晶体后，晶体中电子运动波函数应为 N 个原子轨道波函数的线性组合，即用孤立原子的电子波函数 φ_α^{at} 的线性组合来构成晶体中电子共有化运动的波函数，因此紧束缚近似也称为原子轨道线性组合法。

$$\psi_\alpha(k, r) = \sum_{R_n} C_n \varphi_\alpha^{at}(r - R_n) \tag{4.54}$$

为满足布洛赫定理的要求，展开系数 C_n 可以写为

$$C_n = Ce^{ik \cdot R_n} \tag{4.55}$$

得到

$$\psi_\alpha(k, r) = \frac{1}{\sqrt{N}} \sum_{R_n} e^{ik \cdot R_n} \varphi_\alpha^{at}(r - R_n) \tag{4.56}$$

式中，$1/\sqrt{N}$ 是归一化的要求。将此波函数代入薛定谔方程式(4.52)，得到

$$\frac{1}{\sqrt{N}} \sum_{R_n} e^{ik \cdot R_n} \left[-\frac{\hbar^2}{2m}\nabla^2 + V^{at}(r - R_n) + \sum_{R_m}{}' V^{at}(r - R_m) - E_\alpha(k) \right] \varphi_\alpha^{at}(r - R_n) = 0 \tag{4.57}$$

设

$$-\frac{\hbar^2}{2m}\nabla^2 + V^{at}(r - R_n) = H_0 \tag{4.58}$$

求解

$$H_0 \varphi_\alpha^{at}(r - R_n) = E_\alpha^{at} \varphi_\alpha^{at}(r - R_n) \tag{4.59}$$

得到 E_α^{at}。

进一步，考虑其他原子作用的势场，关于

$$\frac{1}{\sqrt{N}} \sum_{R_n} e^{ik \cdot R_n} \left[-\frac{\hbar^2}{2m}\nabla^2 + V^{at}(r - R_n) + \sum_{R_m}{}' V^{at}(r - R_m) - E_\alpha(k) \right] \varphi_\alpha^{at}(r - R_n) = 0 \tag{4.60}$$

的解对应的能量可由 E_α^{at} 进行修正处理，具体过程在此不赘述。

经过计算得到

$$E_\alpha(k) = E_\alpha^{at} - J_{ss} - \sum_{R_n}{}' e^{ik \cdot (R_n - R_s)} J_{sn} \tag{4.61}$$

式中，

$$\int \varphi_\alpha^{*at}(r - R_s) \sum_{R_m}{}' V^{at}(r - R_m) \varphi_\alpha^{at}(r - R_s) d\tau = -J_{ss} \tag{4.62}$$

$$\int \varphi_\alpha^{*at}(r - R_s) \sum_{R_m}{}' V^{at}(r - R_m) \varphi_\alpha^{at}(r - R_n) d\tau = -J_{sn} \tag{4.63}$$

J_{ss} 和 J_{sn} 是晶体中公有化电子的能量相对于处于单个孤立原子状态时能量的修正值,是在自由(孤立)原子 E_α^{at} 的基础上修正。孤立原子的能级与晶体中的电子能带相对应。根据波函数下标 α 的取值,得到 1s、2s、2p 等对应的能带。

J_{sn} 表示相距为 $\boldsymbol{R}_s - \boldsymbol{R}_n$ 的两个格点上的波函数的重叠积分,它依赖于 $\varphi_\alpha^{at}(\boldsymbol{r} - \boldsymbol{R}_n)$ 与 $\varphi_\alpha^{at}(\boldsymbol{r} - \boldsymbol{R}_s)$ 的重叠程度。$\boldsymbol{R}_s = \boldsymbol{R}_n$ 时重叠最完全,对应 J_{ss},其次是最近邻格点的波函数的重叠积分,涉及较远格点的积分极小,通常可忽略不计。因此,式(4.61)可以写为

$$E_\alpha(k) \approx E_\alpha^{at} - J_{ss} - \sum_{\boldsymbol{R}_n}^{\text{近邻}} e^{i\boldsymbol{k} \cdot (\boldsymbol{R}_n - \boldsymbol{R}_s)} J_{sn} \tag{4.64}$$

近邻原子的波函数重叠越多,J_{sn} 的值越大,能带将越宽。因此原子芯电子所对应的能带较窄,而且不同原子态所对应的 J_{ss} 和 J_{sn} 是不同的。由上述能量表达式可以看出,$E(k)$ 不仅与 k 有关,而且是 k 的周期函数,说明在紧束缚条件下原子的能级已经扩展为能带。$E(k)$ 与 k 的关系取决于其中的求和项,而具体结果又与晶体的结构有关。

4.4.2 简单立方晶体能带紧束缚方法计算

考虑简单立方晶体中由孤立原子 s 态所形成的能带。由于 s 态波函数是球对称的,因而 J_{sn} 仅与原子间距有关,只要原子间距相等,重叠积分就相等。对于简单立方,最近邻原子有 6 个,以原点处原子为参考原子,6 个最近邻原子的坐标为:$(\pm a, 0, 0)$、$(0, \pm a, 0)$、$(0, 0, \pm a)$(其中 a 为晶格常量)。

对 6 个最近邻原子,J_{sn} 具有相同的值,可用 J 表示,得到能量函数 $E_s(\boldsymbol{k})$:

$$\begin{aligned}
E_s(\boldsymbol{k}) &= E_s^{at} - J_{ss} - J \sum_{\boldsymbol{R}_n}^{\text{近邻}} e^{i\boldsymbol{k} \cdot (\boldsymbol{R}_n - \boldsymbol{R}_s)} \\
&= E_s^{at} - J_{ss} - J(e^{ik_x a} + e^{-ik_x a} + e^{ik_y a} + e^{-ik_y a} + e^{ik_z a} + e^{-ik_z a}) \\
&= E_s^{at} - J_{ss} - 2J(\cos \boldsymbol{k}_x a + \cos \boldsymbol{k}_y a + \cos \boldsymbol{k}_z a)
\end{aligned} \tag{4.65}$$

在能带底处,$\boldsymbol{k}_x$、$\boldsymbol{k}_y$、$\boldsymbol{k}_z = 0$,能量有极小值:

$$\boldsymbol{E}_{s\min} = \boldsymbol{E}_\alpha^{at} - J_{ss} - 6J \tag{4.66}$$

在简约布里渊区边界 $\boldsymbol{k}_x$、$\boldsymbol{k}_y$、$\boldsymbol{k}_z = \pm \dfrac{\pi}{a}$ 处,能量有最大值

$$\boldsymbol{E}_{s\max} = E_\alpha^{at} - J_{ss} + 6J \tag{4.67}$$

能带的宽度为

$$\Delta \boldsymbol{E} = \boldsymbol{E}_{s\max} - \boldsymbol{E}_{s\min} = 12J \tag{4.68}$$

综上,通过紧束缚方法可以观察到原子能级分裂成能带示意图,如图 4.11 所示固体中电子能带和孤立原子中电子能级的关系。可见能带宽度由两个因素决定:① 重叠积分 J 的大小;②J 前的数字,而数字的大小取决于最近邻格点的数目,即晶体的配位数。因此,可以预料,波函数重叠程度越大,配位数越大,能带越宽;反之,能带越窄。

上面讨论的是最简单的情况,只适用于 s 态电子,一个原子能级 E_α^{at} 对应一个能带;若考虑 p 态电子,d 态电子,这些状态是简并的,N 个原子组成的晶体形成能带比较复杂,一个能带不一定和孤立原子的某个能级对应,可能出现能带交叠。

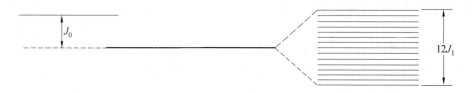

图 4.11　原子能级分裂成能带示意图

　　至此,介绍了近自由电子和紧束缚电子两种方法,但它们作为计算能带的方法均存在一定的不足。在实际晶体中价电子往往既不是近自由电子也不是紧束缚状态,因而需要更精确的方法。但在这两种近似模型中,从两种极端的情况出发,展现了两种形成能带的物理图像,对于了解能带的形成及其一般特性有重要的作用。

4.5　平面波法和正交化平面波法

　　晶体中的单电子势场是以晶格矢量为平移周期的周期函数,同时布洛赫函数中也包含了相似的周期函数,它们都能够以平面波为基函数进行傅里叶展开。平面波和正交化平面波正是在这样的基础上提出的。

4.5.1　平面波法

　　平面波法的基本思想是将单电子布洛赫波函数中的周期性函数部分作平面波展开,然后将周期性势场也作平面波展开,并代入单电子薛定谔方程求解。在平面波方法中,用波矢相差一个倒格矢的一系列平面波的线性组合作为描述晶体中电子运动状态的布洛赫函数的近似,即以波矢相差一个倒格矢的一组平面波作为基函数。

　　根据布洛赫定理,单电子波函数为

$$\varphi_k(\boldsymbol{r}) = u_k(\boldsymbol{r}) \mathrm{e}^{\mathrm{i}k\cdot r} \tag{4.69}$$

式中,$u_k(\boldsymbol{r})$ 为周期函数,可以进行傅里叶展开:

$$u_k(\boldsymbol{r}) = \frac{1}{\sqrt{\Omega}} \sum_m C(\boldsymbol{G}_m) \mathrm{e}^{\mathrm{i}\boldsymbol{G}_m \cdot \boldsymbol{r}} \tag{4.70}$$

式中,$C(\boldsymbol{G}_m)$ 为傅里叶级数的展开系数。

　　单电子波函数可以写为

$$\varphi_k(\boldsymbol{r}) = u_k(\boldsymbol{r}) \mathrm{e}^{\mathrm{i}k\cdot r} = \frac{1}{\sqrt{\Omega}} \sum_m C(\boldsymbol{G}_m) \mathrm{e}^{\mathrm{i}(k+\boldsymbol{G}_m)\cdot r} \tag{4.71}$$

　　单电子势场也是周期函数,进行傅里叶展开,有

$$V(\boldsymbol{r}) = \sum_n V(\boldsymbol{G}_n) \mathrm{e}^{\mathrm{i}\boldsymbol{G}_n \cdot r} \tag{4.72}$$

式中,傅里叶展开系数

$$V(\boldsymbol{G}_m) = \frac{1}{\sqrt{\Omega}} \int V(\boldsymbol{r}) \mathrm{e}^{-\mathrm{i}\boldsymbol{G}_m \cdot r} \mathrm{d}\boldsymbol{r} \tag{4.73}$$

　　将式(4.71)、式(4.72)和式(4.73)代入单电子薛定谔方程,有

$$\left[-\frac{\hbar^2}{2m}\nabla^2 + V(\boldsymbol{r})\right]\frac{1}{\sqrt{\Omega}}\sum_m C(\boldsymbol{G}_m)e^{i(\boldsymbol{k}+\boldsymbol{G}_m)\cdot\boldsymbol{r}} = E\frac{1}{\sqrt{\Omega}}\sum_m C(\boldsymbol{G}_m)e^{i(\boldsymbol{k}+\boldsymbol{G}_m)\cdot\boldsymbol{r}} \quad (4.74)$$

将式(4.74)两边乘 $\Omega^{-1/2}e^{-i(\boldsymbol{k}+\boldsymbol{G}_n)\cdot\boldsymbol{r}}$ 后进行积分,并利用正交归一条件,得

$$\left[E^e_{k+m} - E(\boldsymbol{k})\right]C(\boldsymbol{G}_n) + \sum_m C(\boldsymbol{G}_m)V(\boldsymbol{G}_n - \boldsymbol{G}_m) = 0 \quad (4.75)$$

式(4.75)可以写为

$$\sum_m \{[E^e_{k+n} - E(\boldsymbol{k})]\delta_{mn} + V(\boldsymbol{G}_n - \boldsymbol{G}_m)\}C(\boldsymbol{G}_m) = 0 \quad (4.76)$$

对每一个给定的 $\boldsymbol{G}_n$ 值,都有一个与式(4.76)类似的方程。因此,可以得到关于未知系数 $C(\boldsymbol{G}_m)$ 的线性齐次方程组。$C(\boldsymbol{G}_m)$ 有非零解的条件是系数行列式为0,即

$$\det\left|\,[E^e_{k+n} - E(\boldsymbol{k})]\delta_{mn} + V(\boldsymbol{G}_n - \boldsymbol{G}_m)\,\right| = 0 \quad (4.77)$$

式中,$E^e_{k+n} = \hbar^2(\boldsymbol{k}+\boldsymbol{G}_n)^2/2m$。

式(4.77)左面是一行列式。严格讲,行列式的行数和列数是无限的。但是当势场的高阶项傅里叶系数很小时,$V(\boldsymbol{G}_m)$ 随 m 的增大而快速减小。此时,$V(\boldsymbol{G}_m)$ 显著不等于0的项数是有限的。式(4.77)只有对角线附近少数几项不为0,这时求解过程得到简化。在 $V(\boldsymbol{G}_m)$ 显著不等于0的项数有限的情况下,求解某一 $\boldsymbol{k}$ 下单电子能量本征值 $E_1(\boldsymbol{k})$、$E_2(\boldsymbol{k})$、$E_n(\boldsymbol{k})$。选取不同 $\boldsymbol{k}$ 值即得到能带结构。

注意:在平面波级数中,基函数并不与特别的原子联系,而是定义在这个胞之上。系数通过以下的密度函数方法得到,即猜想一个密度函数 $\rho(\boldsymbol{r})$,构建交叠矩阵和 K－S 方程,通过对角化给出本征函数和本征矢量,求解系数。

显然,该方法的求解难度随傅里叶展开项数的增加而增加。因此,只有当晶体的价电子看作自由电子时才有意义。在实际计算中,一般采取能量截断的方法限定平面波展开的系数。若截断能为 E_{cut},则 $\hbar^2(\boldsymbol{k}+\boldsymbol{G})/2m > E_{cut}$ 的平面波分量全部舍去。截断能越小,则取用的平面波数越少,计算效率越高,但精度较差;反之,截断能越大,则取用的平面波数越多,计算效率越低,但精度较高。

如何降低傅里叶展开的项数,是关键问题。基于此,人们引入了正交化平面波法。

4.5.2　正交化平面波法

如果势场的变化很平坦,波函数就会更接近自由电子,波函数傅里叶展开的有效项系数也会减少,相应求解薛定谔方程的复杂度会降低。

当电子距离晶格中的离子较远时,势场变化平缓,电子的动量较小,少数平面波线性组合就可以描述电子的波函数;反之,当电子距离晶格中的离子很近时,势场变化大,电子动量很大,需要很多的平面波线性组合才能正确描述电子状态。改进平面波方法的关键是寻找既能描述电子在离子附近运动又能描述远离离子运动的波函数。

基于上述方法,人们提出了正交化平面波的基本思想:① 仿照紧束缚近似方法构造原子芯态波函数的线性组合,以描述电子在离子附近的运动。这里的原子芯态波函数不仅包含离子中所有被电子占据的状态,而且要求通过芯态波函数的线性组合构造的波函数必须满足布洛赫定理。② 利用平面波和原子芯态波函数的线性组合构建新的基函数,

且该基函数与原子芯态波函数正交。③ 将单电子波函数向上述新的基函数作线性展开，将展开后的单电子波函数代入单电子薛定谔方程求解。

在介绍正交化平面波法之前，先介绍量子力学中的狄拉克符号。采用狄拉克符号，记 $\langle\varphi\mid\varphi\rangle=\int_{-\infty}^{\infty}\varphi^*(x)\varphi(x)\mathrm{d}x,\langle\varphi\mid$ 为左矢，$\mid\varphi\rangle$ 为右矢。用 $\mid\varphi\rangle$ 表示量子态 $\varphi(x)$ 非常方便，在下面的正交化平面波法处理过程中采用狄拉克符号。

平面波为

$$\mid \boldsymbol{k}+\boldsymbol{G}_m\rangle=\frac{1}{\Omega}\mathrm{e}^{\mathrm{i}(\boldsymbol{k}+\boldsymbol{G}_m)\cdot\boldsymbol{r}} \tag{4.78}$$

原子芯态波函数为

$$\chi_j(\boldsymbol{r}-\boldsymbol{R}_m)=\mid\chi_j(\boldsymbol{r}-\boldsymbol{R}_m)\rangle \tag{4.79}$$

满足布洛赫定理的归一化原子芯态波函数的线性组合为

$$\mid\varphi_{jk}\rangle=\frac{1}{\sqrt{N}}\sum_m\mathrm{e}^{\mathrm{i}\boldsymbol{k}\cdot\boldsymbol{R}_m}\mid\chi_j(\boldsymbol{r}-\boldsymbol{R}_m)\rangle \tag{4.80}$$

将上述原子芯态波函数的线性组合与平面波函数之和作为新的基函数，即

$$\mid\Phi_m(\boldsymbol{k},\boldsymbol{r})\rangle=\mid\boldsymbol{k}+\boldsymbol{G}_m\rangle-\sum_j\mu_{mj}\mid\varphi_{jk}\rangle \tag{4.81}$$

组合系数 μ_{mj} 由 $\mid\varphi_{jk}\rangle$ 和 $\mid\Phi_m(\boldsymbol{k},\boldsymbol{r})\rangle$ 之间的正交条件确定：

$$\langle\varphi_{jk}\mid\Phi_m(\boldsymbol{k},\boldsymbol{r})\rangle=0 \tag{4.82}$$

结合式(4.80)，有

$$\mu_{mj}=\langle\chi_j(\boldsymbol{r}-\boldsymbol{R}_m)\mid\boldsymbol{k}+\boldsymbol{G}_m\rangle \tag{4.83}$$

单电子波函数写为基函数的线性组合的形式：

$$\mid\varphi_k(\boldsymbol{r})\rangle=\sum_m C(\boldsymbol{G}_m)\mid\Phi_m(\boldsymbol{k},\boldsymbol{r})\rangle \tag{4.84}$$

将式(4.84)代入单电子哈密顿方程，有

$$\hat{H}\sum_m C(\boldsymbol{G}_m)\mid\Phi_m(\boldsymbol{k},\boldsymbol{r})\rangle=E\sum_m C(\boldsymbol{G}_m\mid\Phi_m(\boldsymbol{k},\boldsymbol{r})\rangle \tag{4.85}$$

式(4.85)左乘 $\langle\Phi_n(\boldsymbol{k},\boldsymbol{r})\mid$，得到

$$\sum_m[\langle\Phi_n(\boldsymbol{k},\boldsymbol{r})\mid\hat{H}\mid\Phi_m(\boldsymbol{k},\boldsymbol{r})\rangle-E\langle\Phi_n(\boldsymbol{k},\boldsymbol{r})\mid\Phi_m(\boldsymbol{k},\boldsymbol{r})\rangle]C(\boldsymbol{G}_m)=0 \tag{4.86}$$

这是一个关于变量 $C(\boldsymbol{G}_m)$ 的线性齐次方程，有非零解的条件为系数行列式为 0，有

$$\det\mid\sum_m\langle\Phi_n(\boldsymbol{k},\boldsymbol{r})\rangle\mid\hat{H}\mid\Phi_m(\boldsymbol{k},r)\rangle-E\langle\Phi_n(\boldsymbol{k},\boldsymbol{r})\rangle\mid\Phi_m(\boldsymbol{k},\boldsymbol{r})\rangle\mid=0 \tag{4.87}$$

求解上述方程计算晶体的能带。可见，正交化平面波法有效减少了展开级数的项数，降低了计算的复杂度。图 4.12 为平面波、原子波和正交化平面波示意图。实际计算结果表明，正交化平面波法对于主族晶体的能带及相关物理量有明显的优势，但是不适合过渡族和稀土金属。

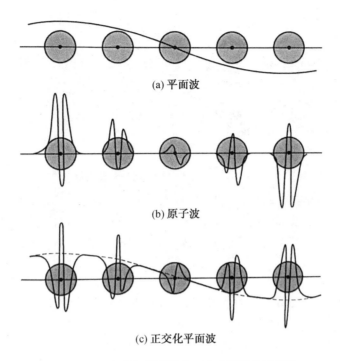

图 4.12　　　平面波、原子波和正交化平面波示意图

4.6　赝势法

　　一般的原子,在结构上可以分为原子核和核外电子。核外电子可以分为价电子和芯电子,如图 4.13 所示。以价电子为研究对象,原子核和芯电子合在一起可以看作"离子实"。

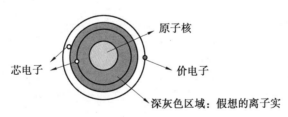

图 4.13　原子结构

　　在材料计算设计中更关注价电子,因为价电子决定了材料的化学键和其他物理性能。原子环境对芯电子影响很小。因此在计算中只考虑价电子,而把芯电子考虑进原子核中。

　　平面波表示的价电子的波函数的一个缺点是在靠近原子核的区域,势能会发生剧烈的振荡,如图 4.14 所示。这是由于它们的波函数必须与芯电子波函数正交。需要很大数量的波函数来描述这种行为。如果只考虑价电子,把原子核和芯电子看作一个整体,做一个假想的"原子核"(离子实),则势能曲线在靠近原子核的区域比较平缓,大大减小了计算的复杂度。

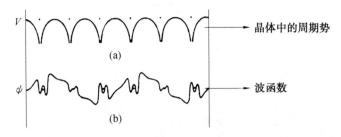

图 4.14 晶体中的周期势和波函数

在求解固体的单电子波动方程时,用假想的势能代替离子实内部的真实势能,若不改变电子的能量本征值及其在离子实之间区域的波函数,则这个假想的势能称为赝势。利用赝势求出的价电子波函数称为赝波函数。采用赝势的单电子薛定谔方程可以写为

$$\left[-\frac{\hbar^2}{2m}\nabla^2 + V^{ps}\right]\psi_v^{ps} = E_v\psi_v^{ps} \tag{4.88}$$

式中,V^{ps} 是赝势;ψ^{ps} 是价电子的赝波函数;E_v 是价电子的能量。

赝势是一种势函数,它给出的波函数在芯部以外的区域具有和真实波函数一样的形状,而在芯部却具有很少的节点,如图 4.15 所示。它描述了价电子和原子核及芯电子组成的联合体的作用。

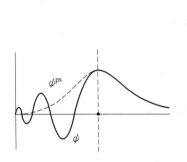

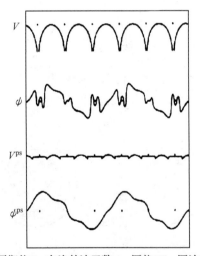

(a)赝波函数(点画线)ψ^{ps}和真实波函数ψ　(b)晶体中周期势V、布洛赫波函数ψ、赝势V^{ps}、赝波函数ψ^{ps}比较

图 4.15 赝势和赝波函数

具体赝势的形式对于保证计算效率和精度非常关键,可以分为第一性原理从头计算赝势、半经验赝势和经验赝势法。

在经验赝势法中,晶体势表示成原子势的叠加,在赝势拟合过程中经过反复与实验数据做比较、修改,直至得到与实验数据接近的结果。目前,经验赝势法主要是在现代从头算原子赝势自洽迭代计算中作初始值使用。模型赝势是用于自洽计算的半经验原子赝势。在这种赝势中含有几个可变参量,可用经验数据相比较的方法确定这些参量。模型

赝势可以从离子赝势数学推理出发得到,如:

$$\begin{cases} V_i^{ps} = -\dfrac{Z_v}{r}, & r > r_c \\[2ex] V_i^{ps} = -\dfrac{Z_v}{r_c}, & r \leqslant r_c \end{cases} \qquad (4.89)$$

没有任何附加经验参数的原子赝势,称为第一性原理从头算原子赝势。目前在能带理论中最常用的从头算原子赝势是模守恒赝势。模守恒赝势要求赝波函数满足如下条件:① 本征值与真实本征值相等;② 没有节点;③ 在原子核区之外$(r > r_c)$与真实波函数相同,在内层区$(r \leqslant r_c)$赝电荷与真实电荷相等,或者说模守恒赝势和真实势对应的波函数具有相同的能量值,在离子实的半径 r_c 以外,与真实波函数的形状、幅度均相同;④ 在 r_c 以内变化缓慢。赝势使得波函数急剧振荡的芯区用一个平滑的波函数替代而不改变电荷密度分布。模守恒赝势由单电子波函数计算得到,可用于价电子或类价电子的正确电子密度分布计算。

现在采用的"软赝势"和"超软赝势"需要较少的平面波函数的数目。超软赝势通过对模守恒条件的弛豫发展而来。超软赝势的赝波函数已经不再满足模守恒条件,而是通过定义附加电荷达到所谓的模守恒条件。它构造的赝波函数在内层之外$(r \geqslant r_c)$和全电子波函数一致,而在内层$(r \leqslant r_c)$引入广义的正交条件。图 4.16 为氧原子 2p 径向波函数、模守恒赝波函数和超软赝势波函数比较。

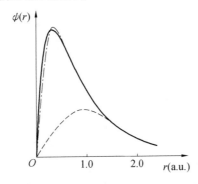

图 4.16　氧原子 2p 径向波函数(实线)、模守恒赝波函
数(点画线)和超软赝势波函数(虚线)比较

采用赝势加平面波的方法是解晶体电子薛定谔方程,求解能带结构的最普遍的方法。

综上所述,能带求解方法有多种。不同的方法主要是基于两点区分:① 采用不同的基函数展开晶体单电子波函数;② 根据研究对象的物理性质对晶体周期势作合理、有效的近似。图 4.17 给出了不同能带求解方法的特点。

正交化平面波法：基函数与芯电子波函数正交的平面波

平面波法：平面波为基函数

紧束缚方法：原子轨道线性叠加为基函数

近自由电子方法：平面波为基函数（只取一项的特例）

$$\left\{ -\frac{\nabla_1^2}{2} + V_{\text{eff}} \right\} \psi_i(r_1) = \varepsilon_i \psi_i(r_1)$$

赝势方法：对周期势作简化

平面波法：对势场没有作处理

紧束缚方法：周期势与原子中电子势能之差作为微扰

近自由电子方法：周期势偏离平均值部分作为微扰

图 4.17　不同能带求解方法的特点

第5章 第一性原理计算在材料研究中的应用

第一性原理计算是从电子结构出发,应用量子力学理论,借助基本常量和合理近似进行的计算。它把固体看作电子和原子核组成的多粒子系统,求出系统的总能量,进而根据总能量与电子结构和原子核构型的关系,确定系统的状态,预测系统的性能。第一性原理是在电子和原子的微观尺度上进行的材料模拟计算,对于解释材料的基本行为,预测材料的结构和性能具有重要的作用。本章在前述第一性原理理论和算法的基础上讨论第一性原理在材料研究中的应用。

5.1 常用的第一性原理计算软件

5.1.1 第一性原理计算软件

任何一种材料计算模拟的方法都包括基本理论、模型和算法。从模型建立到算法实现是一项非常复杂的工作,极大地增加了材料计算模拟的难度。因此,人们开发了多种第一性原理计算软件,为使用者带来很大的方便。常见的软件有 CASTEP、WIEN、ABINIT、Gaussian 以及 VASP 等、这些软件功能大同小异,多以密度泛函理论为基础,采用不同的波函数展开方法,计算材料的波函数和能带结构、总能量并分析材料的各种物理性质。

第一类软件包括 CASTEP、VASP、WIEN2K、ABINIT、PWSCF 和 CPMD,它们都面向周期性结构,基于 DFT 理论和平面波基函数进行计算。第二类软件包括 DMol、ADF、Crystal03 和 Sicsta,它们面向周期性结构或分子,基于 DFT 理论和 Hartree—Fock 理论及原子基函数进行计算。第三类软件包括 Gaussian、GAMESS,它们面向分子结构,基于 DFT 和 Hartree—Fock 理论,以及全电子和原子基函数进行计算。

(1)CASTEP。

CASTEP(Cambridge Sequential Total Energy Package)属于 Accerlrys 公司开发的商业软件 MS 的一个模块。它是一款商业软件包,始于剑桥大学卡文迪许实验室凝聚态理论研究组开发的一系列基于密度泛函理论的第一性原理计算的量子力学程序。CASTEP 是专为固体材料学设计的当前最高水平的量子力学软件,采用密度泛函平面波赝势的方法,可以对诸如半导体、陶瓷、金属和矿石等晶体及其表面特性做第一性原理计算模拟。CASTEP 可以进行表面化学、结构特性、能带结构、态密度、光学特性、电荷密度、弹性常数及相关力学特性、固体振动特性等研究。

（2）WIEN。

WIEN 软件包是由维也纳技术大学开发和编写的，可以在多种操作系统上工作。它是一个基于全电子势线性缀加平面波加局域轨道方法计算晶体性质的程序。WIEN 密度泛函理论可以选择局域密度近似、局域自旋密度近似和广义梯度近似。WIEN 软件可以计算晶体的能带结构和电子态密度、电子密度分布以及电子自旋密度分布、X 射线结构因子、费米面、晶体总能量、平衡态结构参数，并可以采用分子动力学方法对结构参数进行优化，计算声子谱、X 射线发射和吸收谱、电子能量损失谱以及晶体光学性质。

（3）ABINIT。

ABINIT 软件包是一个源程序完全公开的开放软件，利用赝势和平面波基矢组，在密度泛函理论框架内计算材料的总能量、电荷密度和电子结构。软件提供了多种赝势。

5.1.2　Materials Studio 介绍

Materials Studio 是美国 Accerlrys 公司为材料科学领域研究者开发可在 PC 上运行的模拟软件。Materials Studio 操作平台含有各种类型的计算模块，并支持多种操作系统，在材料和化学研究领域应用广泛。Materials Studio 可建立三维结构模型对各种晶体、无定型以及高分子材料的性质以及相关过程进行研究；含有多种先进的算法，可以进行构型优化、性质预测和 X 射线衍射操作以及复杂的动力学模拟和量子力学计算；采用 Client—Server 结构，核心模块 Visualizer 可运行于 PC 客户端，计算模块可服务于服务器端，采用浮动许可机制。Materials Studio 软件可使研究者达到很高水平的材料模拟能力，模拟的内容涉及催化剂、聚合物、固体及表面、晶体及衍射、化学反应等材料和化学研究领域。MS 主要计算模块如下：

① 基础环境模块：Materials Visualizer。

② 分子力学模块（分子动力学模块）：Discover、Amorphous Cell、Forcite、Sorption。

③ 晶体与 X 射线衍射模块：Polymorphy predictor、Morphology、X—cell、Reflex。

④ 量子力学模块：DMol3、CASTEP、VAMP。

⑤ 高分子、表面活性剂、介观模拟模块：Synthia、Blends、DPD、MesoDyn。

⑥ 定量结构 — 性质关系模块：QSAR、Descriptor。

5.2　第一性原理在材料研究中的应用

固体电子结构和物理、力学性质计算示意图如图 5.1 所示。根据第一性原理计算，可以进行几何优化与能量计算、能带结构、态密度与电子密度分布及其可视化分析、布居分析、弹性性质、热力学性质和光学性质的计算等。下面结合具体案例进行简要说明。

5.2.1　几何优化

几何优化是通过调节结构模型的几何参数来获得稳定结构的过程，其结果是使模型结构尽可能地接近真实结构。

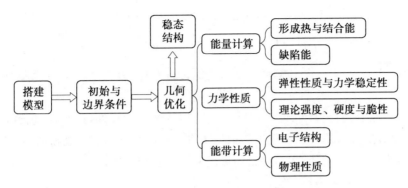

图 5.1 固体电子结构和物理、力学性质计算示意图

进行几何优化的判据可以根据研究的需要而定,一般是几个判据组合使用。常用的判据有以下几个:

① 自洽场收敛判据。对给定的结构模型进行自洽场计算时,相继两次自洽计算得到的晶体总能量之差足够小,即相继两次自洽计算的晶体总能量之差小于设定的最大值。

② 力判据。每个原子所受的晶体内作用力(赫尔曼 — 费恩曼(Hellmann — Feynman)力)足够小,即单个原子受力小于设定的最大值。

③ 应力判据。每个结构模型单元中的应力足够小,即应力小于设定的最大值。

④ 位移判据。相继两次结构参数变化引起的原子位移的分量足够小,即原子位移的分量小于设定的最大值。表 5.1 给出 CASTEP 软件中进行几何优化时使用的收敛判据。

表 5.1 CASTEP 软件中进行几何优化时使用的收敛判据

判据	精度			
	低(Coarse)	中等(Medium)	高(Fine)	超高(Ultra — Fine)
能量差 $\Delta E/(\text{eV} \cdot \text{atom}^{-1})$	5.0×10^{-5}	2.0×10^{-5}	1.0×10^{-5}	5.0×10^{-6}
最大力 $F_{\max}/(\text{eV} \cdot \text{nm}^{-1})$	1.0	0.5	0.3	0.1
最大应力 $\sigma_{\max}/\text{GPa}$	0.2	0.01	0.05	0.02
最大位移 $\Delta l_{\max}/\text{nm}$	5.0×10^{-4}	2.0×10^{-4}	1.0×10^{-4}	5.0×10^{-5}

5.2.2 能量计算

形成热和结合能是固体稳定性判据的重要指标。形成能越大,热力学越稳定;结合能越大,晶体的结构越稳定。晶体的结合强度和结构稳定性与结合能密切相关。结合能是自由态原子结合成晶体的能量,或者是晶体分解为单个自由态原子所做的功。$A_m B_n$ 二元合金相的单位原子结合能 E_{coh}^{φ} 用下式计算:

$$E_{\text{coh}}^{\varphi}(A_m B_n) = E^{\varphi}(A_m B_n) - \frac{1}{m+n}\left[mE_{\text{atom}}^{A} + nE_{\text{atom}}^{B} \right] \tag{5.1}$$

式中,$E^{\varphi}(A_m B_n)$ 为二元合金原胞中每个原子的能量;E_{atom}^{A} 和 E_{atom}^{B} 为单个自由态 A 和 B 原子的能量。

$A_m B_n$ 二元合金相的平衡态单位原子形成能 ΔH^{φ} 用下式计算：

$$\Delta H^{\varphi}(A_m B_n) = E^{\varphi}(A_m B_n) - \frac{1}{m+n}\left[mE^{\alpha}(A) + nE^{\beta}(B)\right] \tag{5.2}$$

式中，$E^{\alpha}(A)$ 为 α 结构中 A 原胞每个原子的能量；$E^{\beta}(B)$ 为 β 结构中 B 原胞每个原子的能量。

通过第一性原理计算，除可以进行形成能和结合能计算外，还可以进行缺陷能的计算，如空位、间隙原子，研究其形成和扩散行为等；计算表面能，分析表面结构和性质，研究表面吸附行为；计算层错能，揭示层错的形成机制和影响因素。

例 5.1　钢中碳化物形成能的计算。

对 M_3C_2 型碳化物和含 Ti 碳化物进行形成能的计算，确定体系 M_3C_2 型碳化物和含钛碳化物。M_3C_2 型碳化物主要包含 Cr 和 Mo 元素，实验结果表明 Cr 含量高，Mo 含量低，可能碳化物为 Cr_3C_2 和 Mo_3C_2，晶体模型如图5.2所示。计算 Mo_3C_2 和 Cr_3C_2 的形成能，见表5.2，Mo_3C_2 的形成能为正，Cr_3C_2 的形成能为负，这说明对于 M_3C_2 型碳化物而言，能够稳定存在的碳化物为 Cr_3C_2，而 Mo_3C_2 不能够稳定存在，这与热力学计算结果 Cr 含量高而 Mo 含量极低相吻合。

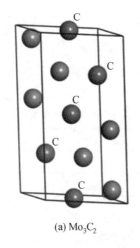 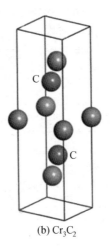

(a) Mo_3C_2　　　　(b) Cr_3C_2

图 5.2　搭建的晶体模型（彩图见附录）

表 5.2　M_3C_2 型碳化物的晶体结构及形成能

M_3C_2	晶系	$a/\text{Å}$	$b/\text{Å}$	$c/\text{Å}$	$\alpha-\beta-\gamma$	$E_f/(\text{eV} \cdot \text{atom}^{-1})$
Mo_3C_2	六方	2.978	2.978	7.67	$\alpha=\beta=90°$ $\gamma=120°$	0.083
Cr_3C_2	六方	4.82	4.82	6.92	$\alpha=\beta=90°$ $\gamma=146°$	-0.176

5.2.3　能带结构

能带结构是一系列 $E-k$ 曲线。通过能带结构可以直观地观察在指定方向上各能带

函数随 k 的变化、确定导带底与价带顶的位置、禁带宽度以及禁带能隙随 k 的变化。

关于能带结构的分析要点如下。① 通过能带结构,可以判断所研究的体系是金属、半导体还是绝缘体;对于本征半导体,还可以判断是直接能隙还是间接能隙:如果导带的最低点和价带的最高点在同一 k 点,则为直接能隙,否则为间接能隙;对于非本征半导体,比较本征半导体能带结构,会发现在能隙处出现一条新的、比较窄的能带,称为杂质带。② 能带的宽窄在能带分析中占据重要的位置。能带越宽,能带图中的起伏越大,则处于这一带中的电子有效质量越小,非局域的程度越大,组成这条能带的原子的原子轨道扩展性越强。反之,比较窄的能带表明对应于这条能带的本征态主要由局域于某个点的原子轨道组成,这条带上的电子局域性非常强,电子有效质量相对较大。③ 关于自旋极化的能带,包括两部分,一部分是代表自旋向上(majority spin)的轨道组成的能带,另一部分是由自旋向下(minority spin)的轨道组成的能带。若费米能级与前者的能带相交而处于后者的能隙中,则该体系具有明显的自旋极化现象,可以称之为半金属。

例 5.2 基于第一性原理的 Heusler 合金成分筛选。

为了筛选磁性与半金属性优良的四元 Heusler 合金,运用 GGA 近似的 PBE 函数对磁性的能带结构进一步地计算并筛选可能的成分体系。其中 TiVMnSi 合金的能带结构如图 5.3 所示,由图可知 TiVMnSi 合金自旋向上曲线穿过费米能级,但自旋向下曲线不穿

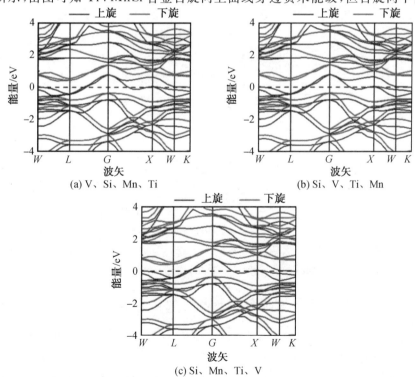

图 5.3 TiVMnSi 合金的能带结构(彩图见附录)

(合金晶胞的 $(0,0,0)$ 位置、$(1/4,1/4,1/4)$ 位置、$(1/2,1/2,1/2)$ 位置和 $(3/4,3/4,3/4)$ 位置分别为 V、Si、Mn、Ti,Si、V、Ti、Mn,Si、Mn、Ti、V)

过费米能级，说明它具有半金属性质。导带底对应横轴 L 点，价带顶对应横轴 G 点。对于三种不同的结构，其间接带隙均为 0.763 eV。合金的带隙主要来源于 Ti、V 和 Mn 原子之间的 3d－3d 杂化。

TiVFeAl 合金的能带结构如图 5.4 所示，自旋向上曲线穿过费米能级，但自旋向下曲线不穿过费米能级，说明它具有半金属性质。导带底对应横轴 L 点，价带顶对应横轴 G 点。对于三种不同的结构，其间接带隙均为 0.762 eV。合金的带隙主要来源于 Ti、V 和 Fe 原子之间的 3d－3d 杂化。

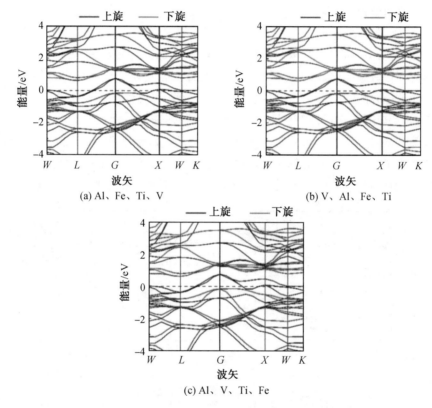

图 5.4 TiVFeAl 合金的能带结构（彩图见附录）
（合金晶胞的 (0,0,0) 位置、(1/4,1/4,1/4) 位置、(1/2,1/2,1/2) 位置和 (3/4,3/4, 3/4) 位置分别为 Al、Fe、Ti、V，V、Al、Fe、Ti，Al、V、Ti、Fe）

5.2.4 态密度与电子密度分布及其可视化分析

态密度可以分为总态密度、局域态密度（LDOS）和分波态密度（PDOS）。总态密度指各能带的态密度之和，基于总态密度概念，可以用对电子能量的积分计算取代对 k 在布里渊区内的加和计算。价带宽度、能带间隙以及电子态密度主要特征处的强度和数目有助于定性地解释材料的一些基本性质。局域态密度表示系统中各原子的电子态对态密度谱每个部分的贡献。分波态密度则根据电子态的角动量进一步分辨各原子的电子态对态密度谱的贡献，确定态密度的主要峰是否具有 s、p 或 d 电子的特征，可用于分析体系中电子杂化的本质,为体系的 XPS 谱及光谱中主要特征的来源提供定性解释。

原则上讲,态密度是能带结构的一个可视化的结果。很多分析结果和能带分析结果是一一对应的,但是相比之下更直观。分析要点如下:① 在整个能量区间分布较为平坦,没有局部尖峰的 DOS,一般对应类 s、p 带,表示电子的非局域性很强;反之,对于一般的过渡金属,d 轨道的 DOS 对应很大的尖峰,说明电子局域化,能带也较窄。② 基于 DOS 的带隙特性分析:若费米能级处于 DOS 值为 0 的区间,则说明该体系是半导体或绝缘体。如果有分波态密度跨过费米能级,则该体系具有金属特性;另外可以通过分波态密度和局域态密度更加细致地分析各点处的分波成键情况。③ 基于 DOS 的"赝能隙"分析。如果在费米能级两侧出现两个尖峰,两个尖峰之间的 DOS 不为 0,则可以判定出现赝能隙。赝能隙越宽,则体系成键的共价性越强。④ 对于自旋极化体系,可以将代表自旋向上的轨道组成的能带和自旋向下的轨道组成的能带对应的 DOS 分别画出。如果费米等级与前者相交却处在后者的能隙之中,说明该体系存在自旋极化现象。⑤ 基于 DOS 的轨道杂化分析。对于 LDOS,若相邻原子的 LDOS 在同一个能量处出现了尖峰,即杂化峰,则存在轨道杂化现象,这在一定程度上说明了相邻原子之间的作用强弱。

例 5.3 FeCrNiM1M2 多主元合金的电子结构。

为了解 FeCrNiM1M2 系合金中组成元素对合金相结构的贡献,通过对合金体系中的电子态密度分析,从电子角度研究了各元素对体系中成键的影响。 选取 $FeCrNiM1_{0.5}M2_{0.5}$ 合金 BCC_A2、BCC_B2 和拉瓦斯三种相的电子态密度进行分析。图 5.5 为 $FeCrNiM1_{0.5}M2_{0.5}$ 合金中各相的电子态密度。研究发现,合金的三种相在费米能级、电子态密度均不为零,且数值较大,因此,研究的体系均具有典型的金属性质。在离费米面较远的地方,各原子之间的芯电子基本不发生相互作用,而在费米能级附近,各元素发生交互作用而形成化学键,且主要是各个元素的 d 电子发生杂化。同时,通过研究 BCC_A2 和 BCC_B2 两个相的电子态密度发现,Fe 和 Cr 元素在合金成键中显示出相似的行为。

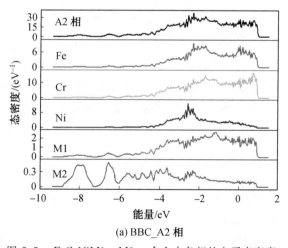

(a) BBC_A2 相

图 5.5　$FeCrNiM1_{0.5}M2_{0.5}$ 合金中各相的电子态密度

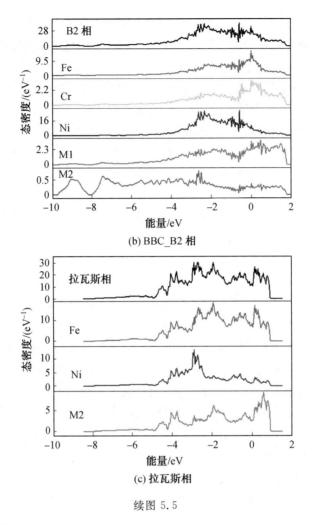

(b) BBC_B2 相

(c) 拉瓦斯相

续图 5.5

例 5.4 铁镍合金 γ 相 DOS。

图 5.6 给出了铁镍合金 γ 相的局域态密度。由图可以看出,图中上半部分为自旋向上的电子态密度,下半部分为自旋向下的电子态密度。自旋向上的电子和自旋向下的电子发生了能量的劈裂,在费米面以下,自旋向上的电子数大于自旋向下的电子数,合金对外表现出净磁矩,为铁磁态。由局域态密度可以看出,镍原子在费米能级以下自旋向上的电子数与自旋向下的电子数相差不大,而铁原子却相差较大。因此,合金磁性主要源于铁原子。

5.2.5 电荷密度、差分电荷密度和布居分析

第一性原理计算可以给出电荷密度和差分电荷密度。电荷密度描述体系电荷的分布情况;差分电荷密度指原子组成体系后电荷的重新分布,因此差分电荷密度描述了体系电荷的转移情况。通过差分电荷密度图可以直观看出体系中每个原子的成键情况;通过电荷聚集和损失的具体空间分布,分析成键的极性强弱;通过某点附近的电荷分布形状判断

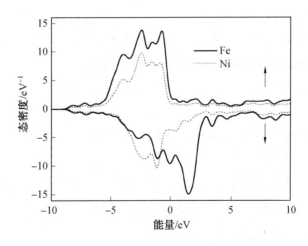

图 5.6　铁镍合金 γ 相的局域态密度

成键的轨道。

对电子电荷在各组分原子之间分布情况进行的分析为布居分析。有多种布居分析方法,其中 Mulliken 布居分析被广泛采用。原子、原子轨道、两原子间的电子电荷分布分别为原子布居、轨道布居及键布居。布居分析为原子间的成键提供了一个客观判据,并且两原子间的重叠布居可以用于评价一个键的共价性或离子性。键布居值高说明键是共价的,布居值低说明共价性很弱。可以用有效离子价评价键的离子性。有效离子价定义为阴离子上原来的离子电荷和 Mulliken 布居之差,若该值为 0,说明该键为完全离子性的,否则有共价键的成分。

例 5.5　Cu 包覆石墨烯 /Al 界面结构特性分析。

为研究 Cu 包覆石墨烯 /Al 界面结构,对其进行几何优化,优化后的 Cu 包覆石墨烯 /Al 的界面结构如图 5.7 所示。Cu 双侧包覆的模型中,Cu 原子层偏向 Al 基体,远离了石墨烯层,而单侧包覆的 Cu 原子层与石墨烯层的间距仅为 2.583 Å。原子双侧的 Cu 原子处于相对的"头对头"的位置,斥力较大。并且两侧的 Cu 原子层和 Al 原子层存在强烈的相互作用。一边是成键的引力,一边是未成键的斥力,导致 Cu 原子层和石墨烯层的界面间距过大。另外看到随着 Cu 原子层与 Al 原子层之间的距离减小,由 2.337 96 Å 减小

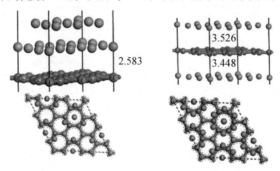

图 5.7　优化后的 Cu 包覆石墨烯 /Al 的界面结构(单位:Å)(彩图见附录)

到 1.922 22 Å,Cu 原子向 Al 原子靠近,通过电荷密度的等值面(图 5.8),可以观察到 Cu 原子层和 Al 之间有大量的电子集聚,Al 与 Cu 之间有共用电子,形成部分共价键键合。

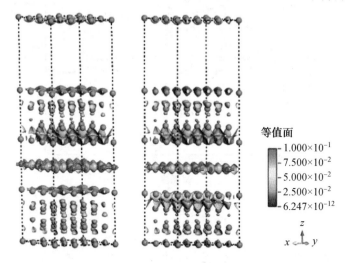

等值面

- 1.000×10⁻¹
- 7.500×10⁻²
- 5.000×10⁻²
- 2.500×10⁻²
- 6.247×10⁻¹²

图 5.8　Cu 包覆石墨烯 /Al 的界面电荷密度的等值面图(彩图见附录)

Cu 包覆的界面结构原子布居分析见表 5.3。根据表 5.3 可知,Cu 原子的电子主要集中在 d 轨道,Cu 原子得电子,与 Cu 相邻的 Al 失电子较多,与 Cu 隔离的其他 Al 失电子数较少。

表 5.3　Cu 包覆的界面结构原子布居分析

原子类型	s	p	d	总电子数	电荷数
Cu	0.72 ∼ 0.73	0.55	9.78	11.04 ∼ 11.06	− 0.04 ∼− 0.06
与 Cu 相邻的 Al	1.00	1.89	—	2.89	0.11
其他 Al	1.23	1.75	—	2.98	0.02

Cu 包覆的界面结构键布居分析见表 5.4。由表 5.4 可知,对比键布居可知,Cu 双侧包覆的界面模型中 Al—Cu 的键长为 2.521 35 Å,键合布居数为 0.20。这说明 Al 和 Cu 的作用较强,合金化效果更显著。

表 5.4　Cu 包覆的界面结构键布居分析

界面	键	布居数	长度 /Å
单侧	Al—Cu	0.21	2.510 57
双侧	Al—Cu	0.20	2.521 35

5.2.6　弹性性质

根据晶体能量应变关系,可以计算弹性常数 C_{ij} 和 S_{ij}。基于单晶各向异性弹性性质,可以进一步计算工程弹性常数。可采用 Voigt 模型计算正交晶系的体弹性模量和切变模量,公式为

$$B_{\mathrm{V}} = \frac{1}{9}(C_{11} + C_{22} + C_{33}) + \frac{1}{9}(C_{12} + C_{23} + C_{13}) \tag{5.3}$$

$$G_{\mathrm{V}} = \frac{1}{15}(C_{11} + C_{22} + C_{33}) - \frac{1}{15}(C_{12} + C_{23} + C_{13}) + \frac{1}{5}(C_{44} + C_{55} + C_{66}) \tag{5.4}$$

Reuss 模型计算正交晶系的体弹性模量和切变模量的公式为

$$B_{\mathrm{R}} = \frac{1}{(S_{11} + S_{22} + S_{33}) + (S_{12} + S_{23} + S_{13})} \tag{5.5}$$

$$G_{\mathrm{R}} = \frac{15}{4(S_{11} + S_{22} + S_{33}) - 4(S_{12} + S_{23} + S_{13}) + 3(S_{44} + S_{55} + S_{66})} \tag{5.6}$$

式中，C_{ij} 为刚度系数；S_{ij} 为柔度系数。弹性模量和泊松比的计算公式为

$$E = \frac{9BG}{3B + G} \tag{5.7}$$

$$\nu = \frac{3B - E}{6B} \tag{5.8}$$

Hill 证明，Voigt 模型和 Reuss 模型的计算结果分别对应弹性常数的上下限。Hill 模型则将 Voigt 模型和 Reuss 模型的计算结果取一简单的算术平均：

$$B_{\mathrm{H}} = \frac{1}{2}(B_{\mathrm{R}} + B_{\mathrm{V}}) \tag{5.9}$$

$$G_{\mathrm{H}} = \frac{1}{2}(G_{\mathrm{R}} + G_{\mathrm{V}}) \tag{5.10}$$

根据弹性常数，可以判断晶体的力学稳定性。力学稳定性判据如下。

对于正方结构，

$$C_{11} - C_{12} > 0, \quad C_{11} > 0, \quad C_{44} > 0, \quad C_{11} + 2C_{12} > 0 \tag{5.11}$$

对于正交结构，

$$C_{11} + C_{22} + C_{33} + 2C_{12} + 2C_{13} + 2C_{23} > 0, \quad C_{22} + C_{23} - 2C_{23} > 0,$$
$$C_{11} > 0, \quad C_{22} > 0, \quad C_{33} > 0, \quad C_{44} > 0, \quad C_{55} > 0, \quad C_{66} > 0 \tag{5.12}$$

对于六方结构，

$$C_{11} > 0, \quad C_{11} - C_{12} > 0, \quad C_{44} > 0, \quad (C_{11} + C_{12})C_{33} - 2C_{13}^2 > 0,$$
$$C_{11} - C_{12} > 0, \quad C_{11} > 0, \quad C_{44} > 0, \quad C_{11} + 2C_{12} > 0 \tag{5.13}$$

基于弹性模量，可以评价材料韧性或脆性。体弹性模量与切变模量之比 B/G 如果大于 1.75，材料表现为韧性，反之材料表现为脆性。

例 5.6　钢中碳化物弹性常数分析。

碳化钛的弹性常数计算结果见表 5.5。根据计算结果，碳化钛的 $B/G = 1.3$，小于 1.75，所以碳化钛为脆性相。

表 5.5　碳化钛的弹性常数 (C_{ij})、体弹性模量 (B)、切变模量 (G) 和弹性模量 (E) 计算结果　GPa

C_{11}	C_{22}	C_{33}	C_{12}	C_{23}	C_{13}	C_{44}	C_{55}	C_{66}	B	G	E
538	—	—	103	—	—	173	—	—	247	190	455

5.2.7　热力学性质的计算

对体系热力学性质的计算基于声子的概念。声子是晶格振动的能量子。声子的频率和波矢的关系称为色散关系或振动谱。基于声子谱可以计算体系的焓、熵和自由能以及晶格热容等。

例 5.7　高温合金 γ' 相热力学性质的第一性原理计算。

图 5.9 和 5.10 给出了高温合金 γ' 相有关热力学性质的第一性原理结合准谐德拜模型的计算结果,包括热膨胀系数、体弹性模量和热容、德拜温度等。

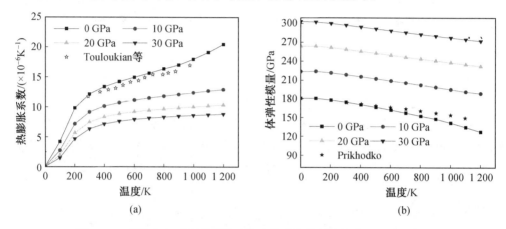

图 5.9　高温合金 γ' 相热膨胀系数和体弹性模量随温度和压强的变化

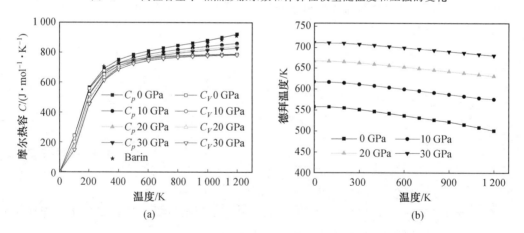

图 5.10　高温合金 γ' 相热容和德拜温度随温度和压强的变化
C_p — 定压摩尔热容;C_V — 定容摩尔热容

例 5.8　立方 ZrO_2 热力学性质的第一性原理计算。

图 5.11 给出了立方 ZrO_2 的焓 H、自由能 F 和温度与熵乘积 TS 以及等容热容随温度的变化的第一性原理计算的结果。

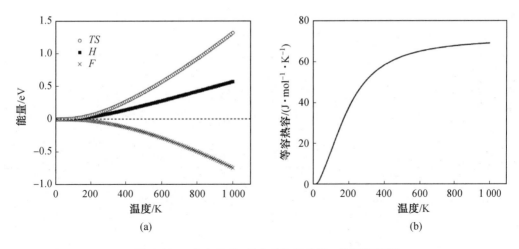

图 5.11　立方 ZrO_2 热力学性质的第一性原理计算

5.2.8　光学性质的计算

折射率和反射率计算如下：
折射率

$$N = n + ik \tag{5.14}$$

反射率

$$R = \frac{(n-1)^2 + k^2}{(n+1)^2 + k^2} \tag{5.15}$$

式中，n 为折射率实部；i 为虚部单位；k 为折射率虚部。

例 5.9　V_2O_3 的光电性质的研究。

为研究 V_2O_3 的光电性质，基于密度泛函理论的第一性原理平面波赝势方法，计算和分析了材料的光学性能，给出了能量损失谱、反射谱、介电函数谱等光学性质。

图 5.12 为入射光子能量范围在 $0 \sim 20$ eV 内的 V_2O_3 的介电常数的实部 R_e 和虚部 I_m 随光子能量变化的关系。由图可以看出，在 $0 \sim 1.035$ eV 能量范围，介电函数的实部 R_e 先随光子能量的增大而急速增大，在 1 eV 能量附近达到极小值 -35.17 后又随光子能量的增加开始增大，在 5 eV 左右达到零值。介电函数的虚部 I_m 反映的是物质对光的吸收程度，介电峰是由满带和导带之间的电子互相跃迁而形成的，通过这个介电峰可以得出固体的电子结构和其他光的光谱信息。将介电函数图和态密度图联系起来进行分析，可以得出电子的跃迁信息，通过计算能级之间的能量差，可以推测出介电常数虚部的谱线频率，同时通过电子的跃迁信息，也可以推测出谱线的强度。由于介电函数的虚部与其他光学性质存在一定的相互关系，因此可以通过获得的介电函数的虚部参数，获得该材料的折射率、反射谱、吸收谱、能量损失函数等光学性质。图 5.13 是 V_2O_3 的折射率图，其中 n 和 k 分别为折射率和消光系数。从图 5.13 可看出，光电子能量在 0 eV 附近时出现了最大的折射率。

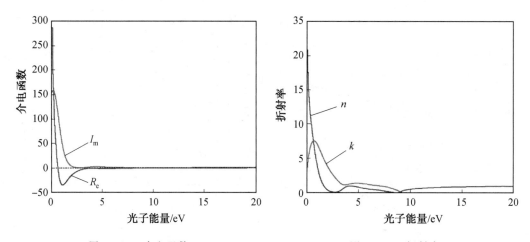

图 5.12　介电函数　　　　　　　　　　图 5.13　折射率

图 5.14 为 V_2O_3 的反射谱,反映光子能量变化时反射率的变化趋势。从图 5.14 可看出反射率在光子能量为 2.57 eV 附近以及 8.89 eV 附近各有一峰值;当处于 $0 \sim 3.36$ eV 以及 $7.05 \sim 9.06$ eV 范围内时,V_2O_3 的反射率均大于 0.5,处于该区域内的入射光大部分会被反射回来,具备较强的反射性质;当光子能量大于 8.89 eV 时,随着光子能量增加,反射率逐渐趋于零。

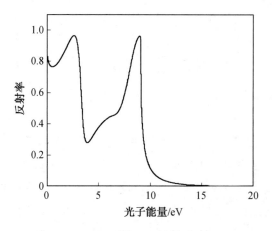

图 5.14　反射谱

第6章　原子间相互作用与分子力场

许多系统存在粒子太多,计算量大的问题,不适合用量子力学解决,这些问题适合用分子力场方法来求解。由于量子力学处理对象为系统中的电子,因此即使忽略一些电子,仍然需要考虑大量的粒子,计算需耗费大量的时间和资源。而分子力场方法不考虑电子的分布,仅计算作为原子核坐标函数的总能量,效率远高于第一性原理计算,因此被广泛采用。在一些情况下,分子力场花费很少的时间便可以给出和最高水平的量子力学计算相同的精度。当然,分子力场无法给出分子中与电子分布有关的性能。

分子力场方法基于几个基本的假设。首先是绝热近似(玻恩－奥本海默近似),没有绝热近似,就不可能把系统能量看作原子核坐标的函数。分子力场基于系统内相互作用的几个模型,如键长、键角改变和键旋转。即使用简单的函数描述这些作用,分子力场仍可得到可以接受的结果。分子力场具有可移植性的特点,可移植性使得在相对较小数目的粒子情况下得到的参数可以用于更大范围的问题,在小分子上得到的数据可以用于大分子。本章将讨论原子间相互作用与分子力场。第7章将讨论分子力学方法在材料研究中的应用。

6.1　概　　述

6.1.1　第一性原理计算方法与存在问题

各种原子能够形成各种各样、具有各种性质和形态的物质,是因为它们之间普遍存在相互作用势,这就如同物体之间普遍存在万有引力一样。从原理上讲,物体之间的作用力可以通过万有引力定律定量求出,原子间相互作用势可以由薛定谔方程解出。但是,严格地求解薛定谔方程是很困难的,目前只对氢原子、氢分子离子和氦原子有精确解,对其他的多体问题还不能解析求解。对于如何得到物性研究所需要的多原子体系的解,人们发展了很多理论,如前文所述第一性原理计算,把电子的波函数和能量处理成原子核坐标的函数,求解电子运动的薛定谔方程,可得到多原子体系的薛定谔方程的解。

但是由于求解电子波函数和势能面耗时巨大,即使采用忽略一些电子相互作用的半经验方法仍然需要巨大的计算量,处理较大的体系仍然很困难。于是,人们把原子作用的势能面进行了经验性的拟合,称为力场。力场中忽略了电子的运动,将其拟合为原子核的各种作用势函数,大大减少了计算量,为材料性质的模拟提供了可能。力场的出现开拓了计算材料学的一个新时代。

6.1.2　材料基因和材料信息学

图 6.1 为金刚石与石墨烯的晶体结构示意图。金刚石与石墨烯在晶体结构、外观形貌、物化特性以及用途上有所不同,金刚石结构为一个碳原子周围有四个碳原子,原子间通过共价键结合,形成了立方格子晶体结构,所以非常坚硬。石墨的结构是分层的,同一层内碳原子之间靠共价键作用连接在一起,结合力很大,但是层与层之间是靠微弱的范德瓦耳斯力作用连接在一起,结合力小,所以层与层之间可以互相滑动,比较柔软。石墨烯则是石墨分离出的单独的一层,属于厚度只有一个碳原子直径大小的"二维材料",所以石墨烯非常稳定,这种结构导致石墨烯拥有许多优异的特性,如拥有比较薄的厚度以及超高的强度。金刚石与石墨烯虽然显现出不同的特性,但是通过仔细观察发现,其构成原子均为碳原子,只是组成的构型不同,从而导致原子间相互作用不同。可见,本征结构决定了材料的性质。这正是材料基因的意义所在。

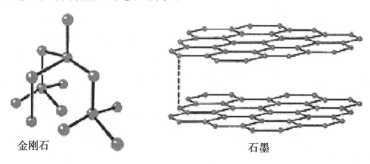

图 6.1　金刚石与石墨烯的晶体结构示意图

进一步从材料信息学和材料基因的观点考察材料问题。如图 6.2 所示,信息交换(通信)包含四个要素:信源、信道、信宿、信的。信源是指信息发生的来源,也就是信息发源地。信宿是指信源发出信息后的接收者,信源和信宿是信息传递过程中最为重要的两个方面,它们的概念是相对而言的。任何物质的微观粒子、宏观物体、宇观天体都有某种性质相异而互补的"互补配偶子(体)"和性质相同的"竞争子"。这是物质的普遍属性,与对称性有密切关系。"互补配偶子"之间有通信,它们互为信源和信宿。它们之间都有某种相互作用,这就是它们互相联系的信道。它们通信的目的就是互相吸引,组成高一级的粒子或高一级的动态平衡体系,这就是通信的目的,即信的。材料作为不同尺度的粒子集合,在不同尺度上均存在信息交换。不同尺度粒子信息交换是形成材料整体性的基础,如图 6.3 所示。

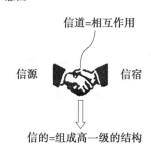

图 6.2　信息的交换要素

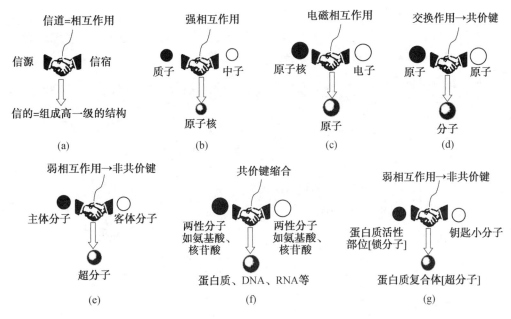

图 6.3 信息的交换中四要素之间的关系

6.1.3 能量状态与结构稳定性

如图 6.4 所示,根据能量最低原理,物质所具有的能量越低,物质就越稳定。以山坡上的石头为例,它的势能较大,因此状态不稳定;当它落下来后,势能减小,能量减小,状态变得稳定。对于化学键,也可以如此理解,打断化学键要吸收能量,吸收能量后物质变得不稳定,相当于石头在山坡上;而打断化学键前的分子可以看成落到地面后的石头。物质的键能越高,那么打断化学键就需要越多的能量,所以石头需要更多的能量才能到达山坡。石头原来的位置越低,能量越低,石头所处状态越稳定。

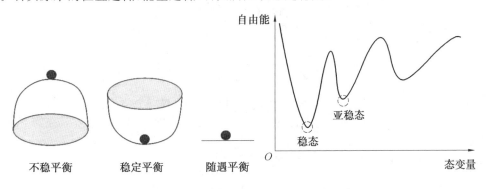

图 6.4 系统总能量极小与(亚)稳定的结构

6.1.4 原子间相互作用与势能

根据量子力学原理,材料的本征结构与性质取决于组成材料的原子及其电子的运动状态。从原子位置的角度,多粒子体系原子尺度平衡态(定态)结构仅取决于原子位置,存在着仅与原子位置相关的原子相互作用势能(图 6.5)。从能量的角度看,处于平衡状态下材料的原子及其电子的运动应处于整个系统的能量稳态或亚稳态。由系统总能极小和原子位置处于局部势能极小值点,可得到稳定的结构。图 6.6 给出了体系总势能极小化的结构稳定态过程。

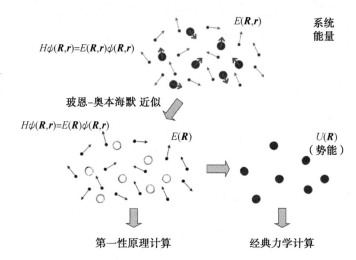

图 6.5　第一性原理计算与经典力学计算

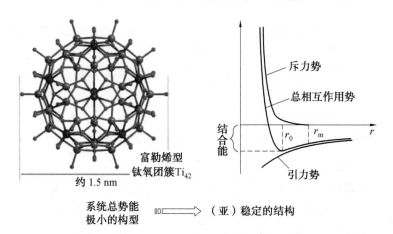

图 6.6　体系总势能极小化的结构稳定态过程(彩图见附录)

r— 距离;r_0— 结合能极小的距离;r_m— 斥力势为 0 的距离

6.1.5　原子间相互作用势函数与势能面

根据量子化学第一性原理,得到多粒子体系定态薛定谔方程

$$H\psi(\mathbf{R},\mathbf{r}) = E(\mathbf{R},\mathbf{r})\psi(\mathbf{R},\mathbf{r}) \tag{6.1}$$

根据玻恩—奥本海默近似

$$\psi(\mathbf{r},\mathbf{R}) = \psi_{\mathrm{N}}(\mathbf{R}) \cdot \psi_{\mathrm{el}}(\mathbf{r},\mathbf{R}) \tag{6.2}$$

则多粒子体系定态薛定谔方程简化为

$$\hat{H}_{el}(\boldsymbol{R})\psi_{el}(\boldsymbol{r}) = E(\boldsymbol{R})\psi_{el}(\boldsymbol{r}) \tag{6.3}$$

式中,$E(\boldsymbol{R})$ 为多粒子体系定态下能量与原子核坐标的函数,定态下原子核动能为 0,即为势(能)函数;势函数的空间分布曲面反映了原子间相互作用势能随原子空间位置的变化,称势能面。

在绝热近似中,冻结核的位置为 $\boldsymbol{R}_n$,计算电子波函数 $\psi_e(\boldsymbol{r}_e, \boldsymbol{R}_n)$ 和能量 $E(\boldsymbol{R}_n)$;$E(\boldsymbol{R}_n)$ 可以构成分子的势能面,即作为几何结构的函数的能量在空间的分布;势能面把能量与分子的每个几何结构联系起来,是玻恩 — 奥本海默近似的必然结果;在势能面上,可以用经典力学方法处理原子。势能面即相互作用势能关于空间坐标的函数曲面,在键长、键角等构成的广义坐标系中,是一个多维曲面。如把水分子结构放入极坐标,可以得到势能面。图 6.7 为势函数曲面与势能面示意图。

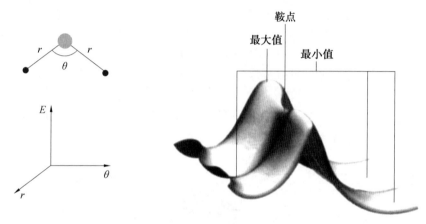

图 6.7　水分子结构势函数坐标与势能面示意图

得到一个体系稳定结构的计算步骤如下:① 建立坐标系。直角坐标系表达两氢原子间的坐标关系很困难,所以采用极坐标,极坐标能够唯一表示位置,而且物理意义明确,键长为 r,键角为 θ。② 解薛定谔方程。经过计算,可以得到势能面。观察势能面发现,虽然最高点(山顶)出现概率小,但是在无任何扰动下是可以存在的;最低点是无法被一般热运动破坏的;另外存在在某一方向能量极小、另一方向能量极大的点,即鞍点(saddle point),它是产生状态变化最重要的点。图 6.8 给出了 Nb 二维单层原子薄片结构与稳定性能量随结构参数变化的等高线图。

6.1.6　势能面与材料结构和性质

势能面描述了分子的能量与分子内原子的各向坐标的对应关系。分子的能量与分子内原子的坐标有对应关系,比如,分子内某一根键增长,能量会随之变化,作能量 — 键长的变化曲线,称之为势能曲线;如果作分子的势能随两种坐标参数变化的图像,就会发现这是一个面(因为共有 3 个量:两种坐标变量加能量,组成三维空间);以此类推,整个分子势能随着所有可能的原子坐标变量变化,形成一个在多维空间中的复杂势能面(hypersurface)。势能面是一个超曲面,由势能对全部原子的可能位置构成,全部原子的

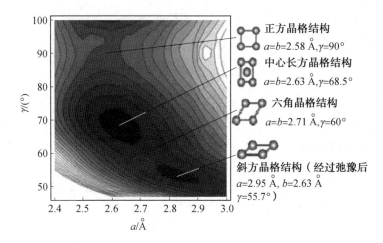

图 6.8   Nb 二维单层原子薄片结构与稳定性能量随结构参数变化的
等高线图（正方、六方结构对应图中鞍点处是不稳定的结构；
斜方结构，中心长方结构对应图中能量最长的椭圆点处，是
最稳定结构）

位置可用 3N−6 个坐标来表示（双原子分子例外，其独立坐标数为1）。图 6.9 给出了势能
面几何特征及其对应的体系状态。

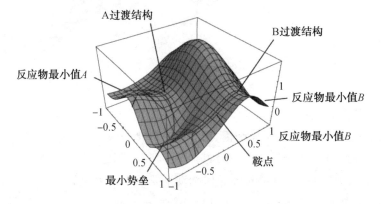

图 6.9   势能面几何特征及其对应的体系状态

稳定几何结构对应于势能面上山谷的极小点。反应能量可以通过与产物和反应物对
应的能量极小值来计算。联系反应物与产物的反应路径是它们之间的"山谷"。过渡态结
构是最低反应路径上的最高点（鞍点）。反应速率可以通过过渡态结构附近的势能面的高
度和断面得到。注意，能量只在不同状态间比较才有意义，即只有对统一体系，在统一算
法下的不同状态，能量比较才有意义。

对于极小点，如果偏离平衡位置则受到相反方向的力，产生化学键伸缩振动。通过极
小点附近"洼地"的形状确定振动频率，各种键的振动频率则对应分子红外光谱（IR）上的
不同峰位。分子的每个声子态（振动能量量子）对应特定化学键的振动频率，其组合构成
声子谱。分子的性质如偶极矩、极化、核磁共振（NMR）屏蔽等，都与电场和磁场下的能

量响应有关。图 6.10 给出了二硫化钼晶体结构示意图及其声子谱计算结果。

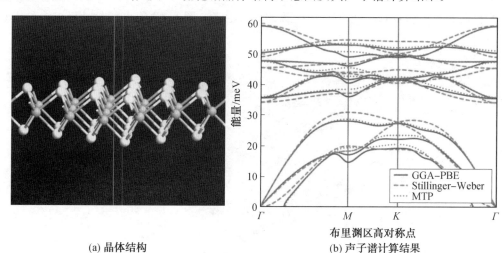

<table>
<tr><td>(a) 晶体结构</td><td>布里渊区高对称点
(b) 声子谱计算结果</td></tr>
</table>

图 6.10　二硫化钼晶体结构示意图及其声子谱计算结果

晶体中的原子实际上不是静止在晶格平衡位置上,而是围绕平衡位置做微振动,称为晶格振动。对晶格振动的研究是从解释固体的热学性质开始的,最初把晶体中的原子看作一组互相独立的谐振子。1907 年,爱因斯坦提出固体热容的量子理论,认为独立谐振子的能量是量子化的。1912 年,德拜提出一个很著名的简化模型,把固体当成连续介质,晶格振动中的格波看作连续介质中的弹性波。与此同时,玻恩及其学派逐步建立和发展了比较系统的晶格振动理论,成为最先发展的固体理论之一。晶格振动理论不仅可以用来解释固体的热学性质,还与固体的弹性性质、介电性质、光学性质、电磁学性质、结构相变等固体各方面的物理性质密切相关,是研究固体物理性质的基础。图 6.11 给出了原子热运动与声子学关系示意图。

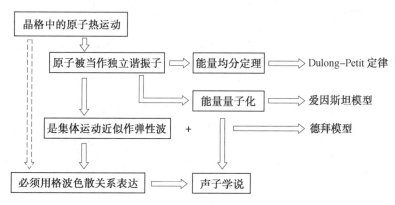

图 6.11　原子热运动与声子学关系示意图

下面讨论化学反应过渡态(Transition State,TS)计算问题。用过渡态搜索可以得到反应平衡常数、反应速率。过渡态理论(Tranistion State Theory,TST)假设沿反应坐标的所有点都处于热力学平衡态,因而系统处在某一状态的概率服从玻尔兹曼分布。反应势能面(Potential Energy Surface,PES)指在除反应坐标之外的其他自由度上系统都处在最低能量态。鞍点,即 TS 沿反应坐标的极大值点。图 6.12 给出了化学反应中的极小能量途径。

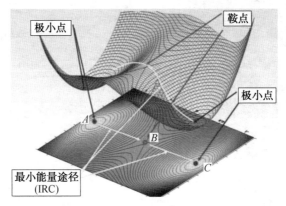

图 6.12 化学反应中的极小能量途径(彩图见附录)

阿伦尼乌斯(Arrhenius)定律指出,宏观化学反应速率

$$k = \frac{k_B T}{h} \exp\left(-\frac{\Delta G^{\neq}}{RT}\right) \tag{6.4}$$

式中,$\Delta G^{\neq}$ 为 TS 和反应物之间的吉布斯自由能差值;h 为普朗克常数;k_B 为玻尔兹曼常数;R 为气体常数;T 为温度。

化学反应平衡常数为

$$K_{eq} = \exp\left(-\frac{\Delta G_0}{RT}\right) \tag{6.5}$$

式中,ΔG_0 为反应物和生成物之间的吉布斯自由能差值。

图 6.13 为在有、无催化酶作用下,葡萄糖和氧气反应过程中能垒的变化。

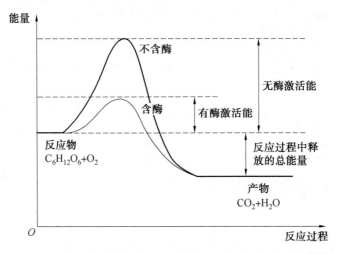

图 6.13 在有、无催化酶作用下,葡萄糖和氧气反应过程中能垒的变化

对体系能量的理解要注意以下几点:① 能量的绝对值:从头算能量的零点是所有核

与电子相距无穷远,因此所计算出的体系能量均为负值;分子力学是以标准的平衡位置为零点。一般来讲能量的绝对值是没有讨论价值的。② 能量的比较:对于不同的体系,更准确地说,对于含有不同原子数的体系,能量的绝对值的比较是毫无意义的。分子模拟方法中比较的能量值必须是同一体系,在变化前后不能有原子个数、种类的变化。③ 能量的比较必须采用相同的计算方法和模型。

6.2　原子间相互作用势的确定方法与分类

原子间相互作用势是所有原子尺度计算机模拟的基础,原子间相互作用势的精确与否将直接影响模拟结果的准确性,而计算机模拟所需要的计算机机时则取决于势函数的复杂程度。在一定的物理模型的基础上发展相应的原子间相互作用势,进而研究材料的性质和不同状态下的行为,成为材料研究中一种必要的研究手段。原子之间的结合力决定着材料的结构及性质,由统计力学的系统理论可知,由原子间相互作用势能函数,就可以计算预测各种力学性质。反映物质性质的原子间相互作用的势能函数可以通过第一性原理精确计算得到,也可以通过经验势函数拟合确定。图 6.14 给出了原子间作用势的分类和相互关系。

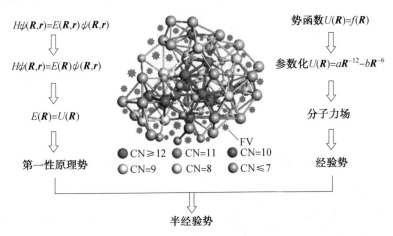

图 6.14　原子间作用势的分类和相互关系(彩图见附录)
(插图为非晶短程有序结构,其中 CN 为配位数、FV 为自由体积)

6.2.1　第一性原理势

从量子力学的基本原理出发,在玻恩－奥本海默近似下,根据第一性原理通过求解电子运动的薛定谔方程得到的原子间相互作用势称为第一性原理势。根据玻恩－奥本海默近似,势能面仅仅是原子核坐标的函数,可通过求解定态薛定谔方程获得能量本征值 $E_k(R)$。例如,第一性原理计算晶格参数常用的状态方程(Equation of State,EOS)方法,即利用上述思路,且有

$$E(V) = a + bV^{-1/3} + cV^{-2/3} + dV^{-1} \tag{6.6}$$

　　图 6.15 给出了基于 EOS 方法得到的一种合金中总能量随晶格体积的变化曲线。

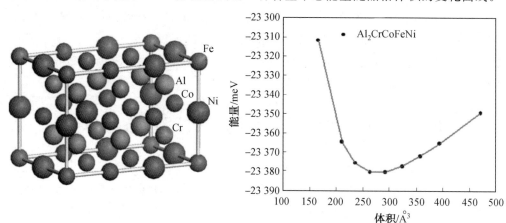

图 6.15　$Al_2CrCoFeNi$ 合金中总能量随晶格体积的变化曲线(彩图见附录)

　　Chelikowsky 和 Phillips 根据第一性原理求出了具有共价键结合的原子体系的经典势。该经典势由势函数项和表示多体效应的键合强度项构成,不仅可以处理体相,还可以处理表面或团簇状态下悬挂键转变成反键之类的量子响应。其函数形式可由下式给出:

$$\varphi = \sum_{i<j}\left[\frac{A\exp(-\beta_1 r_{ij}^2)}{r_{ij}^2} - \frac{g_{ij}\exp(-\beta_2 r_{ij}^2)}{r_{ij}}\right] \tag{6.7}$$

式中,g_{ij} 是表示多体效应之间的键合强度项。

　　构成势函数基本的要求是:① 非单调,有极小值,例如抛物线;② 若选用单调函数,至少有两项,一项为正,代表吸引力,另一项为负,代表排斥力,因为单项难以描述非单调关系。在研究高分子、蛋白质、原子簇以及表面、功能材料或材料的力学性能等问题时,都要面对原子数目较多的体系,基于第一性原理势实际上很难完成上述计算。

6.2.2　原子间作用势的经验方法 —— 分子力场

1. 概念

　　忽略电子运动,将原子作用的势能面进行经验性的拟合,然后得到原子作用势函数(势能与原子位置的关系),就是分子力场(molecular force field)。分子力场是原子尺度上的一种势能场,由一套势函数和一套力常数构成,由此描述特定分子结构的体系能量。势函数给出函数形式;而力常数由具体原子种类而定,其大小反映相互作用的强弱。原子作用势是分子体系中成键原子的内坐标的函数,也是非键原子对距离的函数。因原子的质量比电子大很多,量子效应不明显,可近似用经典力学处理,基于分子力场发展了分子力学、分子动力学和蒙特卡洛等模拟计算方法。

2. 原子间相互作用与势函数的拟合

　　原子间相互作用与势函数拟合的关键,也是结构预测准确的关键,即二者的平衡位置要相同。对力常数的精确标定影响平衡位置。

　　结合键(bond)是指由原子结合成分子或固体的方式和结合力的大小。图 6.16 所示为交互作用以及层间距随掺杂浓度（原子数分数）的变化规律。结合键决定了物质的一系列物理、化学、力学等性质。从原则上讲，只要能从理论上正确地分析和计算结合键，就能预测物质的各项性质。因此，结合键的分析和计算是各种分子和固体电子理论的基础。

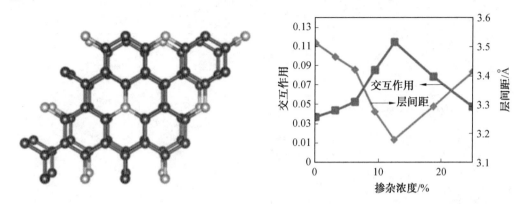

图 6.16　交互作用以及层间距随掺杂浓度的变化规律

如图 6.17 所示，典型的金属元素和非金属元素是通过离子键结合的。此时金属原子的外层价电子转移到非金属原子的外层，形成金属正离子和非金属负离子。正负离子通过静电引力（库仑引力（Coulombic forces））结合成离子型化合物（或离子晶体（ionic crystal）），因此，离子键是极性键。显然离子化合物必须是电中性的。图中左上是离子化合物 NaCl 离子键示意图。深色球代表 Na^+，浅色球代表 Cl^-。离子键主要依靠它们之间的静电引力结合在一起，因此离子键的特点是键力较强、结合牢固、熔点和硬度均较高。另外，在离子晶体中很难产生自由运动的电子，因此它们都是良好的绝缘体。

周期表中同族元素的原子通过共价键形成分子或晶体，这时满壳层是通过两个原子共享它们之间的电子来实现的。典型的例子有 C_2H_6、O_2、F_2、SiC、金刚石等。此外，许多碳－氢化合物也是通过共价键结合的。在形成共价键时，共价键具有方向性以使电子云达到最大限度的重叠，键的分布严格服从键的方向性；当一个电子和另一个电子配对成功便不再和第三个电子配对，因此成键的共用电子对数目是一定的，这就是共价键的饱和性。此外，由于共价键具有方向性，配位数比较小，同时共价键的结合比较牢固，因此其结构较稳定，熔点较高，硬度较大。

金属原子的外层价电子数比较少（通常 sp 价电子数少于 4），且各个原子的价电子极易挣脱原子核的束缚而成为自由电子，在整个晶体内运动，弥漫于金属正离子组成的晶格中而形成电子云。这种金属中的自由电子与金属正离子相互作用所构成的键合称为金属键。

分子键是电中性的分子之间的长程作用力。所有惰性气体原子在低温下通过范德瓦耳斯力结合成晶体。N_2、O_2、CO、Cl_2、Br_2 和 I_2 等由共价键结合而成的双原子分子在低温下聚集成所谓分子晶体，此时每个结点上有一个分子，相邻结点上的分子之间存在范德瓦耳斯力。正是这种范德瓦耳斯力使分子结合成分子晶体。范德瓦耳斯键是一种次价键，

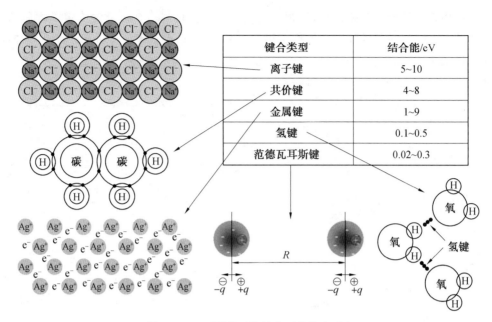

键合类型	结合能/eV
离子键	5~10
共价键	4~8
金属键	1~9
氢键	0.1~0.5
范德瓦耳斯键	0.02~0.3

图 6.17　不同类型的键合下的结合强度

没有方向性和饱和性,它比化学键的键能小 $1 \sim 2$ 个数量级,远不如化学键牢固。但在高分子材料中总的范德瓦耳斯力超过化学键的作用,故在去除所有的范德瓦耳斯力作用前化学键早已断裂,所以高分子往往没有气态,只有固态和液态。

　　分子势能函数能完全描述分子的能量、几何构形、力常量与光谱常量等性质,因此研究分子精确势能函数理论具有重要意义,而双原子分子势能函数是势能函数研究的基础。20 世纪初,人们已开始广泛研究双原子分子势能函数,并提出了各种经验解析式。图 6.18 为双原子分子势能曲线,图 6.19 为双原子分子势能函数的拟合曲线的典型例子。在化学键力的范围内,与 Rydberg — Klein — Rees(RKR) 光谱数据比较是目前评价一个势能函数优劣的主要标准。但当在较大范围内仅与 RKR 数据整体比较,以决定势能函数优劣时,就会忽视比较曲线性质的细节,即忽视比较势能函数各阶导数。决定势能函数优劣的另一个标准是在平衡点处二阶以上导数值 —— 各阶力常量与光谱实测结果的比

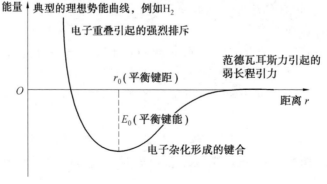

图 6.18　双原子分子势能曲线

较。一个好的势函数除了渐近行为正确、化学键力范围内的伦纳德－琼斯(Lennard－Jones,LJ) 势与莫尔斯(Morse) 势数据吻合外,各阶力常量也要与光谱值一致。

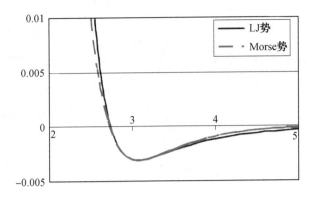

图 6.19　双原子分子的拟合势能函数曲线的典型例子

3. 分子力场的特点

分子力场具有计算量小、精度高、可移植性好和适用范围广的特点:① 计算量小,计算速度快,可处理含有大量原子的体系,可计算超过 10 000 个原子的体系,相比之下量子力学仅能处理 100 个原子左右的体系,相较于量子化学从头计算,分子力场计算量要小很多。② 在适当的范围内,计算精度与量子化学计算相差无几。③ 具有良好的可移植性,通过对少量的分子结构的测试,可得出一套适合于模拟一系列相关分子结构的力场参数。④ 适用范围广,分子力场可用于小分子与高分子,一些金属离子、金属氧化物与金属等多种材料。

4. 分子力场的局限性

基于分子力场的思想和方法,分子力场具有如下局限性:① 只考虑原子核的运动,不能得到与电子结构有关的信息,也无法预测电子传导、光学、磁学等性质;② 分子力场是经验性的,选择和使用时要经验证。

6.2.3　经验和半经验势

早期的原子间相互作用势多数是一些纯经验拟合势,近年来人们更多的是通过基本电子结构的理论计算,发展一些合适的半经验的"有效势",如嵌入原子势(EAM)、紧束缚势等。

6.3　常用经验和半经验势函数形式

根据原子相互作用类别和实际使用的方便选定一套势能函数,然后通过实验或其他手段得到力常数。图 6.20 给出了可用于构造经验势函数的典型函数形式。

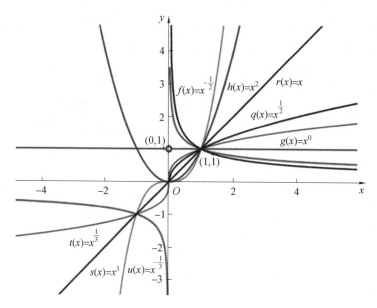

图 6.20　可用于经验势函数的典型函数形式(彩图见附录)

6.3.1　分类

势函数分类按照原子数目的多少、处理对象的特点可以分为对势和多体势。对势只涉及两个原子的相互作用,空间坐标只有一个,可用于立方结构金属,这是因为虽然立方结构金属原子多,但有对称性。多体势则与三个以上的原子位置相关,反映了多体相互作用。多体势又包括嵌入原子势、紧束缚势、共价键势和组合势等。

对势:

$$V(R) = \sum_{N-1} v(R_i) \tag{6.8}$$

多体势:

$$V(R) = \sum_{N-1} v(R_i) + \sum_{i<j} v^{(2)}(R_i, R_j) + \sum_{i<j<k} v^{(3)}(R_i, R_j, R_k) + \cdots \tag{6.9}$$

6.3.2　对势

对势是仅由两个原子的坐标决定的相互作用势,可较充分地描述半导体、金属以外的几乎所有无机化合物中的相互作用。对势的典型代表为 LJ 势和 Morse 势。

1. LJ 势

原子间存在由瞬间偶极子所产生的吸引力与排斥力作用,这种作用可通过 LJ 势描述,吸引力和排斥力与原子距离倒数的 n 次方成正比:

$$\varphi_{ij(r)} = \frac{A_{ij}}{r^{12}} - \frac{B_{ij}}{r^6} \tag{6.10}$$

系数 A、B 可分别由点阵常数和升华热导出。式(6.10)可改写为

$$\varphi_{ij(r)} = 4\varepsilon_{ij}\left[\left(\frac{\sigma_{ij}}{r}\right)^{12} - \left(\frac{\sigma_{ij}}{r}\right)^6\right] \tag{6.11}$$

式中，$\varepsilon_{ij} = \dfrac{B_{ij}^2}{4A_{ij}}$，表示力的强度的参数；$\sigma_{ij} = \left(\dfrac{A_{ij}}{B_{ij}}\right)^{\frac{1}{6}}$，表示原子大小的参数。

LJ 势属于非键合势，如范德瓦耳斯作用。

2. Morse 势

Morse 势形式如下：

$$\Phi(r) = D \cdot \{e^{-2 \cdot a \cdot (r-r_0)} - 2 \cdot e^{-a \cdot (r-r_0)}\} \tag{6.12}$$

式中，D 为结合能；a 为材料参数；r_0 为平衡距离，可由光谱数据求得。当 $a = 6$ 时，Morse 势与 LJ 势非常接近。

Morse 函数的优点是形式简单、参数少、物理图像清晰、直观，其振动本征值问题可以得到解析解。其缺点是当两个原子间距趋于零时，相互作用势趋于有限值，而实际上应趋于无穷大。

3. 玻恩－迈耶(Born－Mayer) 势

Born－Mayer 势是为了描述离子晶体中离子间的闭壳层电子所产生的排斥作用而提出的，形式为

$$\varphi(r) = Ae^{-Br} \tag{6.13}$$

式中，参数 A、B 一般通过平衡态的晶体数据确定。

4. Dzugutov 势

Dzugutov 势是单原子体系中常用的一种双势阱对势，是为了解决以液态或高温非晶态为初始态的体系在退火过程中原子局域结构演化的问题而提出的，其一般形式为

$$\Phi(r) = \Phi_1 + \Phi_2$$

$$\Phi_1 = \begin{cases} A(r^{-m} - B)\exp\left(\dfrac{c}{r-a}\right), & r < a \\ 0, & r \geqslant a \end{cases}$$

$$\Phi_2 = \begin{cases} B\exp\left(\dfrac{d}{r-b}\right), & r < b \\ 0, & r \geqslant b \end{cases} \tag{6.14}$$

与传统的单势阱势函数易形成密排结构的特性不同，Dzugutov 势更趋向于形成聚四面体团簇。

上述经典对势用于金属存在如下问题：① 柯西(Cauchy) 歧异问题，金属晶体弹性常数之间不满足 Cauchy 关系($C_{12} = C_{44}$)，而经典对势是严格满足的；② 内聚能－空位形成能的两难问题，如果每个原子的结合能准确给出，则空位形成能就无法准确得知，反之亦然。另外，经典对势均为径向对称，不能反映键的方向性。一般 LJ 势多用于单原子分子的气体与液体模拟，无机化合物固体模拟则多采用 Morse 势。

6.3.3　多体势

多体势描述多个原子间的相互作用，常见的多体势有嵌入原子势、紧束缚势、共价键

势和组合势等。

1. 嵌入原子势

嵌入原子势(Embeded Atom Method, EAM)是由 Daw 和 Baskes 于 1983 年在研究金属氢脆时首先提出的。该方法把系统中的每一个原子均看作嵌在由其他原子形成的主晶格(host lattice)中的杂质,运用密度泛函理论并基于局域密度近似计算系统的总能量。

EAM 中,原子相互作用能分为两项,第一项称为嵌入能,代表了将一个原子嵌入一定的背景电子密度所需的能量,取决于该原子所占据位置的局域电子密度(可用 DFT 计算);第二项是原子核－核排斥项,这时价电子公用,原子位置只剩下带正电的原子核,它们之间是排斥作用,与原子间的静电交互作用有关。

EAM 可以表示为

$$\varphi_i = -f(\rho_i) + \frac{1}{2}\sum_j V_{ij} \tag{6.15}$$

式中,V_{ij} 为两个原子之间的对势;$f(\rho_i)$ 为一个原子在电子云密度为 ρ_i 时的嵌入能,需要根据材料结构决定:

$$f_i(\rho_i) = A_i E_i^0 \rho_i \ln \rho_i \tag{6.16}$$

其中,A_i 为待定参数;E_i^0 为升华能;ρ_i 为电子云密度,而电子云密度可以由各原子的电子密度重叠近似,即

$$\rho_i = \sum_j u_{ij}, u_{ij} = z_i z_j / r_{ij}, z(r) = z_0(1 + \eta r^\nu) e^{-kr} \tag{6.17}$$

式中,η、ν、k 为伴随参数,需由实验测定;z_0 为价电子的数目。

图 6.21 和图 6.22 给出了 EAM 在金属中成功应用的实例。EAM 属于半经验势函数。由于 EAM 比量子力学中薛定谔方程求解法简便,而且考虑到局域电子密度分布对相互作用势的影响,有足够的精度,因此广泛应用于金属材料的各种性能如相结构、晶体缺陷能量、相变和断裂等的研究。

2. 紧束缚势

紧束缚(Tight Binding, TB)势作为近似方法,起源于能带理论的紧束缚模型。该方法介于更基本的局域密度泛函理论和更经验的多体对泛函势之间,是能够把量子力学原理并入作用势计算的最简单可行的方法。与自由电子模型不同,紧束缚势基本思想是采用原子轨道的线性组合作为基函数,模拟能带结构。紧束缚势可以写为

$$E_C = \sum (E_R^i + E_B^i) \tag{6.18}$$

紧束缚势分为键结能与排斥能两项,键结能 E_R^i 用多体势能表示,而排斥能 E_B^i 以 Born － Mayer 型势能表示:

$$E_B^i = -\left\{ \sum_j \xi^2 e^{-2q(r_g/r_0-1)} \right\}^{1/2} \tag{6.19}$$

$$E_R^i = \sum_j A e^{-p(r_y/r_0-1)} \tag{6.20}$$

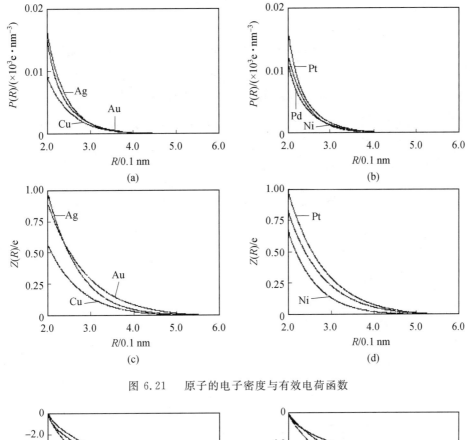

图 6.21　原子的电子密度与有效电荷函数

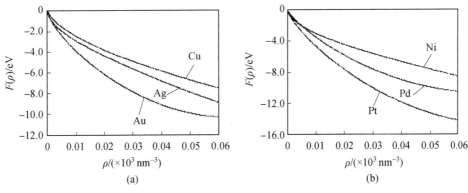

图 6.22　原子的嵌入能函数

式中，r_0 为分子平衡距离；四个参数 A、p、ξ 和 q 可针对不同原子以实验方法求得；r_g 为排斥半径；r_y 为吸引半径。

EAM 比较适用于没有成键取向结构的密堆金属，相比之下 TB 势更适用于具有体心立方结构的过渡金属。

3. 共价键势

通过共价键结合的原子间的相互作用势在共价材料计算机模拟中占有极为重要的地位，这主要是因为在共价材料中原子间相互作用势不仅取决于原子间的距离，而且与原子间的成键方向有着密切的联系。为了正确地描述共价材料中原子间相互作用势的性质，不仅要考虑两个原子间的距离，而且要体现成键取向的变化对势函数的影响。

Stilling－Weber 势是针对硅的性质而提出的一种包括两体和三体相互作用的经验势，被广泛应用于硅的体材料和表面的特性研究。Stilling－Weber 势的一般形式为

$$E_{\text{total}} = \sum_{i<j=1} U_2(\boldsymbol{r}_{ij}) + \sum_{i<j<k=1} U_3(\boldsymbol{r}_i, \boldsymbol{r}_j, \boldsymbol{r}_k) \qquad (6.21)$$

式中，$U_3(\boldsymbol{r}_i, \boldsymbol{r}_j, \boldsymbol{r}_k) = h(\boldsymbol{r}_{ij}, \boldsymbol{r}_{ik}, \theta_{jik}) + h(\boldsymbol{r}_{jk}, \boldsymbol{r}_{ji}, \theta_{kji}) + h(\boldsymbol{r}_{ki}, \boldsymbol{r}_{kj}, \theta_{ikj})$ 是一个三体角关联项。

Tersoff－Brenner 一般形式为

$$E_{\text{total}} = \frac{1}{2} \sum_{i \neq j} V_{ij} = \frac{1}{2} \sum_{i \neq j} \left[V_{\text{R}}(\boldsymbol{r}_{ij}) + B_{ij} V_{\text{A}}(\boldsymbol{r}_{ij}) \right] \qquad (6.22)$$

式中，V_{R} 为排斥项；V_{A} 为吸引项；B_{ij} 为与键角 q_{ijk} 有关的系数。

Tersoff－Brenner 势常用于碳－氢体系及碳材料，如碳－氢分子、石墨、金刚石、碳纳米管等的结构与性质计算。

4. 组合势

组合势是一种多体相互作用势函数，它由对函数和作为原子位置坐标函数的三体力项构成，组合势主要用来模拟由共价键结合的有机分子的相互作用势（图 6.23）。多数的组合势可表示为键合作用和非键合作用两个部分。

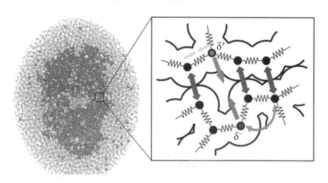

图 6.23 有机分子中原子间相互作用

有机分子中原子的键合作用比较复杂，包括键伸缩、键角弯曲、单键扭转三种基本方式，如图 6.24 所示。

图 6.24 有机分子中原子的键合作用 —— 键伸缩、键角弯曲、单键扭转

键伸缩通常用简谐势能表示：

$$E_{\mathrm{bond}} = \sum_{\mathrm{bonds}} \frac{1}{2} K_{\mathrm{b}} (R - R_0)^2 \tag{6.23}$$

式中,R 为键长;R_0 为平衡键长;K_{b} 为力常数。显然,键结势能随键长 R 偏离平衡键长 R_0 而增大。图 6.25 给出了原子间键伸缩简谐势能曲线。

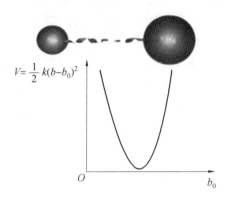

图 6.25　原子间键伸缩简谐势能曲线

力常数由振动光谱拟合简单模型而得。根据前述双原子分子势能曲线(图 6.18),键伸缩其实是非简谐振动,可更精确地表述为

$$V_r = (1/2) k_r \left[(r - r_0)^2 - kr'(r - r_0)^3 \right] \tag{6.24}$$

键角弯曲亦可用简谐运动表示(图 6.26):

$$E_{\mathrm{angle}} = \sum_{\mathrm{angles}} \frac{1}{2} K_{\theta} (\cos \theta - \cos \theta_0)^2 \tag{6.25}$$

式中,θ 为键角;θ_0 为平衡键角;K_{θ} 为力常数。

图 6.26　键角弯曲简谐运动示意图

键扭转则会引起势能周期性的变化,可用周期函数描述:

$$E_{\mathrm{torsion}} = \sum_{\mathrm{torsions}} \frac{1}{2} K_{\varphi} [1 - \cos(n\varphi)] \tag{6.26}$$

式中,φ 为双面角;n 为周期;K_{φ} 为力常数。

原子间还存在非键合作用,包括范德瓦耳斯作用和静电作用,可用 LJ 势和库仑定律表示为

$$E_{\mathrm{nonbond}} = \sum_{i=1}^{N} \sum_{j=i+1}^{N} \left(4\varepsilon_{ij} \left((\sigma_{ij}/r_{ij})^{12} - (\sigma_{ij}/r_{ij})^6 \right) + \frac{q_i q_j}{\varepsilon r_{ij}} \right) \tag{6.27}$$

式中，q 为静电电荷；r 为原子间距。

综上，最简单的组合势可以由上述四项来描述，即体系的势能为

$$E = E_{\text{bond}} + E_{\text{angle}} + E_{\text{torsion}} + E_{\text{non bond}} \tag{6.28}$$

下面讨论势能截断（cut − off）问题。计算非键相互作用时常用势能截断，当原子间距离大于规定的截断值时，该原子对间的非键相互作用忽略不计，如图 6.27 所示。截断距离记为 cutoff。

对于范德瓦耳斯作用：cutoff = 8 ～ 10 Å；

对于静电作用：cutoff = 14 ～ 16 Å

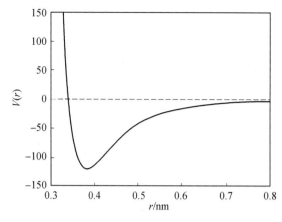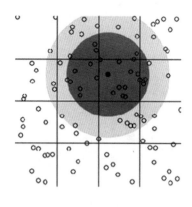

图 6.27　势能截断半径

在实际的材料研究和计算机模拟中，原子间相互作用势的选择主要取决于所研究的具体材料。对于分子晶体，LJ 势就是合适的有效势；对于共价晶体，反映共价键结合的原子间相互作用多体势是非常有效的；对于过渡金属，EAM 是一个理想的方案；对于离子键占主导地位的陶瓷材料和金属氧化物，人们基于壳层模型发展了相应的半经验势，如库仑＋巴克汉姆（Buckingham）势；对于有机和生物大分子，通常采用组合势。

6.4　分子力场的分类与发展

6.4.1　分子力场的分类

定义一个分子力场，不仅要指定函数形式，还要指定力场参数，两个不同的力场可以具有相同的函数形式，但其力场参数是不一样的。一个力场应视为一个整体，不可以分成独立的能量项，更不能与其他力场之间的力场参数相互混杂。根据力场的函数形式，分子力场可以被分为以下三类。

第一类：简谐函数，形式简单（具有对称性），能够比较合理地预报分子结构。此类力场的典型代表为 DREIDING。　第一代传统力场包括 AMBER（生物大分子）、CHARMM（小分子到大分子）、CVFF（无机体系）、MMX（包括 MM2、MM3 和有机小分

子）等。

第二类：非谐性函数加上耦合项，形式复杂，力场参数比较合理，能够较好地预报分子结构、振动频率、构象性质。此类力场的典型代表为 COMPASS。第二代力场包括 CFF 系列（CFF91、PCFF、CFF95 等）、COMPASS。

第三类：基于规则的力场，包括 ESFF（有机、无机分子）、UFF（可计算元素周期表上所有元素参数）等。

6.4.2　分子力场的发展

分子力场的发展经历了三个阶段。20 世纪 30 年代，Andrews 最早提出了分子力学（MM）的基本思想：分子要调整它的几何形状（构象），以使其键长值和键角值尽可能接近自然值，同时也使非键作用（范德瓦耳斯力）处于极小的状态，以此给出原子核坐标的最佳排布。20 世纪 50 年代以后，分子力场得到系统发展。通过选择一套势函数和从实验中得到的一套力常数，用分子力场描述体系总能量对原子坐标的分布，可以通过多次迭代数值算法得到合理的分子体系的结构。20 世纪 90 年代以来，提出了一些高效、普适的分子力场，几乎覆盖了整个元素周期表。

我国研究人员在分子力场的发展中做出了重要贡献。陈难先院士提出晶格反演理论，建立了由晶体结合能到对势的严格简洁公式，发展了 20 世纪 80 年代兴起的 EAM，并致力于建立具有自主知识产权的势库，为复杂材料性能的预测打下了良好基础，其结果被称为陈氏定理，在凝聚态物理、材料设计等方面得到广泛应用。孙淮博士在 20 世纪 90 年代任职于美国 MSI 公司时主持开发了 COMPASS(Condensed-phase Optimized Molecular Potential for Atomistic Simulation Studies)，是世界上第一个能够用来准确计算化合物包括高分子聚合物在气相和凝聚相里物理化学性质的通用分子力场模型，已成为材料模拟软件中广泛应用的基本力场模型。

6.4.3　分子力场的参数化

分子力场的性能，即它的计算结果的准确性和可靠性主要取决于势能函数和结构参数。这些有关力常数、结构参数的"本征值"的确定过程称为力场的参数化。参数化的过程要在大量的热力学、光谱学实验数据的基础上进行，有时也需要由量子化学计算的结果提供数据。各类键长、键角的"本征值"一般取自晶体学、电子衍射或其他谱学数据，键伸缩和角变力常数主要由振动光谱数据确定，扭转力常数经常要从分子内旋转位垒来推算。一个好的力场不仅能重现已被研究过的实验观察结果，而且有一定的广泛性，能用于解决未被实验测定过的分子的结构和性质。

6.4.4　力场方法存在问题与发展趋势

分子力场只考虑原子核的运动，在计算中它能够得到分子体系的结构、动力学、总能量、熵、自由能的信息，但由于忽略了电子的运动而不能得到与电子结构有关的信息（如电子传导、光学、磁学的性质），使用分子力场时要经验证。在实际计算中，对于不同的计算体系,应合理地采用不同的分子力场。对于一个新计算体系,要经过对力场仔细的考察,否则就有可能导致错误的结论。

另外,分子力场方法存在的问题还有以下几点:① 两个原子间的诱导偶极作用会受到其他原子的影响;② 非键作用势中假定原子为球形,实际上非键作用受原子形状影响,还需考虑孤对电子;③ 谐振势函数不能精确拟合实验数据;④ 对于静电作用的处理过于简化;⑤ 无法描述化学反应历程(如键的断裂和重组)。

分子力场需要进一步精确化,主要体现为取用高次项、考虑原子极化率、发展含金属的力场、发展可以描述化学反应的反应力场(RFF)以及量子力学与分子力学结合(QM/MM)。

6.4.5 分子力场构造和使用中应注意的问题

分子力场在构造和使用时应注意保证力场的整体性、易用性、普适性与可移植性。另外需注意分子力场是经验性的。

(1)力场的整体性:力场的整体性是指力场必须包含函数形式和力场参数(力常数)。两种力场可以有相同的函数形式,但是不相同的力场参数。此外具有相同函数但不同的力场参数,或不同函数形式的力场,却可以给出精度接近的结果。一个力场应被视为一个整体,不可以分成独立的能量项,更不能用不同力场之间的力场参数相互混杂。然而,同一力场中的一些项却足以独立于其他项(尤其是键伸缩项和键角项),并在一般情况下进行可以接受的近似。

(2)力场的易用性:力场的函数形式应该有利于进行能量优化和分子动力学计算,要求函数相对于原子坐标易于求一阶导数和二阶导数。

(3)力场的普适性与可移植性:力场的普适性是指力场包含了元素周期表中大多数原子的数据,因而可以适用于大多数分子体系。力场的可移植性意味着从小分子体系得到的一套参数可以用来模拟一系列相关的大分子体系,而无须为每一个单独分子重新定义一套参数。

力场的经验性指对分子力场而言不存在真正正确的形式。当然,如果一种函数形式表现得比另一种形式好,只能说这种形式更可取。一般来讲,多数力场采用了相同的函数形式,并假设这是个最优的函数形式。用于分子力场中的函数形式常常在精确度和计算效率之间寻求最佳点,最精确的函数形式可能是相当费时的。随着计算机性能的提高,采用更复杂精确的函数形式变得越来越有可能了。

第7章　分子力学与材料结构计算设计

分子力学方法是分子模拟中最基本的方法。它属于原子尺度的计算机模拟方法,通过对原子间相互作用的计算来完成分子几何结构的优化以及其他性质的模拟,因此能够解决许多依靠量子力学不能解决的问题。由于量子力学是基于电子水平的理论计算,即使忽略一些电子相互作用的半经验方法仍然需要巨大的计算量,因此很多时候,用量子力学处理多原子体系是不现实的。分子力学方法(也称力场方法)则是忽略电子的运动,只计算与原子核坐标相关的体系能量,所以分子力学从原理上可以计算包含大量原子的体系。事实证明,在很多情况下,分子力学可以提供与量子力学计算同样精确的答案,而只用相当少的机时。但分子力学无法解决与电子运动和分布相关的问题。

7.1　分子力学基本原理

分子力学(Molecular Mechanics,MM),又称力场方法(force field method)。分子力学忽略分子振、转、平动运动,把原子看作经典粒子,分子是一组靠各种作用力维系在一起的原子集合,并用经验势函数表示原子间相互作用,而体系的平衡几何结构由能量最低原理确定。图 7.1 给出了能量极小的示意图。表 7.1 给出了不同约束条件对应的极值原理。

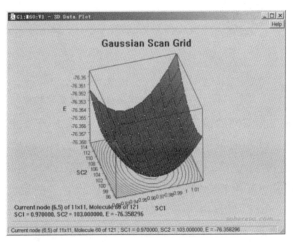

图 7.1　能量极小的示意图

表 7.1　不同约束条件对应的极值原理

原理	极值原理[①]
最大熵原理	$(\mathrm{d}S)_{U,V} \geqslant 0$
能量极小值原理	$(\mathrm{d}U)_{S,V} \geqslant 0$
焓最低原理	$(\mathrm{d}H)_{S,P} \geqslant 0$
亥姆霍兹自由能最低原理	$(\mathrm{d}F)_{T,V} \geqslant 0$
吉布斯自由能最低原理	$(\mathrm{d}G)_{T,P} \geqslant 0$
巨势最低原理	$(\mathrm{d}\Omega_G)_{T,V,\mu} \geqslant 0$

注 ①:等号仅在平衡时成立;下标表示固定的宏观状态变量。

　　分子力学的基础是分子力场,仅考虑平衡位置,原子间相互作用由经验势函数表示:

$$E_i(r_i) = \frac{1}{2!}\sum\sum_{i \neq j}E_{ij} + \frac{1}{3!}\sum\sum\sum_{i \neq j \neq k}E_{ijk} + \cdots + \frac{1}{n!}\sum\sum_{i \neq j \neq k}\cdots\sum_{i \neq n}E_{ijk\cdots n}$$

$$(7.1)$$

　　经验势函数加力常数构成分子力场。分子力学的原理为能量极小值原理。能量极小值原理利用分子势能随结构的变化而变化的特性,确定分子势能极小时的平衡结构。根据能量极小值原理,原子 i 在其他原子的作用势场 $E_i(r_i)$ 中运动,在平衡位置时,有

$$E_i(r_{i0}) = \min[E(r_i)] \qquad \boldsymbol{F}_i(r_{i0}) = 0 \qquad (7.2)$$

　　图 7.2 为原子在作用势场中运动的能量变化趋势,根据能量极小值原理可以给出平衡构型。

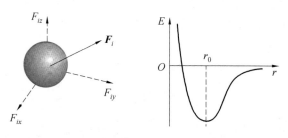

图 7.2　原子在作用势场中运动的能量变化趋势

　　下面讨论势能面与相空间的概念。相空间表示一个系统所有可能状态的空间,系统每个可能的状态与相空间中的每个点一一对应。一个单粒子在一维空间的运动状态可用二维相平面表达,一个单粒子在三维空间的运动状态可用六维相空间表达;N 个粒子在三维空间的运动状态可用 $6N$ 维相空间表达;定态下不考虑粒子的运动,N 个原子构成的体系,其相空间退化为一个以 $3N$ 维内坐标空间中的势能面,总势能 $E = E(x_i, y_i, z_i)$ 在相空间中构成一个高维超曲面。显然,定态下高维势能面上每个点的内坐标是确定的,包含 N 个粒子在空间确定的位置 (x_i, y_i, z_i),故势能面上每个点对应一种可能的材料结构。

　　相空间在数学与物理学中,是一个用以表示出一个系统所有可能状态的空间;系统每个可能的状态都有一相对应的相空间的点。系统的相空间通常具有极大的维数,其中每一点代表了包括系统所有细节的整个物理态。相空间是一个大维数的空间,它上面的每

个点代表被考虑的系统全部可能的态。图 7.3 给出单粒子运动状态的二维相空间（平面）。

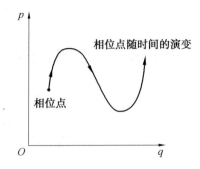

图 7.3 单粒子运动的二维相空间（平面）

另一个需要注意的问题是能量极小多值性与材料同分异构体。能量最低原理是热力学第二定律的自然延伸，且适用于量子系统。系统的基态对应于使系统能量最低的状态。对于 N 个原子构成的体系，高维相空间存在多个势能面极小值。每个极小值点对应一种（亚）稳态结构；预测（亚）稳态材料结构就是寻找这些极小值点。全局极小对应基态构型，局部极小对应（亚）稳态结构。

分子力学与量子化学几何优化既有联系也有区别。相同点在于二者均基于能量极小值原理，即寻找势能面上的极小点，以确定分子的可能的稳定结构。区别在于：① 如何处理原子间相互作用，即量子化学几何优化基于第一性原理，而分子力学基于分子力场（经验势）；② 能量极小化算法不同，即量子化学几何优化利用变分法（自洽迭代），分子力学则利用非线性优化算法。

7.2 分子力学的发展概况

1930 年，Andrews 提出分子力学的基本思想，认为在分子内部，化学键都有"自然"的键长值和键角值，分子要调整它的几何形状（构象），以使其键长值和键角值尽可能接近自然值，同时也使非键作用（范德瓦耳斯力）处于极小的状态，给出原子核坐标的最佳排布。

Hill 在 1946 年提出分子的经典力学模型，用范德瓦耳斯作用能和键长、键角的变形能来计算分子的能量，以优化分子的空间构型。Hill 指出：分子内部的空间作用是众所周知的，基团或原子之间靠近时则相互排斥；为了减少这种作用，基团或原子趋于相互离开，但是这将使键长伸长或键角发生弯曲，又引起了相应的能量升高。最后的构型将是这两种力折中的结果，并且是能量最低的构型。

虽然分子力学的思想方法在 20 世纪 40 年代已经建立，但直到 50 年代后，随着电子计算机的发展，分子力学作为一种模拟工具来确定和理解分子的结构和性质的研究才被越来越多的人接受，这时分子力学才成为结构化学研究的重要方法之一。

近几年来，随着现代技术的发展和应用，特别是计算机技术的发展，分子力学方法已不仅能处理一般的中小分子而应用于有机化学领域,还能处理大分子体系和无机材料体系。在其他一些领域,如生物化学、药物设计、配位化学中,分子力学方法都有了广泛的应用。

7.3　分子力学模拟的步骤

分子力场只是给出了原子间相互作用势能的函数关系;如何确定能量极小(或极小)和分子中各个原子坐标(位置),才是目的,这个过程称为分子结构的优化,其实质是求解势能面(也称超曲面)的过程,即求函数极值的过程。分子力学模拟基本过程如图 7.4 所示。

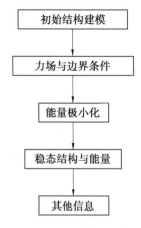

图 7.4　分子力学模拟基本过程

分子力学模拟的第一步是进行初始化。初始化主要包括建模和设定力场与边界条件。首先,给出所计算分子的试探结构,并根据研究体系特点和要解决的问题选择适当的边界条件,注意这时不一定是分子的稳定构象。初始构型和边界条件对模拟结果具有重要的影响。图 7.5 为麻黄素分子初始结构示意图。图 7.6 为采用固定层法设计半无限表面的周期性边界条件。

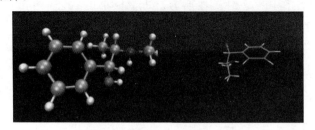

图 7.5　麻黄素分子初始结构示意图

第二步为结构优化。先将总空间能(势能)E_s 对所有描述分子构象的变量即各原子的三维坐标 (x_i, y_i, z_i) 在一定的范围内求极小值。E_s 取极小值的条件为

$$F = -\frac{\partial E}{\partial x_i} = 0, \quad \frac{\partial^2 E}{\partial x_i^2} > 0 \tag{7.3}$$

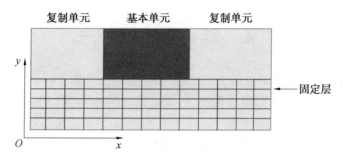

图 7.6 采用固定层法设计半无限表面的周期性边界条件

由于材料体系原子数多,上述多维联立方程难以解析。分子力学基于最优化数值算法近似求解能量极小值各原子坐标,从而确定(亚)稳态结构。最优化算法以初始结构各原子位置为起点,以能量极小值对应各原子坐标为终点,故只能实现局部优化,获得初始结构附近的一个(亚)稳态结构。图 7.7 给出了分子结构的优化过程,图 7.8 为氯化钠团簇 $Na^+(NaCl)$,最初十三步生长螺旋的分子结构(理论模型计算)。

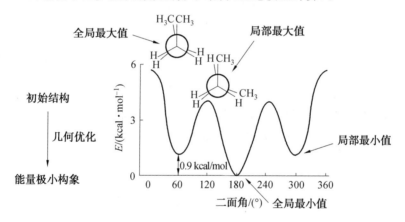

图 7.7 分子结构的优化过程

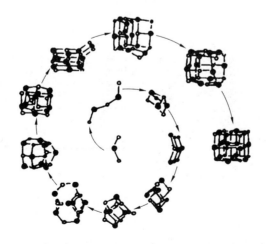

图 7.8 氯化钠团簇 $Na^+(NaCl)$ 最初十三步生长螺旋的分子结构

7.4　能量极小化算法

分子力学最核心问题为能量极小化,因此能量极小化算法直接影响分子力学模拟的精度和效率。能量极小化就是最优化问题,最优化(optimization)理论是指对目标函数(objective function)求极值的问题。即对于目标函数 $f(x)$,找到一个极值点 x_i,使得 $f(x_i)$ 极小(或 $-f(x_i)$ 最大)。最优化(optimization)理论或称为数学规划(programming)、运筹学(operations research);目标函数(objective function)或称为误差函数(error function)、代价函数(cost function)、损失函数(loss function)。

图7.9为能量极小化过程示意图。算法思路为搜索路径离散化。能量极小化算法可以利用目标函数的一阶或二阶导数,也可以利用目标函数值。

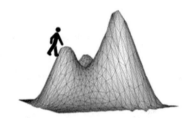

图 7.9　能量极小化过程示意图

(1)利用目标函数的一阶或二阶导数。这种方法包括一级微商算法和二级微商算法。一级微商算法包括最速下降算法(Steepest Descents,SD)、共轭梯度算法(Conjugate Gradients,CONJ);二级微商算法主要指牛顿 — 拉弗森法(Newton — Raphson Method)。

(2)利用目标函数值。这种方法包括坐标轮换法和Powell法(方向加速法)。图7.10给出了坐标轮换法示意图。

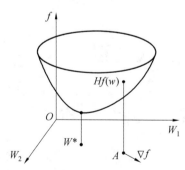

图 7.10　坐标轮换法示意图

分子力学能量极小化过程的目标函数的一阶偏导为力场梯度

$$\nabla_i f(w) = \mathrm{d}f/\mathrm{d}w_i, \quad i = 1, \cdots, n \tag{7.4}$$

目标函数的二阶偏导构成黑塞矩阵(Hessian matrix)

$$H_{i,j} f(w) = \mathrm{d}^2 f / \mathrm{d}w_i \cdot \mathrm{d}w_j, \quad i, j = 1, \cdots, n \tag{7.5}$$

$$\nabla^2 f = \begin{bmatrix} \dfrac{\partial^2 f}{\partial x_1^2} & \dfrac{\partial^2 f}{\partial x_1 \partial x_2} & \cdots & \dfrac{\partial^2 f}{\partial x_1 \partial x_N} \\[2mm] \dfrac{\partial^2 f}{\partial x_2 \partial x_1} & \dfrac{\partial^2 f}{\partial x_2^2} & \cdots & \dfrac{\partial^2 f}{\partial x_2 \partial x_N} \\[2mm] \vdots & \vdots & & \vdots \\[2mm] \dfrac{\partial^2 f}{\partial x_N \partial x_1} & \dfrac{\partial^2 f}{\partial x_N \partial x_2} & \cdots & \dfrac{\partial^2 f}{\partial x_N^2} \end{bmatrix}_{N \times N} \tag{7.6}$$

7.4.1 最速下降法

最速下降法反复对能量函数进行微分,计算梯度,每次沿能量下降最多的方向前进。图 7.11 给出了最速下降法寻优路径示意图。

$$f(x_{i+1}) = f(x_i) + f'(x_i) \cdot \Delta x \tag{7.7}$$

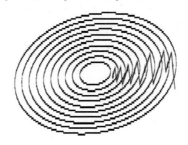

图 7.11 最速下降法寻优路径示意图

最速下降法首先确定搜索方向,选取最快的下降方向为

$$p_k = -\nabla f(X^{(k)}) \tag{7.8}$$

而后确定步长,取步长 λ_k 为最优步长,使得

$$f(X_k + \lambda_k p_k) = \min_{\lambda \geqslant 0} f(X_k + \lambda p_k) \tag{7.9}$$

求出 λ_k,得到第 $k+1$ 个迭代点:

$$X_{k+1} = X_k + \lambda_k p_k \tag{7.10}$$

反复进行上述步骤,直到 $\|\nabla f(X^{(k)})\| < \varepsilon$(给定的误差值),迭代终止

例如:$f(x,y) = x^2 + 2y^2$,起始点坐标(9,9),有

$$\boldsymbol{g}_k = \left(\frac{\partial f}{\partial x}, \frac{\partial f}{\partial y} \right)_k = (2x, 4y)_k = (18, 36) \tag{7.11}$$

$$\boldsymbol{s}_k = -\frac{\boldsymbol{g}_k}{|\boldsymbol{g}_k|} = -\frac{(18, 36)}{\sqrt{18^2 + 36^2}} = (-0.447, -0.894) \tag{7.12}$$

$$\boldsymbol{x}_{k+1} = \boldsymbol{x}_k + \Delta x \cdot \boldsymbol{s}_k = \begin{bmatrix} 9 - 0.447\Delta x \\ 9 - 0.894\Delta x \end{bmatrix} \tag{7.13}$$

得到新的搜索点坐标(4.08, -0.83),进行下一轮迭代:

$$\boldsymbol{g}_s = (2x, 4y)_s = (8.16, -3.32) \tag{7.14}$$

$$\boldsymbol{s}_s = -\frac{\boldsymbol{g}_s}{|\boldsymbol{g}_s|} = -\frac{(8.16, -3.32)}{\sqrt{8.16^2 + (-3.32)^2}} = (-0.93, 0.38) \tag{7.15}$$

$$\boldsymbol{x}_{s+1} = \boldsymbol{x}_s + \Delta x \cdot \boldsymbol{s}_s = \begin{bmatrix} 4.08 - 0.93\Delta x \\ -0.83 + 0.38\Delta x \end{bmatrix} \quad (7.16)$$

如此循环。最速下降法不同算法的搜索路径是不同的,如图 7.12 所示。

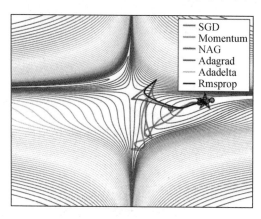

图 7.12　最速下降法不同算法的搜索路径(彩图见附录)

最速下降法存在的问题为:① 所谓最速下降方向 $\nabla f(X^{(k)})$ 仅仅反映了 f 在点 $X^{(k)}$ 处的局部性质,对局部来说是最速的下降方向,但对整体求解过程并不一定使目标值下降得最快;② 最速下降法逼近极小点 X 的路线是锯齿形的,当迭代点越靠近 X,其搜索步长就越小,因而收敛速度越慢。

7.4.2　牛顿法

牛顿法的基本思想为:为了寻找收敛速度快的无约束最优化方法,考虑在每次迭代时,用适当的二次函数去近似目标函数 f,并用迭代点指向近似二次函数极小点的方向来构造搜索方向,然后精确地求出近似二次函数的极小点,以该极小点作为 f 的极小点近似值。

假设目标函数 f 具有二阶连续偏导数,即 $\nabla f(X_k)$ 和 $\nabla^2 f(X_k)$,此时,可以利用 Taylor 展开式作 f 在点 X_k 的近似函数:

$$f(X) \approx \varphi(X) = f(X_k) + \nabla f(X_k)^{\mathrm{T}}(X - X_k) + \frac{1}{2}(X - X_k)^{\mathrm{T}} \nabla^2 f(X_k)^{\mathrm{T}}(X - X_k)$$

$$(7.17)$$

下面将求 $f(X)$ 的极小值转化为求 $\varphi(X)$ 的极小值。为求 $\varphi(X)$ 的极小值,可令 $\nabla \varphi(X) = 0$,即

$$\nabla f(X_k) + \nabla^2 f(X_k)(X - X_k) = 0 \quad (7.18)$$

解得

$$X = X_k - [\nabla^2 f(X_k)]^{-1} \nabla f(X_k) \quad (7.19)$$

若 f 在点 X 处的二阶偏导数 $\nabla^2 f(X_k)$ 为正定矩阵,则式(7.19)解出的 X 就是 $\varphi(X_k)$ 的极小点,以它作为 f 的极小点的第 $k+1$ 次近似,记为 X_{k+1},即

$$X_{k+1} = X_k - [\nabla^2 f(X_k)]^{-1} \nabla f(X_k) \quad (7.20)$$

这就是牛顿法的迭代公式。其中,搜索方向

$$p = -\left[\nabla^2 f(X_k)\right]^{-1} \nabla f(X_k) \tag{7.21}$$

称为牛顿方向,且步长为1。

牛顿法的步骤如下:① 给出分子的初始结构$(x_{(i)}, y_{(i)}, z_{(i)})$或$(r_{(i)})$;② 建立该分子体系的空间能表达式;③ 计算该空间能对笛卡儿坐标的一阶、二阶导数矩阵(黑塞矩阵)及黑塞矩阵的逆矩阵;④ 计算结构优化所需的笛卡儿坐标的增量Δr;⑤ 得到新的结构。重复步骤 ③④⑤,直到收敛。

牛顿法收敛速度优于最速下降法。可以证明,当初始点X_0靠近极小点$\bar{X}$时,牛顿法的收敛速度是很快的。但是,当X_0远离$\bar{X}$时,牛顿法可能不收敛,甚至连下降性也无法保证。其原因是:迭代点X_{k+1}不一定是目标函数f在牛顿方向p_k上的极小点。为了弥补牛顿法的上述缺陷,人们把牛顿法做了如下修正:

由X_k求X_{k+1}时,不直接用迭代公式$X_{k+1} = X_k - \left[\nabla^2 f(X_k)\right]^{-1} \nabla f(X_k)$(因为这个公式已经把步长限定为1),而是沿着牛顿方向p_k进行一维搜索。这称为阻尼牛顿法。

7.4.3　共轭梯度法

最速下降法和牛顿法是最基本的无约束最优化方法,它们的特性各异:最速下降法计算量较小而收敛速度慢,牛顿法虽然收敛速度快但需要计算目标函数的黑塞矩阵(二阶偏导数组成的方块矩阵)及其逆矩阵,故计算量大。不同于上述二者,共轭梯度法是一类无须计算二阶导数并且收敛速度快的最优化方法。

先讨论共轭方向。设G是n阶对称正定矩阵,若n维向量组$d_1, d_2, \cdots, d_m (m \leqslant n)$满足

$$d_i^T G d_j = 0, \quad i \neq j \tag{7.22}$$

则称$d_1, d_2, \cdots, d_m$为关于G共轭的。当$G = I$时,有

$$d_i^T d_j = 0, \quad i \neq j \tag{7.23}$$

即向量正交。

共轭方向具有如下性质:① 若非零向量$d_1, d_2, \cdots, d_m$对于对称正定矩阵G共轭,则这m个向量线性无关。② 在n维空间中互相共轭的非零向量不超过n个。③ 从任意初始点出发,依次沿n个G的共轭方向$d_1, d_2, \cdots, d_m$进行一维寻优,最多经过n次寻优即可找到二次函数的极小值点。

共轭梯度法的基本思想为,如果按最速下降法选择负梯度方向为搜索方向,会产生锯齿现象。为避免锯齿的发生,取下一次的迭代搜索方向直接指向极小点。为此,下一次搜索方向必须与上一次搜索方向共轭。

如果取初始的搜索方向

$$p_0 = -\nabla f(X_0) \tag{7.24}$$

则以下各共轭方向p_k由k次迭代点的负梯度$-\nabla f(X_k)$与已经得到的共轭方向p_{k-1}的线性组合来确定。因为每一个共轭方向都依赖于迭代点的负梯度,所以称之为共轭梯度法。共轭梯度法迭代公式如下:

$$f(x_{i+1}) = f(x_i) + h_{i+1} \cdot \Delta x \tag{7.25}$$

$$h_{i+1} = g_{i+1} + \gamma_i h_i \tag{7.26}$$

$$\gamma_i = (g_{i+1} \cdot g_{i+1})/(g_i \cdot g_i) \tag{7.27}$$

其中有

每次迭代 g_{i+1}（残差）与 $(g_0, g_1, g_2, \cdots, g_i)$ 正交

每次迭代 h_{i+1}（方向）与 $(h_0, h_1, h_2, \cdots, h_i)$ 共轭

计算与最速下降法一样，但是在选择搜索方向时，不仅要考虑当前的梯度，还要考虑原来的搜索方向，经过综合考虑决定下一步搜索方向。共轭梯度法具有 N 步收敛性，即对于一个自由度为 N 的体系而言，理论上可以在 N 步内找到极小值。

例如：$f(x, y) = x^2 + 2y^2$，起始点坐标 $(9, 9)$，

$$-\boldsymbol{g}_k = -\left(\frac{\partial f}{\partial x}, \frac{\partial f}{\partial y}\right)_k = -(2x, 4y)_k = (-18, -36) \tag{7.28}$$

先最速下降，得到新的搜索点坐标 $(4.0, -1.0)$，

$$-\boldsymbol{g}_s = -(2x, 4y)_s = (-8.0, 4.0) \tag{7.29}$$

$$h_i = \begin{bmatrix} -8 \\ 4 \end{bmatrix} + \frac{(-8)^2 + 4^2}{(-18)^2 + (-36)^2} \times \begin{bmatrix} -18 \\ -36 \end{bmatrix} = \begin{bmatrix} -8.89 \\ 2.22 \end{bmatrix} \tag{7.30}$$

沿 h_i 方向即可找到函数的极小值 $(0, 0)$。

最速下降法方向变化大，尤其在接近极小点时方向不准、收敛慢、优化幅度大。共轭梯度法收敛快，易陷入局部势阱，对初始结构偏离不大。牛顿法则计算量和存储量较大，起始点离极小点越近效果越好，适用于较小的分子（100 个原子以下）。图 7.13 给出了能量极小化算法速度比较。表 7.2 给出了常用抗生素分子采用不同能量极小化方法结构优化比较。

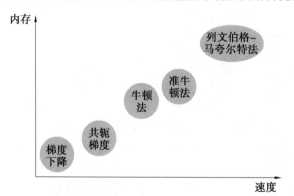

图 7.13　能量极小化算法速度比较

表 7.2　常用抗生素分子采用不同能量极小化方法结构优化比较

项目	第一阶段		第二阶段	
方法	平均梯度 CPU 时间	计算次数 $\Delta E < 1\ \text{kcal/Å}^2$	平均梯度 CPU 时间	计算次数 $\Delta E < 1\ \text{kcal/Å}^2$
最速下降法	67	98	1 405	1 893
共轭梯度法	149	213	257	367

7.4.4 全局构象搜索算法

分子力学本身只能实现局部优化,故选择初始构象是非常关键的。将所有可能的初始构象分别进行优化,最后进行比较,即可确定分子体系的最优构象(全局能量最低构象)。可能的初始构象的数目会随原子数目的增加而急剧增加。在选择初始构象时,应从基本的化学知识方面考虑把不可能的构象略去。以1,2-二氯乙烷为例,图7.14给出了1,2-二氯乙烷总能量随二面角的变化曲线。

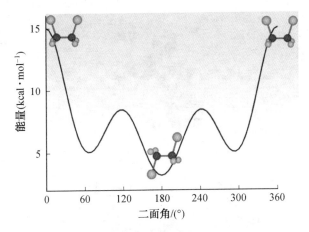

图 7.14　1,2-二氯乙烷总能量随二面角的变化曲线

关于初始构型与构象搜索,直接构建简单,如图7.15所示,但要注意合理性,可利用X射线晶体衍射或NMR数据或傅里叶红外光谱得到其晶格参数。可采用适当的构象搜索算法。如果分子量不是太大,可使用完全构象搜索,即对所有可伸缩和可旋转的键进行伸缩和旋转,然后搜索最低点。也可用分子动力学模拟、蒙特卡洛方法等进行最低能量构象的搜索。如果分子量很大,如蛋白质,不可能找到真正的极小点,只能用一些方法(包括人工与计算机相结合)找到近似的极小点。

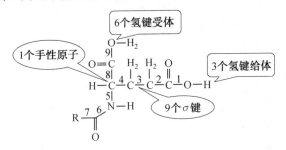

图 7.15　二十烷二羰基二-L-谷氨酸(EDGA)分子结构示意图

构象搜索方法包括:系统搜索(systematic search)法、随机搜索(stochastic search / random search)法、蒙特卡洛(MC)模拟、遗传算法(Genetic Algorithm,GA)、分子动力学(Molecular Dynamics,MD)方法。

（1）系统搜索法。

例如，在由扭转角构成的构象空间中进行逐点搜索。按一定步长均匀变化每个扭转角，并逐一计算能量，对取得小于一定标准的所有构象进行分析。图 7.16 和图 7.17 给出了有机小分子和有机大分子扭转角度示意图，以此为例。假设每个扭转角需要探索 $360/10=36$ 个角度：如果有 2 个扭转角，则可能的构象总数为 $36^2=1\,296$；如果有 3 个扭转角，则可能的构象总数为 $36^3=46\,656$；如果有 4 个扭转角，则可能的构象总数为：$36^4=1.68\times10^6$。

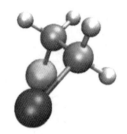

图 7.16　有机小分子扭转角度示意图

图 7.17　有机大分子扭转角度示意图

（2）随机搜索法。

如图 7.18 所示随机产生多个构象，可以随机变化分子结构中各个扭转角的数值，直至达到用户预设的计算量上限。

$$E=f(\varphi_1,\varphi_2,\cdots,\varphi_n) \tag{7.31}$$

对每个获得的构象进行结构优化，并进行构象分组。

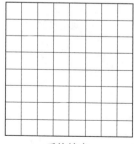

系统搜索

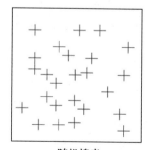

随机搜索

图 7.18　系统搜索与随机搜索示意图

（3）遗传算法。

遗传算法是一种应用广泛的优化算法，其模拟生物进化过程，通过复制、杂交、突变等方式以产生更适应环境压力的新一代个体，最终获得给定问题的最优解。首先随机产生一组 N 个初始构象，每个构象用一个数字串来编码，计算每个构象的适应度（fitness score）。也就是说，先产生一个初始构象，然后通过遗传、杂交、突变等方式以产生新一组构象，保留其中具有较高适应度的 N 个构象。循环上述两个步骤，每一代构象能量的平均值不断下降直至收敛。

结合能量极小化算法，总结分子力学模拟参数及其选择。模拟参数包括：① 初始结构；② 边界条件；③ 极小化方法，其中小分子多用二级微商算法，大分子多用 SD＋CONJ 或改进的二级微商算法；④ 步数（number of steps）；⑤ 步长（step size），如选用 $0.002 \sim 0.01$；⑥ 收敛标准，即能量差值（如 0.002 kcal/mol）、梯度差值（如 0.02 kcal/ (mol · Å)）。

7.5　分子力学模拟的特点

分子力学概念清楚、计算速度快，但也有其局限性。

（1）概念清楚。

分子力学中的总"能量"被分解成键的伸缩、键角弯曲、键的扭曲和非键作用等，相较于量子化学计算中的福克矩阵等概念直观易懂，可以对分子间的位阻、构象、键角的变形进行定量说明。

（2）计算速度快。

量子化学从头算的计算量随原子轨道数目的增加，以 4 次方的速度上升，而分子力学的计算量仅与原子数目的平方成正比。

计算时间：MM 正比于原子数 m 的平方 m^2；QM 正比于轨道数 n 的 n^4 或 n^3。

（3）局限性。

局限性在于：① 结构优化幅度不大，高度依赖初始结构，稳定构象数量较多时需要考虑与合适的搜索算法连用；② 不考虑电子的运动，不能获得与电子结构相关的性质；③ 不考虑原子的运动，不能获得结构变化的过程；④ 不考虑原子的动能，相当于体系处于 $T = 0$ K 时的结果。

分子力学与量子化学既有区别，也相辅相成。分子力学与量子化学计算的区别在于：分子力学是经典模型，以原子为"粒子"，按经典力学运动，而量子化学主要处理对象为电子，其运动服从量子力学规律；量子化学中，电子或原子核间的相互作用服从库仑定律，而分子力学中每对原子之间有一特定的作用势函数，原子不同或者原子虽然相同但所处环境不同，则势函数不同，即使对同一对原子，也无法给出准确的普适势函数。但分子力学与量子化学计算相辅相成，分子力学是一种经验方法，其力场是在大量的实验数据的基础上产生的，宜用于对大分子进行构象分析、研究与空间效应密切相关的有机反应机理、反应活性、有机物的稳定性及生物活性分子的构象与活性的关系；但是当研究对象与所用的分子力学力场参数化基于的分子集合相差甚远时不宜使用，当然也不能用于人们感兴趣但没有足够多实验数据的新类型的分子。

对于化合物的电子结构、光谱性质、反应能力等涉及电子运动的研究,则应使用量子化学计算的方法。然而在许多情况下,将量子化学计算和分子力学计算结合使用能取得较好的效果。分子力学计算结果可提供量子化学计算所需的分子构象坐标,而量子化学计算结果又给出了分子力学所不能给出的分子的电子性质。如,利用 MM 优化后的分子几何参数进行轨道计算;将大体系分为 MM、QM 两部分分别处理。

分子力学计算速度快,便于构象搜索,无法研究反应过程,量子力学便于研究电子结构及反应过程。结合二者共同特性优势,近年来发展了分子力学与量子力学相结合的算法。

7.6 常见力场与分子模拟软件

在分子力场发展过程中,产生了各种不同的力场,有的已经被淘汰,有的已经融于其他的力场,有的正在被广泛地应用于各个领域。表 7.3 给出了常见分子力场及其适用范围。表 7.4 列出了常见分子模拟软件。

表 7.3 常见分子力场及其适用范围

分子力场	适用范围
cff91_950_1.01,cff95_950_1.01,UNIVERSAL1.02, cvff_950_1.01,DREIDING2.21	普适力场(有机、高分子体系)
pcff_300_1.01,pcff2_400_1.01	高聚物、金属、沸石
bks1.01,burchart1.01,urchart1.01 — DREIDING2.21, burchart1.01 — UNIVERSAL1.02,cvff_300_1.01 sor_yashonath1.01,sor_demontis1.01,sor_pickett1.01, watanabe — austin1.01	研究吸附行为
morph_lifson1.11,morph_momany1.1,morph_scheraga1.1, morph_williams1.01	研究形态学
glassff_2.01	无机氧化玻璃
msxx_1.01	聚偏氟乙烯
Compass	小分子、高分子、金属

表 7.4 常见分子模拟软件

软件	生产厂家	应用领域	特点
Chem — x 分子模拟系统	CDL 公司（USA)	用来进行结构解析,研究分子相互作用	带有 Cassion 程序,可与数据库连用,可升级
Spartan4.0 系列软件	Wavefunction 公司(USA)	用于有机物、有机金属、无机物和多肽的研究	具有灵活良好的用户面,使用了分子力学法和量子力学法,可升级

续表7.4

软件	生产厂家	应用领域	特点
Alchemy2000 分子模拟软件	Trips 公司（USA）	用于预测聚合物的性质，进行蛋白质的同源搜索	可在微机上运行，可以升级，由一系列的应用块组成，使用 MM3 力场
Sybyl 分子模拟软件	Trips 公司（USA）	应用范围从小分子到蛋白质和核酸，药物设计	可以与量子力学程序、各种数据库连用，进行分子理化性质分析，可升级
Hype — Chem4.5 软件	Hypercube Inc. 公司（USA）	用于有机分子、蛋白质分子	应用了分子动力学法、分子力学法和量子力学法，可升级
Cerius2 软件	Molecular simulation INC. 和 Boisym 公司（USA）	用于聚合物模拟、药物设计	软件模块化，用户界面良好、集成了多种力场，多种模拟方法，可升级
Insight Ⅱ 软件	Molecular SimlationInc 和 Bolsym 公司（USA）	用于生物分子设计、材料分子设计	能进行分子的活性预测、NMR 数据分析，可升级
Chemoffice 软件	CDL 公司（USA）	用于预测分子的物化性质	比较便宜，附带较大的数据库系统，可升级
Material Studio	MSI 公司（USA）	用于生物分子、材料分子设计	软件模块化，以 Windows 操作界面为平台、集成多种模拟方法，可以在 PC 机和工作站上同时使用，可升级
MP1 和 VM	国产分子模拟软件	用于材料的分子模拟和设计	软件模块化、以 Windows 操作界面为平台、集成多种模拟方法，价格便宜

7.7 分子力学模拟的应用

7.7.1 完整晶体结构模拟（三维周期边界条件）

因为突破了量子力学处理原子个数少的限制，分子力学方法可以描述几万个分子体系。然而，几十立方埃的尺寸，与真实样品的尺寸相差甚远。如果将这几万个原子拿来进行分子力学计算，就相当于把这几万个原子放在真空里，像一个液滴。如果模拟的是几厘米大小样品中的部分分子，这样直接去计算是不合理的。那么，如何对体系进行处理，才能得到合理的模拟结果呢？人们想了很多办法，其中所谓的"周期性边界条件"最为有效、适用。图 7.19 给出了周期性边界条件的示意图。

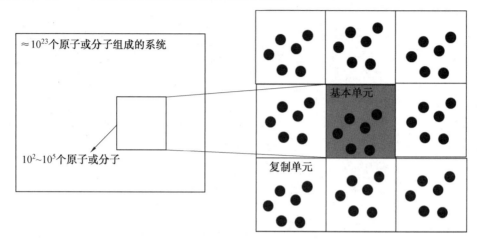

图 7.19　周期性边界条件的示意图

　　假设现实物质中的一部分原子被取出配置在所谓基本单元的箱中，由于基本单元周围没有任何东西，则基本单元周围的原子、分子就变成表面，从而不同于本来要处理的体状态。为了避免这种情况，在基本单元周围配置其复制品。对于在基本单元周围边界的原子、分子所受作用力，不仅有来自该基本单元内部的原子和分子的作用力的贡献，还有来自其邻近复制品内部的原子和分子的作用力的贡献。

　　在完整晶体中，对于任意一个晶胞，其前后左右上下都有一个一模一样的晶胞（图 7.20 所示为完美石英晶体结构）。因为每一个晶胞里的原子的空间结构都是一样的，所以该晶胞的六个面都是周期性边界。在模拟时，一般采用简单的周期性边界条件进行研究处理，即可限制表面效应对模拟结果的影响。使样品同在本体中一样。综合上述，周期性边界条件要点包括：① 基本单元周围配置其复制品，否则基本单元周围的原子、分子就变成表面；② 边界的原子、分子所受作用力有来自该基本单元内部的原子和分子的作用力以及来自其邻近复制品内部的原子和分子的作用力的贡献；③ 有截断距离；④ 对来自距离粒子 i 某一距离（截断距离）内的粒子 j 的贡献求和，给出作用力的方法称为极小镜像

图 7.20　完美石英晶体结构

距离法。

7.7.2 缺陷模拟

在对材料的研究中,人们往往更注重晶体的缺陷,因为缺陷对材料的性质起着至关重要的作用。分子力学可用于材料缺陷模拟。模拟过程包括物理模型的建立(最常见的是空位,抽出一个原子再进行几何优化)、建立原子间相互作用势和带缺陷晶体的弛豫过程。晶体缺陷计算机模拟的步骤如下。

(1) 物理模型的建立。

在进行晶体缺陷的模拟计算之前,必须建立一个带缺陷的晶格点阵。由于计算机运算速度和内存容量的限制,该点阵通常设置为有限尺寸和原子数目的原子集团,该原子集团由内部区域和外部区域两部分构成。整个原子集团首先按照晶格周期性构造,然后在内部区域中心引入所需研究的晶体缺陷,而外部区域相当于模拟理想无限大晶体。

(2) 建立原子间相互作用势。

EAM 势函数可以较好地描述晶格中各种原子的交互作用,在模拟过程中对缺陷点周围的原子逐一地建立能量表达式,得到各种点缺陷能量。

(3) 带缺陷晶体的弛豫过程。

静态弛豫法可以对引入缺陷后的晶格进行弛豫。弛豫时,内部区域的原子逐个弛豫,而外部区域作为边界区域,其原子不做弛豫。

图 7.21 为单晶硅晶界的分子力学模拟结果。

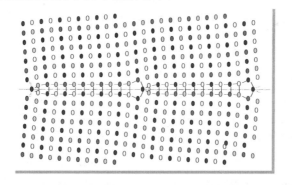

图 7.21 　较小晶面倾角($\theta = 9.53°$)下单晶硅晶界的一
种稳定结构

7.7.3 表面结构模拟

依照表面组成的具体情况,建立由原子形成的簇模型,建立这些簇模型主要考虑到以下几个因素:① 原子的晶体结构是建立模型的基本依据,模型的有关参数应来自该原子的理论数据;② 尽可能反映所要研究表面的特性,在表面研究中,模型选择一般只考虑表面附近 $1 \sim 3$ 层的原子;③ 最邻近原子间的相互作用是晶体中原子间最主要的相互作用。图 7.22 给出了导电聚苯胺薄膜表面的扫描隧道显微镜(STM)形貌图和相应的分子力学计算的构象模型。

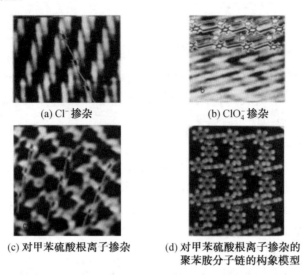

(a) Cl⁻ 掺杂　　　　　　(b) ClO₄⁻ 掺杂

(c) 对甲苯硫酸根离子掺杂　　(d) 对甲苯硫酸根离子掺杂的
　　　　　　　　　　　　　　聚苯胺分子链的构象模型

图 7.22　　导电聚苯胺薄膜表面的 STM 形貌图和相应的分
子力学计算的构象模型

由于计算能力的限制,对晶体这样理论上有无限多个原子所组成的周期性重复结构,计算时大多采用簇模型近似模型。选择原子簇计算模型时,除了考虑晶体的特征外,还要尽可能考虑晶体中各种元素的组成配比。

7.7.4　过渡态搜索与反应路径预测

分子力学可以进行过渡态搜索与反应路径预测。以分子力学用于经典成核理论与两步成核理论,研究吉布斯自由能随结晶过程的变化为例。100 多年前,吉布斯等提出"经典成核理论",即结晶过程是一些分子或原子偶然聚集在一起,碰巧以结晶形式排列,然后其他分子(原子)逐个附着,形成更大的结晶相,该结论得到了学术界的广泛认可。然而,经典成核理论也有诸多缺点。研究表明,蛋白质晶体的成核并不是沿着经典路线而是沿着更复杂的路线进行的,即两步法成核:第一步是形成足够尺寸的溶质分子团簇,第二步是团簇重新排列形成有序结构。图 7.23 给出了经典成核理论与两步成核理论中吉布斯自由能随结晶过程的变化。目前的实验和理论研究,证明了两步法成核理论不仅可以应用到生物大分子(如蛋白质)上还用到了有机小分子上,表明这一机理或许会成为大部分溶液析晶过程的基础。在液滴内从无序到有序结构团簇的形成,也就是第二步,决定晶体成核速率,这一步中分子复杂性增加,成核的时间变长,因为高度的构象灵活性,更复杂的分子形成最佳晶格结构会更困难。传统的成核剂材料,如矿物晶体、石墨烯、多孔材料如多孔硅等都曾作为成核剂用于蛋白质结晶实验中,这些成核剂的设计主要依赖于经典的成核理论,无法适用于构象灵活性强的绝大多数蛋白质分子。针对这一难题,材料界面研究中心和武汉中科先进技术研究院团队经过不断的设计和实验验证,最终将成核剂材料设计为具有超构表面的材料。

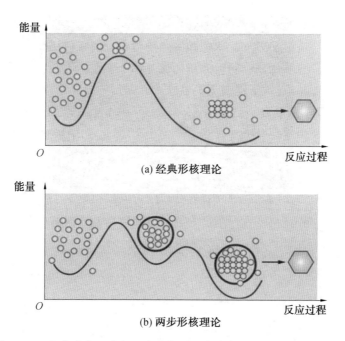

图 7.23 经典成核理论与两步成核理论中吉布斯自由能随结晶过程
的变化

7.7.5 结构变化预测

如图 7.24 所示,我国学者应用分子力学模拟了单壁碳纳米管被吸附时的径向变形,计算了单向径向形变对单壁碳纳米管吸附性能的影响。在(5,5)单壁碳纳米管对羟基吸附的计算中,随着形变增加,总能量和吸附能也相应增大,因为随着形变的进行,碳原子与碳原子之间的距离在减小,致使它们之间的排斥能不断增大。无论是在平滑区域还是在弯曲区域,碳——氧键长都随着形变的增加略有减小,且弯曲的地方减小得更明显。弯曲处,羟基与附近的碳原子相互作用比较强烈,致使其键长减小。

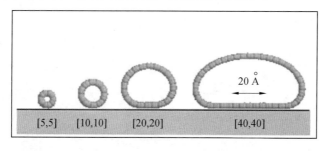

图 7.24 单壁碳纳米管被吸附时的径向变形的分子力学模拟

IBM 开发出了第一款基于纳米技术的集成电路(图 7.25)。此方法实施后,可以帮助科学家们更快地研制出可用的纳米计算机。这项技术的原理是,向纳米管发射一束激光,然后通过分析反射出的光线,就可以得出该纳米管的一些性能参数。这些参数对利用纳米管构建逻辑回路有很大帮助。

图 7.25 IBM 开发出了第一款基于纳米技术的集成电路

第8章　分子动力学与结构变化过程模拟

固体中的原子或分子的运动速度一般较小,质量相对于电子又大得多,其运动规律可以近似用经典力学和统计热力学进行描述。分子动力学(molecular dynamics)模拟通过牛顿方程的数值求解,模拟计算粒子的运动规律,结合统计热力学,阐明多粒子体系的宏观性质。分子动力学物理图像清晰,使用范围广,既可以模拟材料的静态性质,也可以模拟材料在外场作用下的动态特性,已经成为材料计算模拟的重要工具。分子动力学已经被广泛应用于晶体缺陷结构、表面与界面、材料变形与断裂以及微结构演化等研究。本章将介绍分子动力学基本原理和应用。

8.1　分子动力学基本原理

分子力场是分子的静态势函数,分子力学可确定其稳态结构。而实际过程通常是在一定温度和一定压力下发生的,更适合用分子动力学进行模拟。经典分子动力学包括三个基本假设:① 绝热近似,可将原子核的运动与电子的运动看作独立的;② 所有粒子的运动都遵循经典牛顿力学规律,且粒子间相互作用满足叠加原理(即忽略量子效应和多体作用);③ 有效作用势近似。

为了更切实际地了解体系运动和演化的过程,必须考虑体系中原子的运动,并与温度 T 和时间 t 建立联系。将微观粒子视为经典粒子,服从牛顿第二定律 $F = m\dfrac{\mathrm{d}^2 r}{\mathrm{d}t^2}$ 或 $F = ma = -\dfrac{\mathrm{d}P}{\mathrm{d}t}$;若各粒子的瞬时受力已知,可用数值积分求出运动的经典轨迹。如果原子间相互作用势根据量子化学从头计算确定而原子运动服从牛顿定律,则称为第一性原理分子动力学。

原子 i 在其他原子的作用势场 $E_i(r_i)$ 中运动,在平衡位置势能极小,受力为 0;一旦偏离平衡位置,势能升高,受力不为 0。双原子分子模型中,原子间相互势与相互作用力关系如图 8.1 所示。

由力场微分求得粒子偏离平衡位置所受的力:

$$f_{ij} = -\nabla u(r_{ij}) = \frac{48\varepsilon}{\sigma^2}\left[\left(\frac{\sigma}{r_{ij}}\right)^{14} - \frac{1}{2}\left(\frac{\sigma}{r_{ij}}\right)^8\right]r_{ij} \tag{8.1}$$

$$f_i = \sum_j (f_{ij}) \tag{8.2}$$

由牛顿第二定律建立该原子的运动方程:

$$ma_i = m\frac{\partial v_i}{\partial t} = m\frac{\partial^2 r_i}{\partial t^2} = f_i \tag{8.3}$$

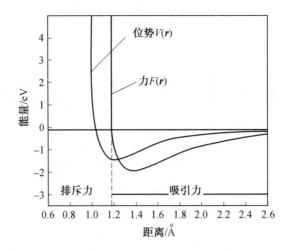

图 8.1　双原子分子原子间相互势与相互作用力关系

　　求解所有粒子运动方程,即可得该体系所有原子随时间变化的运动轨迹,求解方法基于离散化的方法。

　　设粒子 i 在时间 Δt 内的位移为 $\Delta \boldsymbol{r}_i$,在合适选定的时间步长 Δt 内,粒子可视作匀加速直线运动,粒子的加速度

$$\boldsymbol{a}_i^0 = \frac{\boldsymbol{F}_i^0}{m_i} \tag{8.4}$$

位移大小可表示为

$$\Delta \boldsymbol{r}_i = \boldsymbol{v}_i^0 \Delta t + \frac{1}{2} \boldsymbol{a}_i^0 (\Delta t)^2 = \boldsymbol{v}_i^0 \Delta t + \frac{\boldsymbol{F}_i^0}{2m_i} (\Delta t)^2 \tag{8.5}$$

$$\Delta x_i = \boldsymbol{v}_{ix}^0 \Delta t + \frac{\boldsymbol{F}_{ix}^0}{2m_i} (\Delta t)^2 \tag{8.6}$$

步长取值一般设置为 $\Delta t = 0.01 \sim 0.000\,1$ ps。

温度是原子或分子热运动剧烈程度的量度,分子动力学还考虑温度的计算。

　　根据统计热力学,对于 n 个原子的体系,体系的温度 T 与各原子的运动速率 $\boldsymbol{v}_i$ 的关系为

$$k_{\mathrm{B}} T = \frac{1}{3n} \sum_{i=1}^{n} m_i \boldsymbol{v}_i^2 \tag{8.7}$$

又因体系中各原子的速率为 $\boldsymbol{v}_i$ 时,动量 $\boldsymbol{p}_i = m_i \boldsymbol{v}_i$,对应总动能 $K(\boldsymbol{p})$ 为

$$K(\boldsymbol{p}) = \sum_{i=1}^{n} \frac{1}{2m_i} (p_{i,x}^2 + p_{i,y}^2 + p_{i,z}^2) \tag{8.8}$$

势能由力场确定为 $E(x)$,因此体系的哈密顿算符量 H 为

$$H(x, \boldsymbol{p}) = K(\boldsymbol{p}) + E(x) \tag{8.9}$$

　　与量子力学不同,经典力学对哈密顿算符不进行算符化处理,也不建立和求解本征方程,而是建立并求解经典运动式(因 $\mathrm{d}\boldsymbol{p}/\mathrm{d}t = m\mathrm{d}\boldsymbol{v}/\mathrm{d}t = m\boldsymbol{a} = F$),故

$$\frac{\mathrm{d}\boldsymbol{p}}{\mathrm{d}t} = -\frac{\partial H(x, \boldsymbol{p})}{\partial x} \tag{8.10}$$

$$\frac{\mathrm{d}x}{\mathrm{d}t} = -\frac{\partial H(x, \boldsymbol{p})}{\partial \boldsymbol{p}} \tag{8.11}$$

$$H = \frac{1}{2}\sum_{i=1}^{N}m_i\boldsymbol{v}_i^2 + V(\{r_i\}) \tag{8.12}$$

$$m_i\frac{\mathrm{d}^2}{\mathrm{d}t^2}r_i = -\frac{\partial}{\partial r_i}V(\{r_i\}) \tag{8.13}$$

以上是用 H 表示体系运动方程；还可采用拉格朗日函数形式的运动方程。

8.2　分子动力学模拟计算过程

分子动力学模拟流程图如图 8.2 所示。

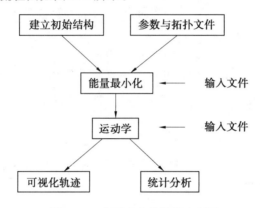

图 8.2　分子动力学模拟流程图

其中，将粒子运动轨迹可视化的软件有 VMD、Pymol 和 Chimera 等；统计程序有 MMTSB、GridMAT、HBAT 和 DSSP 等，也可利用程序自带的分析工具、自写脚本或利用第三方脚本进行统计分析。

具体流程如下：

（1）确定研究对象 —— 系综选择。

为了系统描述体系的热力学性质，设想有 M 个与研究体系系统结构完全相同热力学条件的体系，这些体系之间没有相互作用，称这 M 个体系的集合为统计系综。系综可以分为微正则系综、正则系综、等温等压系综、等压等焓系综。

① 微正则系综。微正则系综指系统原子数 N、体积 V、能量 E 保持不变，又称为 NVE 系综，是孤立、保守的系统。一般来说，无法得到给定能量的精确初始条件，能量的调整通过对速度的标度进行，这种标度可能使体系失去平衡，可以通过迭代弛豫达到平衡。

② 正则系综。正则系综指系统原子数 N、体积 V、温度 T 保持不变，且总能量保持不变，又称为 NVT 系综。保持温度不变可以通过虚拟热浴、系统动能固定和原子速度标度实现。

③ 等温等压系综。等温等压系综指系统原子数 N、压强 p、温度 T 保持不变，又称为 NPT 系综。压强 p 与体积共轭，可以通过标度系统的体积实现控压。

④ 等压等焓系综。等压等焓系综指系统原子数 N、压强 p、焓值 $H = E + PV$ 保持不变,在模拟中较少见。

⑤ 巨正则系综。许多实际问题是粒子数不守恒的开放体系,此时要选用巨正则系综。巨正则系综指粒子的化学势 μ、体系的体积 V 和温度 T 保持不变,又称为 μVT 系综。

分子动力学模拟首先要选定系综,而后建立计算单元并确定原子数。

对于同一对象,由于研究目的不同,可采用不同的统计系综。例如在模拟过程中如果体系的能量守恒,则要采用 NEV 系综;如果粒子数、体积和温度不变,则要采用 NTV 系综;而对于粒子数、压力和温度不变的情况,应该采用 NPT 系综;对于体系粒子数发生变化的情况,则要采用 μVT 系综。确定了研究对象和系综之后,在体系中取一个包含若干(百个)分子或离子的微元,通过对其性质研究,来获得所需要的宏观体系的有关性质。

(2)选择力场或建立势能模型。

势能模型的建立是进行分子动力学模拟最为重要的一个环节,可根据不同的研究体系和目标,选择或建立适当的势函数,并确定相应的力常数,即根据不同的研究体系和目标,选择力场。若无合适力场可选,需建立适当的势函数并参数化。

(3)建立粒子运动方程。

分子动力学方法的出发点是对物理系统确定的微观描述,可以用哈密顿方程描述或拉格朗日方程描述,也可以直接用牛顿运动方程描述。每种描述都将给出一组运动方程,具体形式由势函数形式确定。

(4)系统初始化。

模拟时首先要进行系统初始化,包括体系构形(粒子的初始位置)和粒子初始速度。

$$r_i \big|_{t=0} = r_i(0) \tag{8.14}$$

$$\frac{\mathrm{d}r_i}{\mathrm{d}t} \bigg|_{t=0} = v_i(0) \tag{8.15}$$

一个能量较低的起始构型是进行分子模拟的基础,分子的起始构型主要来自实验数据或量子化学计算。

每个原子的初速度,可以从初始温度分布 $T(r)$ 下的麦克斯韦-玻尔兹曼分布中随机选取。麦克斯韦-玻尔兹曼分布可以用 $0 \sim 1$ 之间均匀分布的随机数产生器的输出通过简单的变换而得到。

另外,在随机生成各个原子的运动速度之后须进行调整,使得体系总体在各个方向上的动量之和为零,即保证体系没有平动位移。粒子的平均速度大小如下:

$$\bar{v} = \sqrt{\frac{2k_B T}{m}} \tag{8.16}$$

玻尔兹曼能量分布图与多粒子体系速度初始化如图 8.3 所示。

(5)确定边界条件。

受计算机硬件的限制,不可能对一个真正的宏观系统直接实施模拟。通常选取很小的体系(几十个到数千个粒子)作为研究对象。但由于位于表面和内部的粒子受力差别

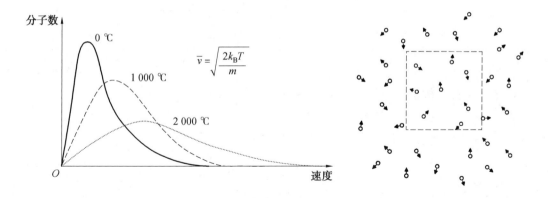

图 8.3 玻尔兹曼能量分布图与多粒子体系速度初始化

较大,将会产生表面效应。为消除此效应,同时建造出一个准无穷大体积,使其可以更精确地代表宏观系统,必须引入周期性边界条件:把小数体系看作一个中心元胞,此中心元胞被与其相同的其他元胞所包围,当某粒子离开中心元胞时,该粒子将在整个点格上移动以致它从中心元胞对面重新进入这个元胞。周期性边界条件设置如图 8.4 所示。

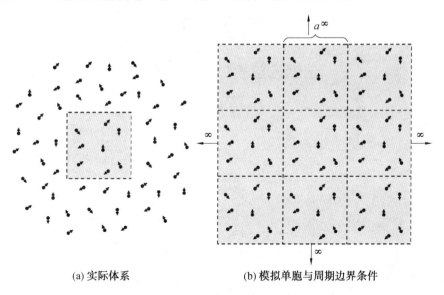

(a) 实际体系   (b) 模拟单胞与周期边界条件

图 8.4 周期性边界条件设置

有时也采用非周期边界,如进行单个分子模拟。这种方法可预测复杂有机分子可能的稳定异构体、分子量和元素成分已确定的未知化合物的可能分子结构。一般将分子用计算机"加热"至高温($\sim 1\ 000$ K),然后进行"逐步退火"MD 计算,在不同温度下取样作为初始构型,并用 MM 法作构型优化。

(6) 势能截断与极小像力约定。

对于粒子数为 N 的模拟体系,原则上任何两个粒子间都存在相互作用,那么在计算体系势能时须进行 $\dfrac{N(N-1)}{2}$ 次运算,一般情况下要占总模拟时间的 80% 左右,非常消耗机时。

　　为提高计算效率,在实际模拟过程中应进行位势截断。最为常用的方法是球形截断法,截断半径一般 2.5σ 或 3.6σ(σ 为粒子的直径),对截断距离之外粒子间相互作用能按平均密度近似的方法进行校正。图 8.5 给出了周期性边界条件下原子截断半径设置。

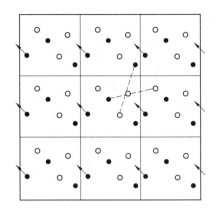

图 8.5　周期性边界条件下原子截断半径设置

　　极小像力约定是指在由无穷重复分子动力学基本元胞中,每一个粒子只同它所在的基本元胞内的另外 $N-1$ 个粒子或其最邻近的影像粒子发生相互作用。

　　分子动力学模拟计算流程图如图 8.6 所示,具体如下。

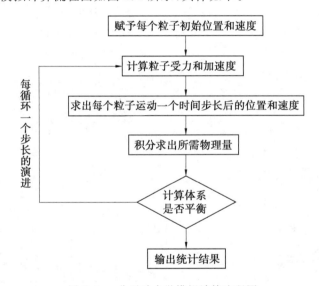

图 8.6　分子动力学模拟计算流程图

① 由原子位置和连接方式,调用力场参数并形成体系势函数;
② 由给定温度计算体系动能以及总能量;
③ 计算各原子势能梯度,得原子在力场中所受的力,即 $\mathrm{d}p/\mathrm{d}t = m\mathrm{d}v/\mathrm{d}t = m\boldsymbol{a} = F$;
④ 对每个原子,在一定时间间隔 Δt 内,用牛顿方程求解其运动行为;
⑤ 显示体系能量和结构;
⑥ 取下一时间间隔,返回步骤 ①。

不断循环反复,可设定循环次数或强行终止计算。

　　运动方程组的求解是采用数值计算的方法,即采用适当的格式对方程进行近似,以离散替代连续、以差分替代微分,建立一个有限差分格式;对该差分格式方程组进行求解,可以得到各粒子在不同时刻的位置和速度。体系达到充分平衡后,再经过几千、几万甚至几十万步的运算,体系的一些热力学参量可以通过统计平均得出。

8.3 分子动力学算法

分子动力学模拟的计算过程是通过运动式(牛顿方程、拉格朗日方程或哈密顿方程)的积分计算粒子的速度(动量),再通过粒子速度的积分计算粒子的坐标。所以分子动力学模拟的核心是运动方程的积分。其算法为数值积分,如采用有限差分法。目前已发展了多种适合分子动力学模拟的积分算法,包括 Verlet 算法、Leap frog 算法和 Velocity Verlet 算法等。

运动方程数值积分算法核心是时空离散化,在时间微元 Δt 后,粒子位置为 $r(t+\Delta t)$,可泰勒展开为

$$r(t+\Delta t)=r(t)+\dot{r}(t)\Delta t+\frac{1}{2}\ddot{r}(t)\Delta t^2+\cdots \tag{8.17}$$

即

$$r_{n+1}=r_n+v_n\Delta t+\frac{1}{2}\ddot{r}_n\Delta t^2+\cdots \tag{8.18}$$

由力场梯度计算粒子当前所受的作用力 f_n,可得

$$r_{n+1}=r_n+v_n\Delta t+\frac{1}{2}\left(\frac{f_n}{m}\right)\Delta t^2+\cdots+O(\Delta t^m) \tag{8.19}$$

这就是分子动力学最基本的离散化数值算法,由当前位置和速度及受力可计算下一步位置,从而获得相空间轨迹,其误差与泰勒展开级数能为 $O(\Delta t^m)$。

8.3.1 Verlet 算法

假定模拟计算的虚拟时间步长为 Δt,将 $(t+\Delta t)$ 和 $(t-\Delta t)$ 时刻的位置 $r(t+\Delta t)$ 和 $r(t-\Delta t)$ 作泰勒展开,有

$$r(t+\Delta t)=r(t)+v(t)\Delta t+\frac{1}{2}a(t)\Delta t^2+\frac{1}{3!}\frac{d^3r}{dt^3}\Delta t^3+O(\Delta t^4) \tag{8.20}$$

$$r(t-\Delta t)=r(t)-v(t)\Delta t+\frac{1}{2}a(t)\Delta t^2+\frac{1}{3!}\frac{d^3r}{dt^3}\Delta t^3+O(\Delta t^4) \tag{8.21}$$

式中,$v(t)$ 为粒子 t 时刻的速度;$a(t)$ 为加速度。

将上面两式相加,得

$$r(t+\Delta t)=2r(t)-r(t-\Delta t)+a(t)\Delta t^2+O(\Delta t^4) \tag{8.22}$$

当前速度可按下式计算:

$$v(t)=\frac{r(t+\Delta t)-r(t-\Delta t)}{2\Delta t}+O(\Delta t^2) \tag{8.23}$$

Verlet 算法是分子动力学模拟中求解常微分方程最通用的方法。可以算后一步,也可以算前一步,以步数为下标,重新书写,有

$$r_{n+1}=2r_n-r_{n-1}+\frac{f_n}{m}\Delta t^2+O(\Delta t^4) \tag{8.24}$$

$$v_n = \frac{r_{n+1} - r_{n-1}}{2\Delta t} + O(\Delta t^2) \tag{8.25}$$

式中，n 为步数；f 为粒子受的力。

可以发现用 r_n 计算 f_n；用 r_n、r_{n-1}、f_n 计算 r_{n+1}；注意式(8.23)和式(8.25)表明必须先得到 $(t+\Delta t)$ 时刻的位置才能计算 t 时刻的速度，即在 Verlet 算法中速度计算明显滞后于位置坐标的计算。

Verlet 算法流程如下：

（1）确定初始位置；

（2）规定初始速度；

（3）扰动初始位置

$$r(-\Delta t) = r(0) - v_i(0)\Delta t \tag{8.26}$$

（4）计算第 n 步的力；

（5）计算第 $n+1$ 步的位置

$$r_i(t + \Delta t) = 2r_i(t) - r_i(t - \Delta t) + a_i(t)\Delta t^2 \tag{8.27}$$

（6）计算第 n 步的速度

$$v_i(t) = \frac{r_i(t + \Delta t) - r_i(t - \Delta t)}{2\Delta t} \tag{8.28}$$

重复（4）～（6）。

Verlet 算法优点：位置精确，位置误差为 $O(t^4)$；每次积分只计算一次力；时间可逆。缺点：速度有较大误差 $O(\Delta t^2)$；同时轨迹与速度无关，无法与热浴耦联。

8.3.2　蛙跳(Leap frog) 算法

为了克服 Verlet 算法的缺点，防止速度计算滞后和舍入误差的积累，人们发展了 Leap frog 算法。设 n 为计算步数，有

$$v_{n+\frac{1}{2}} = v_n + a_n \frac{\Delta t}{2} + \frac{1}{2} \frac{\mathrm{d}^2 v_n}{\mathrm{d}t^2} + O(\Delta t^3) \tag{8.29}$$

$$v_{n-\frac{1}{2}} = v_n - a_n \frac{\Delta t}{2} + \frac{1}{2} \frac{\mathrm{d}^2 v_n}{\mathrm{d}t^2} - O(\Delta t^3) \tag{8.30}$$

将两式相减，得

$$v_{n+\frac{1}{2}} = v_{n-\frac{1}{2}} + a_n \Delta t + O(\Delta t^3) \tag{8.31}$$

或写为

$$v_{n+\frac{1}{2}} = v_{n-\frac{1}{2}} + \frac{f_n}{m}\Delta t + O(\Delta t^3) \tag{8.32}$$

又有

$$r_{n+\frac{1}{2}} = r_{n-\frac{1}{2}} + v_n \Delta t + O(\Delta t^3) \tag{8.33}$$

$$r_{n+1} = r_n + v_{n+\frac{1}{2}} \Delta t + O(\Delta t^3) \tag{8.34}$$

图 8.7 为 Leap frog 算法流程图。由图 8.7 可以看出，在 Leap frog 算法中，用 r_n 计算 f_n；用 f_n 和 $v_{n-\frac{1}{2}}$ 计算 $v_{n+\frac{1}{2}}$；用 r_n 和 $v_{n+\frac{1}{2}}$ 计算 r_{n+1}。可见在 Leap frog 算法中速度的计算比

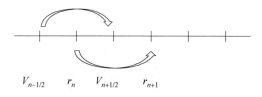

$$V_{n-1/2} \qquad r_n \qquad V_{n+1/2} \qquad r_{n+1}$$

图 8.7　Leap frog 算法流程图

位置坐标的计算提前半个步长。无论 Leap frog 算法还是 Verlet 算法,对于非线性微分方程的求解还是困难。

Leap－frog 算法流程如下。

(1) 规定初始位置;

(2) 规定初始速度;

(3) 扰动初始速度

$$v\left(-\frac{1}{2}\Delta t\right) = v(0) - \frac{1}{2}a_i(0)\Delta t \tag{8.35}$$

(4) 计算第 n 步的力;

(5) 计算第 $\dfrac{n+1}{2}$ 步的速度

$$v_i\left(t + \frac{1}{2}\Delta t\right) = v_i\left(t - \frac{1}{2}\Delta t\right) + a_i(t)\Delta t \tag{8.36}$$

(6) 计算第 $n+1$ 步的位置

$$r_i(t + \Delta t) = r_i(t) + v_i\left(t + \frac{1}{2}\Delta t\right)\Delta t \tag{8.37}$$

(7) 计算第 n 步的速度

$$v_i(t) = \frac{v_i\left(t + \dfrac{1}{2}\Delta t\right) + v_i\left(t - \dfrac{1}{2}\Delta t\right)}{2} \tag{8.38}$$

重复(4) ～ (7)。

Leap frog 算法的优点:速度精确度提高;轨迹与速度有关;可与热浴耦联。 缺点:不能在同一时刻求得速度和位置;t 时刻的速度是近似求得($v_n = (v_{n+1/2} + v_{n-1/2})/2$);与 Verlet 算法相比,花费时间较多。

8.3.3　速度 Verlet(Velocity Verlet) 算法

为同步确定粒子位置和速度,人们提出了 Velocity Verlet 算法:

$$r(t + \Delta t) = r(t) + v(t)\Delta t + \frac{1}{2}a(t)\Delta t^2 \tag{8.39}$$

$$v(t + \Delta t) = v(t) + a(t)\Delta t + \frac{1}{2}b(t)\Delta t^2 \tag{8.40}$$

$$a(t + \Delta t) = a(t) + b(t)\Delta t \tag{8.41}$$

将式(8.41) 的 $b(t)$ 代入式(8.40):

$$v(t + \Delta t) = v(t) + \frac{1}{2}\big[a(t) + a(t + \Delta t)\big]\Delta t \tag{8.42}$$

等价于

$$r_i(t + \Delta t) = r_i(t) + v_i(t)\Delta t + \frac{1}{2m}f(t)\Delta t^2 \tag{8.43}$$

$$v_i(t + \Delta t) = v_i(t) + \frac{1}{2m}\big[f(t) + f(t + \Delta t)\big]\Delta t \tag{8.44}$$

可见 Velocity Verlet 算法能同步确定粒子位置和速度,且速度计算更加准确。

Velocity Verlet 算法流程如下:

(1) 确定初始位置;

(2) 规定初始速度;

(3) 计算第 $n+1$ 步的位置

$$r_i(t + \Delta t) = r_i(t) + v_i(t)\Delta t + \frac{1}{2}a_i(t)\Delta t^2 \tag{8.45}$$

(4) 计算第 $n+1$ 步的力;

(5) 计算第 $n+1$ 步的速度

$$v_i(t + \Delta t) = v_i(t) + \frac{1}{2m}\big[f(t) + f(t + \Delta t)\big]\Delta t \tag{8.46}$$

重复(3)～(5)。

三种算法计算过程比较如图 8.8 所示。

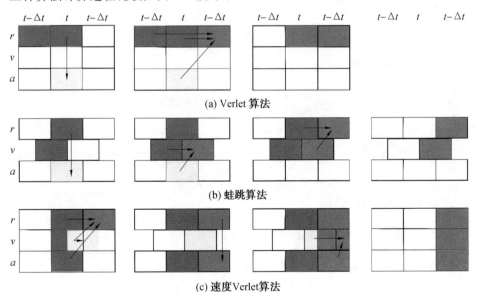

图 8.8　三种算法计算过程比较(彩图见附录)

8.4 分子动力学模拟结果的分析

分子动力学结构及性质流程图如图 8.9 所示。输入信息包括粒子之间的相互作用、温度和压力等。输出信息包括原子的位置坐标,三维结构,原子的坐标、速度等,进一步可以分析动力学性质和热力学性质。

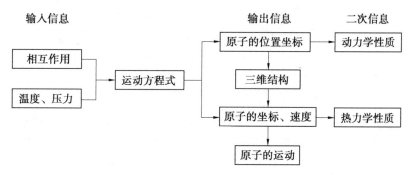

图 8.9　分子动力学结构及性质流程图

(1) 结构分析。结构分析主要基于各种相关函数分析,包括径向分布函数、角度分布函数等。图 8.10 给出了径向分布函数的例子。径向分布函数可以由中子衍射和 X 射线衍射直接测量得到。

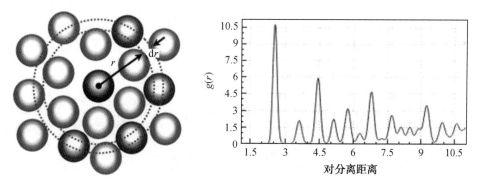

图 8.10　径向分布函数

(2) 均方差位移(Mean-Squaredeviation,MSD)。通过均方差位移分析,可以监测模型体系的平衡情况,也可以用来计算扩散系数。

$$\langle R^2(t) \rangle = \frac{1}{N} \left\langle \sum_{i=1}^{N} \left[\boldsymbol{R}_i(t+s) - \boldsymbol{R}_i(s) \right]^2 \right\rangle_s = \frac{1}{M} \sum_{m=1}^{M} \frac{1}{N} \sum_{i=1}^{N} \left[\boldsymbol{R}_i(t+s_m) - \boldsymbol{R}_i(s_m) \right]^2 \tag{8.47}$$

$$D = \lim_{t \to \infty} \frac{\langle R^2(t) \rangle}{6t} \tag{8.48}$$

式中,M 为初始结构的数目。图 8.11 所示为分子动力学模拟给出的粒子均方差位移随温度变化图。

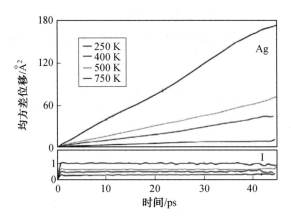

图 8.11 粒子均方差位移随温度变化图（彩图见附录）

（3）各种自相关函数（auto－correlations）。各种自相关函数包括速度自相关函数（VACF）和偶极自相关函数（DACF）。速度自相关函数主要用来表征体系中粒子的扩散行为，也可以用来计算体系的振动态密度谱（VDOS）；偶极自相关函数可以用来模拟体系的红外光谱。值得一提的是，VDOS 与 DACF 相比，不但含有体系的红外光谱，还包括拉曼光谱。

分子动力学模拟输出参量流程图如图 8.12 所示。

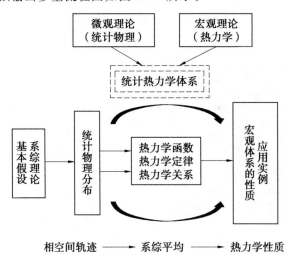

图 8.12 分子动力学模拟输出参量流程图

例如一个宏观物理量 A，它的测量平均值为 $\overline{A}$。如果已知初始位置和动量为 $\{r^{(N)}(0)\}$ 和 $\{p^{(N)}(0)\}$（上标 N 表示系综 N 个粒子的对应坐标和动量参数），选择某种分子动力学算法求解具有初值的问题的运动方程，便得到相空间轨迹 $(\{r^{(N)}(t)\}, \{p^{(N)}(t)\})$。

$$\overline{A} = \lim_{t' \to \infty} \frac{1}{(t' - t_0)} \int_{t_0}^{t'} A(\{r^{(N)}(\tau)\}, \{p^{(N)}(\tau)\}) \, \mathrm{d}\tau \tag{8.49}$$

$$\overline{E}_k = \lim_{t' \to \infty} \frac{1}{(t' - t_0)} \int_{t_0}^{t'} E_k(\{p^{(N)}(\tau)\}) \, \mathrm{d}\tau \tag{8.50}$$

在模拟过程中计算出的宏观物理量是在不连续的路径上的值,故可表示为在时间的各个间断点 μ 上计算物理量的平均值:

$$\bar{E}_k = \frac{1}{n-n_0} \sum_{\mu > n_0}^{n} \sum_{i=1}^{N} \frac{(p_i^2)^{(\mu)}}{2m} \tag{8.51}$$

$$\bar{U} = \frac{1}{n-n_0} \sum_{\mu > n_0}^{n} \sum_{i<j} \sum_{ij} u(r_{ij}^{(\mu)}) \tag{8.52}$$

其中,不仅时间间隔可根据需要取不同大小(一般约 1 fs $= 10^{-15}$ s),温度可以任意设定,还可以在循环过程中逐渐改变温度,即研究体系的退火行为。

有时需要进一步考虑外场的作用,如压力、电场、磁场、重力场等。原则上讲,这些问题都不难解决,而且有关理论和方法还在进一步发展中。

8.5 分子动力学发展和局限性

8.5.1 发展简史

分子动力学方法在 20 世纪 50 年代提出,经过了不断的发展和完善。1957 年,Alder 与 Wainwright 提出了基于刚球势的分子动力学法。1964 年,Rahman 提出了质点系分子动力学方法。1971 年,Rahman 与 Stillinger 提出了刚体系分子动力学方法。1977 年,Rychaert 等提出冷热约束系分子动力学方法。1980 年,形成了恒压分子动力学方法,如 Andersen 方法、Parrinello – Rahman 法。1983 年,Gillan 与 Dixon 提出了非平衡系统分子动力学方法。1984 年,Nose 提出了恒温分子动力学方法。1985 年,分子动力学法和第一性原理计算结合,形成了第一性原理分子动力学法(Car – Parrinello(CP)法)。1991 年,Cagin 与 Pettit 提出了巨正则系综分子动力学方法。

8.5.2 局限性

分子动力学法存在以下局限性。① 有限观测时间:约 10^{-9} s。② 有限系统大小:受计算能力限制,所处理体系不可能太大,性能高的计算机可达到数十万 ～ 百万个原子的规模(20 ～ 50 nm 以下 /MD 10^6 ～ 10^8 个原子)。③ 分子动力学方法存在一些本质的缺陷,如势函数精度不高,即势函数形式在每次计算中都不变,故不能模拟如分子在高温下结构发生断裂的热裂解过程。

8.6 分子动力学的应用

8.6.1 应用特点

分子动力学适用于原子尺度的结构特征及其动态演变过程以及与微观结构对应的宏观物理性质的预测;也可用于研究与外场耦合的微观结构变化与动力学响应。这里外场包括温度场、力场、电场、磁场等。近年来形成了多尺度分子动力学,图 8.13 给出了多尺度分子动力学模拟示意图。

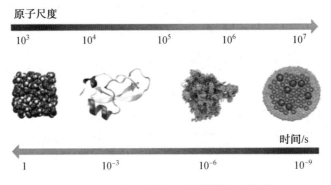

图 8.13 多尺度分子动力学模拟示意图

8.6.2 应用范围和领域

分子动力学的使用范围包括:① 分子与凝聚态结构(键长、键角、配位数、聚合度、分子构象、径向分布函数、晶体结构、晶格常数、界面与缺陷结构等);② 输运性质(传质、扩散等);③ 热力学性质(自由能、化学势等);④ 动力学性质(黏度、振动等);⑤ 动态过程再现(升温、淬火、加压、加外场等)。

分子动力学可用于高分子、生命科学、药物设计、催化、半导体、其他功能材料、结构材料等。分子模拟较早应用于高分子问题的研究,现在在生物科学和药物设计中应用也十分普及,如蛋白质的多级结构与性质、病毒、药物作用机理研究及特效药物的大通量筛选与快速开发等。在化学领域,用于表面催化与催化机理、溶剂效应、原子簇的结构与性质研究等;在材料科学领域,用于材料的优化设计、结构与力学性能、热加工性能预报、界面相互作用、纳米材料结构与性能研究等。

8.6.3 分子动力学模拟程序

分子动力学显示了强大的生命力,现已开发了多种分子动力学模拟程序,其使用对象、特点各有不同。

用于材料的动力学模拟有 Lammps、DL_POLY、GULP(Material Studio) 等。用于生物体系的动力学模拟程序有 Gromacs、Amber、CHARMM。其中,Gromacs 用户最多、速度最快、灵活程度高;Amber 教程详细、入门容易、有高级功能、速度一般;CHARMM 则小众化。

聚合物、有机分子模拟分子动力程序有 Forcite(Material Studio)、Discover(Material Studio) 和 Tinker。耗散粒子动力学 (Dissipative Particle Dynamics,DPD) 模拟有 DPDmacs、HOOMD — blue、DPD(Material Studio)、Mesocite(Material Studio)。

耗散粒子动力学(DPD) 离散化采用粗粒化模型;相互作用包括简谐守恒相互作用(保守力)、运动单元之间的黏滞阻力(耗散力)和保持不扩散对系统能量输入(随机力)。

力场采用软势;运动方程为牛顿运动方程,初始条件包括坐标、初速度;外部环境设定包括温度、压力等。因程序结构相对简单,近年来在国内外发展较快。

分子力学(MM)和分子动力学(MD)都基于分子力场,但是各有特点。从输入看,MD 要求体系模型建模(builder),选择力场、系综,MM 无特殊输入。MD 可以循环数万 ～ 几十万次,可改变处理温度、时间间隔(fs)、外场、温度变化速率等。从输出看,MM 能输出势能－结构曲线(数值)、动态结构图和其他性质,MD 除输出势能－结构曲线(数值)、动态结构图外还可以输出其他 MD 性质。注意第一性原理及 MM 一般只能得到势能极小点结构,而 MD 可越过一些小的势垒,甚至可达到极小点。

8.6.4 MD 在材料科学领域的研究进展

(1)原子尺度上的材料结构的模拟。

Wang 等通过分子动力学模拟对拉伸和压缩过程中材料的微观组成单元组织结构的演变行为进行了模拟。图 8.14 为不同应变下碳材料拉伸过程的原子快照。可以观察到,在 x 方向的单轴力的作用下,局域晶化碳团簇内弯曲片段发生了偏转,最终片段的分布取向与载荷方向平行。

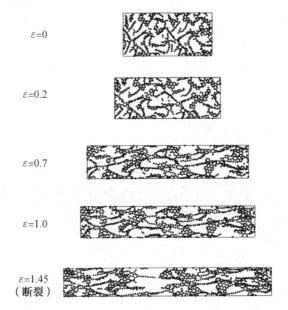

$\varepsilon=0$

$\varepsilon=0.2$

$\varepsilon=0.7$

$\varepsilon=1.0$

$\varepsilon=1.45$
(断裂)

图 8.14　不同应变下碳材料拉伸过程的原子快照
(彩图见附录)(三个卷曲片段以红色高亮
显示,以显示变形行为)

图 8.15 为不同应变下碳材料压缩过程的原子快照。可以观察到,在动态压缩期间,模型不同部分的片段发生屈曲和塌陷。具体来说,在初始阶段,一些片段明显弯曲(左下角与加载方向成大角度的片段)。对比之下,几个片段相对于相邻片段发生滑动(与加载方向成小角度的片段),相邻片段之间发生剪切。随着施加的压缩应变量的增加,卷曲片段相互靠近。在压缩应变达 50% 时,非晶模型发生致密化,亚纳米尺寸的空洞塌陷和消失。

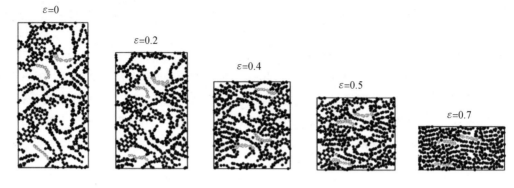

图 8.15　　不同应变下碳材料压缩过程的原子快照（彩图见附录）

（三个卷曲片段以黄色高亮显示，以显示变形行为）

（2）团簇及纳米结构与性质。

Sun 等通过分子动力学模拟方法对具有大塑性变形的各向同性纳米多晶石墨材料变形机制进行了模拟。图 8.16 为在动态压缩过程中，不同应变量下纳米多晶石墨材料的原子快照。从图中可以观察到，取向与加载方向平行的纳米晶粒发生变形，并沿着与加载方向垂直的方向逐渐旋转，直至在最终压缩应变下，它们的取向与加载的方向垂直（这些晶粒分别标记为 1 和 2）。与此同时，如三个白色虚线圆圈所示，可以观察到模型的不同部位处的晶界滑移，且随着变形量的逐渐增加，部分晶粒逐渐消失。

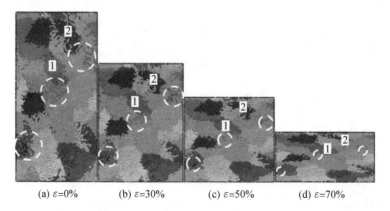

(a) $\varepsilon=0\%$　　　(b) $\varepsilon=30\%$　　　(c) $\varepsilon=50\%$　　　(d) $\varepsilon=70\%$

图 8.16　　不同应变量下纳米多晶石墨材料的原子快照（彩图见附录）

（3）位错等晶格缺陷及界面结构。

Wei 等基于分子动力学模拟对奥氏体钢晶间断裂过程中位错密度的变化进行了统计，其统计结果如图 8.17 所示，其中，总位错密度包括部分位错和阶梯杆位错。结果表明，位错密度峰值随着温度的升高而增加。同时可以发现，不同温度下裂纹扩展过程中的位错密度和扩散速率是不同的。对 10 K 下伴随裂纹扩展的原子过程进行分析，可以观察到，裂纹扩展过程中形成的位错很少，产生的孪晶区很小。在 100 ~ 300 K 时，位错数量增加，并在小区域内生成交错的位错网络。此外，位错运动中产生的孪晶区沿晶界对称分布情况比 10 K 时显著增加。随着温度升高到 423 ~ 573 K 时，晶体内部出现少量非晶体原子。此外，位错数量进一步增加，形成更大面积的位错交织网络，孪晶区相对于 300 K 明显加宽。当温度高达 $723 \sim 873$ K 时，晶体内部会产生大量非晶体原子，与 573 K 相比，位错数量略有增加，孪晶区基本上没有变宽。由于孪晶区的形成与位错运动的扩散有关，因此上述现象的实质是位错与温度之间的协同关系。此外，通过将应变为 0 的时间定义为 0 ps，位错形核时间随着温度的升高而不断增加。然而，873 K 时位错形核时间介于 $300 \sim 573$ K，这与此特征不符。此外，位错密度增加的速率随着温度的升高而加快，10 K 时为 27.2×10^{10} cm^{-2}/ps，873 K 时为 94.2×10^{10} cm^{-2}/ps。对于位错湮没，100 K 与 873 K 时的湮没速率基本相同，而 10 K 时的湮没速率要小得多。

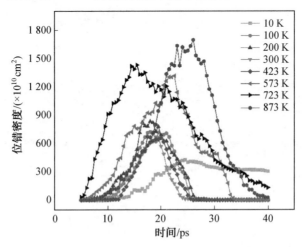

图 8.17　奥氏体钢晶间断裂过程中位错密度的变化

（4）裂尖变形与断裂行为。

Wei 等基于分子动力学模拟对奥氏体钢晶间断裂过程进行了模拟表征。对裂纹扩展过程中微观组织和位错的演变进行了观察。模拟得到的奥氏体钢在 300 K 下的裂纹扩展行为如图 8.18 所示。图 8.18(a) 为加载时间为 $t=12$ ps 时的原子快照。可以观察到，裂纹尖端在 $-x$ 和 $+x$ 两个方向都产生了肖克莱（Shockley）不全位错。$+x$ 方向的部分位错的伯格斯（Burgers）矢量为 $[1\overline{1}0]$，滑移面为 $(\overline{1}11)$ 和 $(1\overline{1}1)$。此外，$-x$ 和 $+x$ 方向的位错在裂纹周围呈对角分布，这主要与裂纹尖端的剪切力有关。通常，在两个平行的肖克莱部分位错之间有一个层错带。随着模拟的进行，在 $t=15$ ps 时（图 8.18(b)），平行于初始位错的部分位错不断产生，导致多个层错。然而，在 $t=15$ ps 时发现的无序原子没有产生位错或层错，这表明剪切应力为在无定形形成上耗尽。在部分位错的激发过程中，孪晶过程的不断发生使孪晶区变宽。此外，无序原子出现在第三个层错的尾部，在 $-x$ 方向与层错方向成 $60°$ 角。这是由孪晶过程中未消耗的剪切应力作用形成的。图 8.18(c) 为加载时间为 $t=17.5$ ps 时的原子快照。随着进一步变形，裂纹尖端产生微孔。此外，微孔增长并与初始裂纹合并，裂纹扩展。在此期间，扩展裂纹尖端产生了新的位错和层错，孪晶区进一步扩展。此外，阶梯杆位错是由裂纹尖端两侧的 Shockley 部分位错产生的。当加载时间达到 19.5 ps 时，如图 8.18(d) 所示，位错进一步扩散，同时伴随之前出现的一些错位的消失。

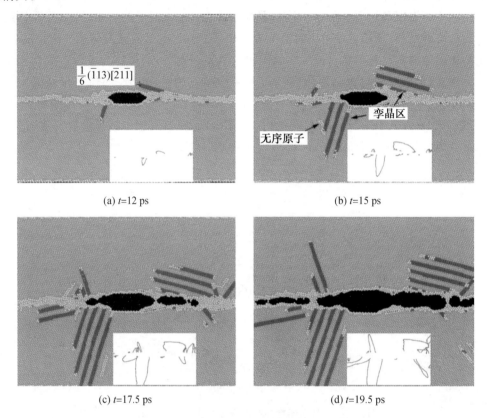

(a) t=12 ps (b) t=15 ps

(c) t=17.5 ps (d) t=19.5 ps

图 8.18 300 K 下裂纹扩展过程中微观结构和位错的演变

（5）原子尺度上的材料合成和设计。

Wang 等通过分子动力学模拟对三维自组装块状非晶碳材料 sp^2 键含量（质量分数）进行了设计。研究中设计了三个具有不同 sp^2 键含量的模型，分别为模型 A、B 和 C,3 个模型的 sp^2 键含量依次降低。通过分子动力学方法，在 300 K 下以恒定应变速率分别对其进行了单轴拉伸计算，同时，对 3 个非晶碳材料模型的力学行为进行了表征，并对其在拉伸过程中的 sp^2 键含量进行了统计。模拟应力－应变曲线如图 8.19(a) 所示。拉伸过程中模型 sp^2 键含量的变化如图 8.19(b) 所示。从图 8.19(a) 可以看出，随着 sp^2 键含量的降低，模型的强度和弹性模量伸长率均降低。从图 8.19(b) 可以看出，模型 A 的 sp^2 键含量在拉伸后从 98.99％ 下降到 81.43％，说明拉伸过程伴随着键的转变或断裂。从整体来看，随着拉伸过程的进行，sp^2 键含量的减少导致了新的 sp^3 键的形成或共价键的最终断裂。同时可以发现，B 模型和 C 模型的强度和模量均低于 A 模型，是由于它们的原始模型的 sp^2 键含量与 A 相比较低，并且 sp^2 键含量降低的程度越大，强度和模量的损失越大。其模拟结果对于非晶碳材料结构的设计具有理论指导意义。

（6）表面结构弛豫、吸附与催化。

为了获得热力学平衡系统，Wang 等在 300 K 下对 3 个非晶碳材料（试样 A、B 和 C）和

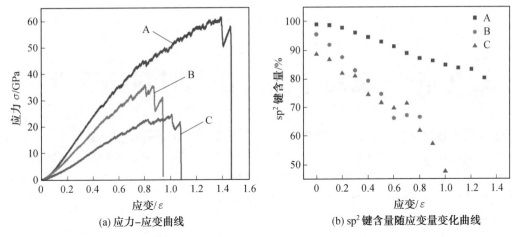

(a) 应力–应变曲线　　　　　　　　　(b) sp^2 键含量随应变量变化曲线

图 8.19　三个片状非晶碳材料模型的应力－应变曲线及 sp^2 键含量随应变量变化曲线

3 个多晶石墨材料(试样 A1、B1 和 C1)进行弛豫,弛豫过程中保持恒定压力为 0 bar。将 X、Y 和 Z 三个方向耦合在一起,通过 NPT 系综确保模型的各向同性,弛豫时间为 50 ps。表 8.1 列出了弛豫前后模拟样品密度的变化。可以看出,弛豫后样品密度均发生了不同程度的降低,同时伴随着样品体积膨胀,得到了稳定的结构构象。

表 8.1　弛豫前后模拟样品密度的变化

样品	A	B	C	A1	B1	C1
弛豫前密度 /$(g \cdot cm^{-3})$	2.25	2.25	2.25	2.25	2.25	2.25
弛豫后密度 /$(g \cdot cm^{-3})$	1.85	1.74	1.59	1.95	1.93	1.85

第9章　蒙特卡洛方法与材料计算设计

蒙特卡洛方法(MC)是一种随机方法,遵循系综行为的统计规律。蒙特卡洛方法将所研究对象视为大量相同体系(系综)中的一个体系,按照一定规律依次检测这些体系所处的状态,再对系综进行平均。MC方法是材料模拟中的一种非常重要的工具。本章介绍蒙特卡洛方法的原理、算法和材料研究中的应用。

9.1　蒙特卡洛方法简史

9.1.1　蒙特卡洛方法的起源和发展

蒙特卡洛方法是一种基于"随机数"的模拟计算方法,源于美国在第二次世界大战期间进行的研制原子弹的"曼哈顿计划"中对裂变材料的中子输运过程研究(图9.1),由该计划的主持人之一、数学家冯·诺伊曼(John von Neumann)命名。

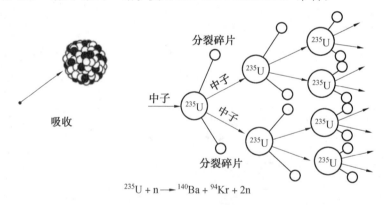

$$^{235}U + n \longrightarrow {}^{140}Ba + {}^{94}Kr + 2n$$

图 9.1　^{235}U 原子核裂变链式反应

事实上,蒙特卡洛方法的基本思想很早以前就被人们所发现和利用。早在17世纪,人们就知道用事件发生的"频率"来决定事件的"概率"。1768年,法国数学家布冯(Buffon)提出用投针实验法(图9.2)确定圆周率 π 值。这是蒙特卡洛方法的最早尝试。

假设平面上有无数条距离为1的等距平行线,现向该平面随机投掷一根长度为 $l(l \leqslant 1)$ 的针,随机投针指的是针的中心点与最近的平行线间的距离 x 均匀地分布在区间[0, 1/2]上,针与平行线的夹角 j(无论相交与否)均匀分布在区间[0, p]上。因此,针与线相交的充要条件是 $x \leqslant \dfrac{l}{2}\sin\varphi$。

从而针线相交的概率为

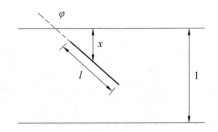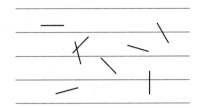

图 9.2　布冯投针实验

$$p \triangleq P\left(X \leqslant \frac{l}{2}\sin\varphi\right) = \int_0^\pi \int_0^{\frac{l}{2}\sin\varphi} \frac{2}{\pi}\mathrm{d}x\,\mathrm{d}\varphi = \frac{2l}{\pi} \tag{9.1}$$

根据式(9.1),若做大量的投针实验并记录针与线相交的次数,则由大数定理可以估计出针线相交的概率 p,从而得到 p 的估计值。历史上曾有几位学者相继做过这样的实验,表9.1给出了历史上的投针实验结果。可见人工进行这种实验既费时费力,精度又不够高。

表 9.1　历史上的投针实验

实验者	年份	针长 $(x \cdot l(0 \leqslant x \leqslant 1))$	投针次数 n	相交次数 k	π 的实验值
Wolf	1850 年	0.8	5 000	2 532	3.159 6
Smith	1855 年	0.6	3 204	1 219	3.155 4
De. Morgan	1860 年	1	600	383	3.137
Fox	1884 年	0.75	1 030	489	3.159 5
Lazzerini	1901 年	0.83	3 408	1 801	3.141 592 9
Reina	1925 年	0.54	2 520	859	3.179 5

1930 年,Enrico Fermi 利用蒙特卡洛方法研究中子扩散,并设计了一个蒙特卡洛机械装置 Fermiac,用于计算核反应堆的临界状态。

冯·诺伊曼是蒙特卡洛方法的正式奠基者,与 Stanislaw Ulam 合作建立了概率密度函数、反累积分布函数的数学基础,以及伪随机数产生器。1946 年 6 月,冯·诺伊曼等完成了关于《电子计算装置逻辑结构设计》的研究报告,提出了制造电子计算机和程序设计的新思想,给出了由存储器、控制器、运算器、输入和输出设备等五个基本部件组成的现代计算机体系结构,被称为冯·诺依曼计算机(单指令顺序存储程序式计算机)。图 9.3 给出了冯·诺依曼计算机的体系结构。

20 世纪 40 年代末电子计算机的出现,特别是近年来高速电子计算机的发展,使得用数学方法在计算机上大量、快速地进行随机抽样实验成为可能。冯·诺伊曼在 50 年代初还提出了元胞自动机的雏形(图 9.4),初衷就是为自然界的自我复制和生物发展提供一个简化模型。

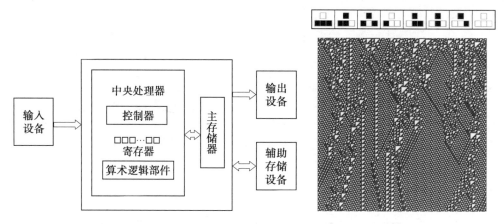

图 9.3　冯·诺依曼计算机的体系结构　　　　图 9.4　元胞自动机的雏形

　　还有一个著名的例子是利用蒙特卡洛方法求不规则"图形"的面积（图 9.5），向边长为 1 的正方形"随机地"投掷 N 个点（数学上可用"随机数生成器"来完成这项工作），假设有 M 个点落于"图形"内，$A \approx M/N$。

　　再回到历史上著名的布冯投针实验，若人工实施，费时费力，利用计算机进行布冯投针实验模拟效率则大为提高。图 9.6 和表 9.2 给出了相关的模拟结果。

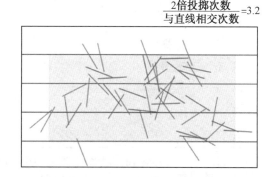

$$\frac{2倍投掷次数}{与直线相交次数} = 3.2$$

图 9.5　求不规则"图形"的面积　　　　图 9.6　计算机模拟布冯投针实验

表 9.2　随机投点实验

a	b	N	相交次数	π 的估计值
45	36	10 000	5 139	3.113 4
45	36	100 000	50 992	3.137 7
45	36	500 000	254 722	3.140 7

　　蒙特卡洛求 π 算法可以进行改进，采用图 9.7 所示的方法进行，30 000 次随机投点后 π 估算值误差为 0.07%。

$$\pi \approx \frac{圆内的点数}{总点数} \times 方块的面积 \tag{9.2}$$

　　蒙特卡洛方法由于其简单性、灵活性和普遍性，已在自然科学、社会科学和工程技术各领域获得广泛应用。

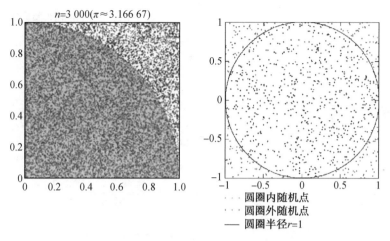

图 9.7 蒙特卡洛求 π 算法改进（彩图见附录）

最早利用计算机模拟研究统计力学体系以及相关物理问题的是米特罗波利斯（Metropolis）等于1953年在美国洛斯·阿拉莫斯国家实验室的第一代电子计算机上完成的，并由此建立了计算机模拟的蒙特卡洛方法。1968年，Wood建立了正则系综的蒙特卡洛方法；1969年，Norman和Filinov建立了巨正则系综的蒙特卡洛抽样方法；1987年，Panagiotopoulos把蒙特卡洛方法应用于吉布斯系综。

在粒子与材料相互作用方面，先后出现了以两体碰撞近似为基础的 MARLOW、TRIM 等著名的标准程序，并被广泛应用于载能粒子与材料相互作用的注入射程分布、靶材料原子的级联运动、辐照损伤、能量沉积和离子注入的界面混合等问题的研究。

1986年，Voter在格子气（lattice-gas）模型的基础上提出了描述表面原子运动的一个新的蒙特卡洛方法，即运动学蒙特卡洛（Kinetic蒙特卡洛）方法。运动学蒙特卡洛方法一出现，就被迅速应用于薄膜生长的过程模拟，成为薄膜生长机制研究的一个重要的研究方法。

蒙特卡洛模拟在自然现象模拟、社会科学和金融学中也应用广泛。如在自然现象的模拟中，可以很好地模拟宇宙射线在地球大气中的传输过程、高能物理实验中的核相互作用过程，如图9.8所示。

排队系统模拟是蒙特卡洛应用于社会科学的一个非常典型的例子（图9.9）。

在排队系统模拟中，服务规则为先到先服务。假设：① 顾客到达遵循泊松分布；② 服务时间服从一般分布；③ 到达间隔与服务时间相互独立。目标指标包括：① 时刻 t 时，系统中的顾客数，即队长的分布；② 顾客的等待时间；③ 服务的忙碌程度。用蒙特卡洛方法可以得到这些指标的估计。

蒙特卡洛模拟在社会科学中应用的另外一个例子是道路交通系统模拟，即 Nagel-Schreckenberg 模型。该模型设定车辆运动规则如下：当前速度为 v；如果前面没有车，它在下一秒的速度会提高到 $v+1$，直到最高限速；若前面有车距离为 d，且 $d < v \cdot 1$ s，下一秒的速度会降低到 $d-1$；此外，司机还会以概率 p 随机减速，下一秒的速度降低到 $v-1$。在一条直线上（单车道），随机产生 100 个点，代表路上 100 辆车，另取概率 p 为 0.3。图

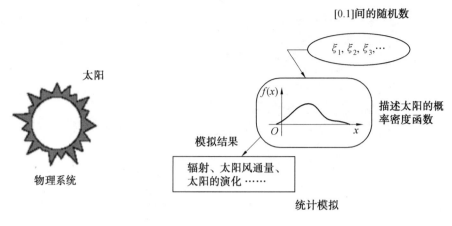

图 9.8　自然现象 MC 模拟

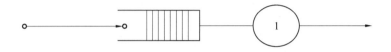

图 9.9　排队系统 MC 模拟

9.10 为道路交通系统 MC 模拟结果。可见,由于司机随机加减速行为,即使单车道亦会堵车。

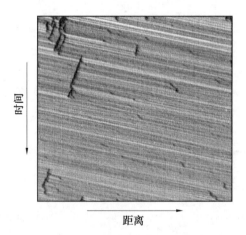

图 9.10　道路交通系统 MC 模拟结果

　　1977 年,Boyle 首先把蒙特卡洛方法引入金融经济分析领域,并用来解决期权定价问题。此后 30 多年,国外金融经济分析蒙特卡洛模拟发展迅速,文献呈海量增加。2000 年以后就出版了几部专著,如 Jäckel(2001),Glasserman(2003),McLeish(2005),Dagpunar(2007),Kroese、Taimre、Botev(2011) 也论述蒙特卡洛方法在金融分析中的应用。

9.1.2　蒙特卡洛方法的发展动力

蒙特卡洛方法虽然已经发展多年,但仍然具有强大的生命力,蒙特卡洛方法理论发展的要求为其提供了内部动力,应用问题的高维性和复杂性为其提供了外部动力。

1. 内部动力

蒙特卡洛方法的数学性质决定其具有收敛速度慢、计算精度较低等问题,这方面亟待提高。随机数方面,要求真随机数具有更快的产生速度;要求伪随机数在具有更高的产生速度、更长的周期的同时,还具有与真随机数相同的均匀性和独立性。随机数的理论检验方法也需要发展,统计检验方法要求更为严格。概率分布抽样方法要求样本更加精确,抽样效率更高,适应能力更广泛。同时,还寻求降低方差的技巧和提高效率的方法。

2. 外部动力

(1) 外部动力首先源于高维性问题。如求解粒子输运和稀薄气体动力学的玻尔兹曼方程,物理学上的统计系综有六维的相空间,如果粒子发生 M 次碰撞,或者有 M 个系综粒子,则将是 $6M$ 维的高维问题。在系统工程和运筹学中,会遇到各态历经模拟和瞬态现象,问题的维数变得很高。金融经济的多资产期权定价也是高维问题,亚式期权定价是 252 维积分,30 年抵押契约问题是 360 维,10 个路径相依资产 360 时间点的期权定价就是 3 600 维问题。高维数据分析已经成为国际统计学的前沿领域。著名的统计学家贝叶斯曾说,高维积分数值解曾使得"贝叶斯分析"陷入困境。从某种意义上讲,是统计学的困难孕育了蒙特卡洛统计学方法。高维问题数值解的误差将随着维数的增加而迅速增加,其消耗的计算时间将随着维数的增加而呈指数增长,这称为维数灾难或维数诅咒,而蒙特卡洛方法处理高维问题,其误差与维数无关。解决高维性问题成为蒙特卡洛方法的最大优势,是蒙特卡洛方法发展的最大动力。

(2) 外部动力还源于复杂性问题。应用领域遇到的实际问题、内部结构和边界条件都很复杂。应对复杂问题,过去不得已的办法是化繁为简,对数学模型进行简化假设,使得数值方法能够得到近似解,其结果可能是因为模型过于简化,得到的近似解与实际结果可能相差很大,且这些近似方法都带有迂回战术色彩。蒙特卡洛方法是直接模拟实际的复杂系统,具有直接解决问题的能力,受问题的条件限制的影响不大。例如,粒子输运、截面问题,与能量有关的问题,散射各向异性问题,介质非均匀问题,几何形状复杂问题以及与时间有关的问题等,数值方法处理起来相当困难,而蒙特卡洛方法是解决这些复杂问题的能力很强的方法,它能够处理一些其他数值方法所不能处理的复杂问题。另外,研究实际的随机现象,不但需要知道平均值,而且需要知道涨落情况,按照平均值处理观测数据可能得出完全错误的结论,蒙特卡洛方法是对随机现象和观测结果的模拟,模拟结果的散布正是实际涨落现象的反映,这正是蒙特卡洛方法的长处。

(3) 蒙特卡洛方法两重性的挑战。蒙特卡洛方法的误差与问题维数无关,因此对问题的复杂性不敏感,但是对所研究对象的稀有性却很敏感,这就是蒙特卡洛方法的两重性。稀有事件称为小概率事件,由于稀有事件的概率通常小于 10^{-4},在这样小的概率下,蒙特卡洛概率估计的统计方差很大、效率很低,稀有程度越严重,误差越大。例如,可靠性估计和粒子深穿透估计就是典型的问题,粒子在介质中输运问题,系统越大,介质越厚,穿透概率越小,穿透概率估计值的方差很大,而且出现穿透概率估计值比真值偏低很多的现象。深穿透概率模拟结果偏低成为蒙特卡洛方法主要的难题,而一般数值计算方法,如矩方法和离散纵坐标方法比较适应厚介质的大系统,计算比较精确。这种复杂性与稀有性的冲突,是一种挑战,也是蒙特卡洛方法发展的驱动力。

9.1.3　蒙特卡洛方法存在的问题

人们将蒙特卡洛方法比喻为"最后的方法",有两层含义,一是说当能用解析方法或数值方法时,不要用蒙特卡洛方法;二是说当其他方法不能解决问题时,可考虑用蒙特卡洛方法。也就是说,蒙特卡洛方法可以解决其他方法无法解决的问题,是解决问题的最后方法。

蒙特卡洛方法不但可以解决估计值问题,也可以解决最优化问题,既能解决确定性问题,也能解决随机性问题。蒙特卡洛方法既是一种计算方法,也是一种模拟方法,俄文称为统计实验方法。蒙特卡洛方法具有解决广泛问题的能力和超强的适应能力,误差容易确定,程序结构简单清晰,应用灵活性强。蒙特卡洛方法的缺点是收敛速度较慢,这是由其数学性质决定的,但蒙特卡洛方法的收敛速度是可以改善的。

对"蒙特卡洛方法精度不高"这句话应该正确理解,与一些数值方法比较,直接模拟方法确实精度不高,但如果使用各种降低方差技巧和高效蒙特卡洛方法,精度可以得到提高。在解决复杂问题与模拟真实系统时,与简化模型的近似结果相比,蒙特卡洛方法更为精确。

经过多年的研究和发展,出现许多伪随机数产生器,已经摆脱过去只能使用乘同余产生器的局面。如何根据自身的需要选择好的伪随机数产生器,是两难选择的问题。好的伪随机数产生器的两难选择准则如下:速度快的产生器未必是好的产生器,反之,好的产生器一定是速度快的产生器;周期短的产生器一般是坏的产生器,但是,周期长的产生器未必是好的产生器;好的均匀性是好的产生器的必要要求,但不是充分要求,这里涉及理论问题,什么样的应用问题需要什么样的伪随机数,理论上应给以指导,避免盲目性。

关于伪随机数的理论检验问题,伪随机数的理论检验方法目前主要是针对乘同余产生器,建立适用于其他伪随机数产生器的理论检验方法,还有很多工作要做。

伪随机数最显著特点是高维等分布均匀性,但实际产生伪随机数的各种方法,无论使用哪一种伪随机数序列,随着维数的增加,都将产生样本点丛聚现象,维数越高,丛聚现象越严重,使得计算结果产生大的误差,高维并不呈现等分布均匀性。目前改善伪随机性能有两种方法,一是抛弃伪随机数序列开始点,二是加扰方法,但效果不显著,要从产生方法根本上解决丛聚现象。

关于马尔可夫链蒙特卡洛抽样方法问题,马尔可夫链蒙特卡洛抽样方法是一种近似性抽样方法,并不是精确抽样方法。为了实现精确抽样,从 1996 年开始发展了一种精确抽样算法,称为完备抽样算法。这是一个重大突破,但是还没有达到实用阶段,完备抽样算法还有很多工作要做。

稀有事件模拟方法的出现、样本分裂方法的发展,似乎使蒙特卡洛方法双重性的矛盾有所缓解。分裂方法有可能解决深穿透的困难,应多做些理论研究和实际模拟工作,则彻底解决深穿透困难是有可能的。

9.2 蒙特卡洛方法基本原理

蒙特卡洛方法在数学上称为随机模拟方法、随机抽样技术等。

9.2.1 蒙特卡洛方法的基本思想

蒙特卡洛方法的基本思想是:针对某一具体问题,建立一个概率模型或随机过程模型,通过某种"实验"的方法,以这种事件出现的频率估计这一随机事件的概率,或者得到这个随机变量的某些数字特征,并将其作为问题的解。

应用蒙特卡洛方法求解科学或工程技术问题可以分为两类:确定性问题和随机性问题,如图 9.11 所示。蒙特卡洛模拟,即随机模拟(重复"实验")实质是基于重复实验和计算机模拟。

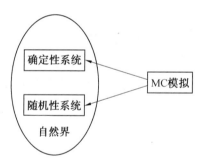

图 9.11 蒙特卡洛模拟

9.2.2 蒙特卡洛模拟基本步骤

一般计算机模拟与蒙特卡洛模拟基本步骤的比较如图 9.12 所示,具体如下。

针对实际问题建立一个简单且便于实现的概率统计模型,使解对应于该模型中随机变量的概率分布或其某些数字特征,比如均值和方差等。所构造的模型在主要特征参量方面要与实际问题或系统相一致。对于本身就有随机性的问题,如粒子输运问题,主要是正确描述和模拟这个概率过程;对于本身不具有随机性质的确定性问题,比如计算定积分,就必须事先构造一个人为的概率过程,它的某些参量正好是所要求问题的解,即要将不具有随机性质的问题转化为随机性质的问题。

根据模型中各个随机变量的分布,在计算机上产生随机数,实现一次模拟过程所需的足够数量的随机数。通常先产生均匀分布的随机数,然后生成服从某一分布的随机数,再进行随机模拟实验。

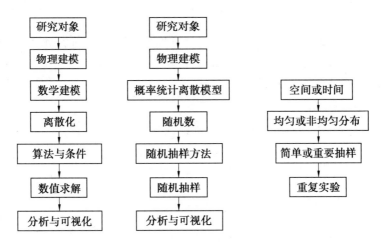

图 9.12　一般计算机模拟与蒙特卡洛模拟基本步骤的比较

　　根据概率模型的特点和随机变量的分布特性,设计和选取合适的抽样方法,并对每个随机变量进行抽样(包括简单抽样和重要抽样等)。

　　按照所建立的模型进行仿真实验、计算,求出问题的随机解,统计分析模拟实验结果,给出问题的估计以及其精度估计。必要时还应改进模型以降低估计方差和实验费用,提高模拟计算的效率。

　　关于解的收敛性,由大数定律可知,随机抽样足够多时,蒙特卡洛结果将收敛于其数学期望值 E。

　　误差方面,由中心极限定理,许多独立随机变量之和满足正态分布(高斯分布):

$$p(x) = \frac{1}{\sigma\sqrt{2\pi}}\exp\left[-\frac{(x-E)^2}{2\sigma^2}\right] \tag{9.3}$$

给定置信度 a 的条件下,有

$$P\left\{\frac{|\varepsilon|}{\sigma/\sqrt{n}} < \lambda\right\} = \frac{1}{\sqrt{2\pi}}\int_{-\lambda}^{\lambda} e^{-t^2/2}\,\mathrm{d}t = 1-\alpha \tag{9.4}$$

模拟次数可由下式获得:

$$n \geqslant \left(\frac{\lambda\sigma}{\varepsilon}\right)^2 \tag{9.5}$$

9.3　随机数的产生

9.3.1　随机数

　　随机数是实现蒙特卡洛模拟的基本工具,分为真随机数和伪随机数。真随机数由随机物理过程产生,例如:放射性衰变、电子设备的热噪声、宇宙射线的触发时间等,但价格昂贵,不能重复,使用不便。伪随机数由用数学递推公式产生,与真正的随机数序列不同。多种统计检验表明,它与真正的随机数或随机数序列具有相近的性质,因此可把它作为真正的随机数使用,只要抽样中无重复即可。

9.3.2　均匀分布 $U(0,1)$ 的随机数的产生

产生均匀分布的标准算法在很多高级计算机语言的书中都可以看到,算法简单,容易实现。使用者可以自己手动编程实现。

各种程序语言或编程环境都带有产生均匀分布伪随机数的内部函数或库文件,可直接调用。表 9.3 给出了 MATLAB 中产生的几种常见分布下的随机数语句,以上语句均产生 $m \times n$ 的矩阵。

表 9.3　MATLAB 中产生的几种常见分布下的随机数语句

常见分布函数	MATLAB 语句
均匀分布 $U[0,1]$	r = rand(m,n)
均匀分布 $U[a,b]$	r = unifrnd(a,b,m,n)
指数分布 $\Gamma(1,\lambda)$	r = exprnd(λ,m,n)
正态分布 $N(\mu,\sigma)$	r = normrnd(mu,sigma,m,n)
二项分布 $B(n,p)$	r = binornd(n,p,m,n1)
泊松分布 $P(\lambda)$	r = poissrnd(λ,m,n)

9.3.3　其他随机数的产生

产生其他随机数的基本方法有三种:逆变换法、合成法、筛选法。

(1) 逆变换法。

逆变换法设随机变量 X 的分布函数为 $F(X)$,定义

$$F^{-1}(y) = \inf\{x : F(x) \geqslant y\}, \quad 0 \leqslant y \leqslant 1 \tag{9.6}$$

数学上可以证明如下定理:设随机变量 U 服从 $(0,1)$ 的均匀分布,则 $X = F^{-1}(U)$ 的分布函数为 $F(X)$。因此,要产生来自 $F(X)$ 的随机数,只要先产生来自 $U(0,1)$ 的随机数,然后计算 $F^{-1}(U)$ 即可。其步骤为首先由 $U(0,1)$ 抽取 u,再计算 $x = F^{-1}(u)$。

(2) 合成法。

合成法的应用最早见于 Butlter 的书中。如果 X 的密度函数 $p(x)$ 难于抽样,而 X 关于 Y 的条件密度函数 $p(x/y)$ 以及 Y 的密度函数 $g(y)$ 均易于抽样,则 X 的随机数可经如下步骤产生:由 Y 的分布 $g(y)$ 抽取 y,由条件分布 $p(x \mid y)$ 抽取 x,可以证明由此得到 X 的服从 $p(x)$。

(3) 筛选法。

筛选抽样假设要从 $p(x)$ 抽样,如果可以将 $p(x)$ 表示成 $p(x) = c \cdot h(x) \cdot g(x)$,其中 $h(x)$ 是一个密度函数且易于抽样,而 $0 < g(x) \leqslant 1$ 是常数,则 X 的抽样可按如下步骤进行:① 由 $U(0,1)$ 抽取 u,由 $h(y)$ 抽取 y;② 如果 $u \leqslant g(y)$,则 $x = y$,停止;③ 如果 $u > g(y)$,回到 ①。

数学上可证明如下定理:设 X 的密度函数 $p(x)$,且 $p(x) = c \cdot h(x) \cdot g(x)$,其中 $0 <$

$g(x) \leqslant 1, c \geqslant 1, h(x)$ 是一个密度函数。令 U 和 Y 分别服从 $U(0,1)$ 和 $h(y)$，则在 $U \leqslant g(y)$ 的条件下，Y 的条件密度为 $p_Y(x \mid U \leqslant g(Y)) = p(x)$。

标准正态分布的随机数产生方法很多，简要介绍以下三种。

(1) 变换法，由 Box 和 Muller 于 1958 年提出。

设 U_1、U_2 是独立同分布的 $U(0,1)$ 变量，令

$$\begin{cases} X_1 = (-2\ln U_1)^{\frac{1}{2}} \cos(2\pi U_2) \\ X_2 = (-2\ln U_1)^{\frac{1}{2}} \sin(2\pi U_2) \end{cases} \tag{9.7}$$

则 X_1 与 X_2 独立，均服从标准正态分布。

(2) 结合合成法与筛选法。此处不做介绍，感兴趣的读者可以参考有关文献。

(3) 近似方法。利用中心极限定理，用 n 个 $U(0,1)$ 变量产生一个 $N(0,1)$ 变量，其中 u_i 是抽自 $U(0,1)$ 的随机数，$x = \sqrt{12n}\left(u - \dfrac{1}{2}\right)$ 可近似为一个 $N(0,1)$ 变量。

关于随机数有两点需要注意。均匀分布的随机数的产生总是采用某个确定的模型进行的，从理论上讲，总会有周期现象出现。初值确定后，所有随机数也随之确定，并不满足真正随机数的要求。通常把由数学方法产生的随机数称为伪随机数。但其周期又相当长，在实际应用中几乎不可能出现。因此，可以把这种由计算机产生的伪随机数当作真正的随机数来处理。另应对所产生的伪随机数做各种统计检验，如独立性检验、分布检验、功率谱检验等。

9.4　随机抽样方法

随机现象包括随机变量和随机过程。随机事件可作为离散随机变量处理，随机变量有单随机变量和多随机变量，单随机变量简称随机变量，多随机变量称为随机向量。随机过程包括随机场、有标量随机过程和向量随机过程。

1. 概率分布

随机变量和随机过程服从的规律可以用分布律来描述，用概率分布表示。当概率分布有显式解析式时，其概率分布是已知概率分布。已知概率分布分为完全已知概率分布和不完全已知概率分布，完全已知概率分布的归一化常数是已知的，不完全已知概率分布的归一化常数是未知的。并不是所有的随机变量和随机过程的概率分布都能用显式解析式表示出来，因此其概率分布是未知概率分布，可用统计参数来描述。概率分布在各种文献中有不同的称呼。"概率分布"是泛指，包含离散型和连续型。离散型概率分布称为概率密集函数（probability mass function）；连续型概率分布称为概率密度函数（probability density function）。

2. 随机抽样方法

随机抽样方法是指从随机变量和随机过程服从的概率分布获得其样本值的数学方法，以随机抽样原理分类，随机抽样方法有直接抽样方法、马尔可夫链蒙特卡洛方法和未

知概率分布抽样方法。直接抽样方法用于完全已知概率分布。马尔可夫链蒙特卡洛方法用于已知概率分布，包括不完全已知概率分布和直接抽样方法失效的完全已知概率分布。这些抽样方法基本涵盖了所有蒙特卡洛模拟的抽样方法，扩展了蒙特卡洛方法的应用领域。本章介绍一般概率分布抽样方法，包括直接抽样方法和未知概率分布抽样方法，后面专门介绍马尔可夫链蒙特卡洛方法。

3. 随机抽样效率和费用

蒙特卡洛方法效率与统计量的方差与每次模拟时间成反比，每次模拟时间主要是随机抽样的时间，因此蒙特卡洛方法的效率与抽样费用密切相关。评估抽样方法的好坏一般是用抽样费用来衡量。设计抽样算法，应使得抽样费用较低。蒙特卡洛方法的抽样方法种类很多，是由于人们不断地追求低费用、高效率。也可以用抽样效率来衡量抽样方法的好坏。抽样效率是指样本被选中的概率，称为接受概率。马尔可夫－蒙特卡洛方法又称直接抽样方法的取舍算法或复合取舍算法，可以使用抽样效率来衡量。其他算法可以使用抽样费用来衡量，抽样费用是指计算量，或者计算时间。抽样费用与抽样效率大体是一致的。

离散概率分布的抽样费用是指计算量，用平均查找次数来衡量。逆变换算法的列表查找算法的平均查找次数大于1，抽样费用高。别名算法、直接查找算法、布朗算法、马萨格利亚算法和加权算法的平均查找次数等于1，抽样费用低。连续概率分布的逆变换算法只使用一次随机数，似乎效率很高，但逆变换算法往往使用很多初等函数，而初等函数的计算很耗时，因此以计算时间来衡量，逆变换算法的抽样费用并不是最低的。

随机抽样精度是指样本的精度。直接抽样方法是精确的方法，样本是简单子样；马尔可夫链蒙特卡洛方法和未知概率分布抽样方法在大多情况下是近似的抽样方法，样本是近似样本，因此存在抽样算法收敛问题。

9.4.1 简单(非权重)抽样法

简单(非权重)抽样法使用均匀分布的随机数，例如考虑一个简单的定积分蒙特卡洛模拟解法 $y = \int_a^b f(x)\mathrm{d}x$，如图 9.13 所示。采用随机投点法，如图 9.14 所示。

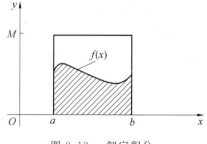

图 9.13　解定积分

采用样本平均值法。采用确定性抽样，即等间隔子区间积分法，如图 9.15 所示，有

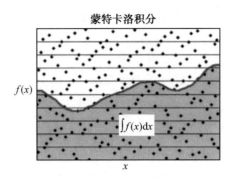

图 9.14   随机投点法

$$J \approx \widetilde{J} = (b-a)\, \frac{1}{n} \sum_{i=1}^{n} f(x_i) \tag{9.8}$$

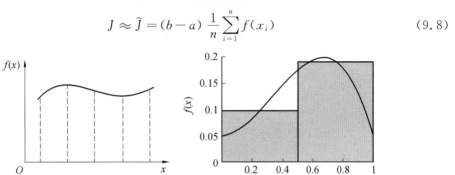

图 9.15   等间隔子区间积分法

如果采用随机性抽样,即随机间隔子区间积分法,如图 9.16 所示,有

$$J \approx \widetilde{J}_{MC} = (b-a)\, \frac{1}{m} \sum_{j=1}^{g} f(x_j) \tag{9.9}$$

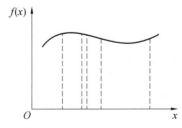

图 9.16   随机间隔子区间积分法

简单抽样方法在随机选取事件(如空间位型)时,只考虑事件存在的可能性,而不考虑事件本身存在的概率。在简单抽样过程中,统计平均量是通过已出现事件及其存在的概率进行统计平均而给出。简单抽样对非光滑函数,如 δ 函数(图 9.17(a))和玻尔兹曼函数(图 9.17(b))抽样效率太低。

9.4.2 重要(权重)抽样法

重要(权重)抽样法使用与研究对象分布一致的随机数。

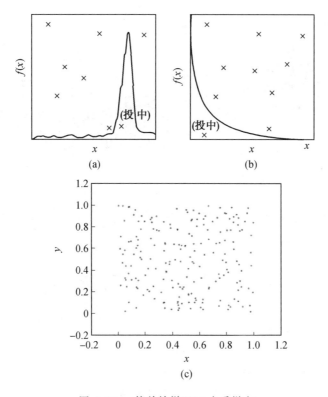

图 9.17　简单抽样（200 个采样点）

简单抽样法特点：由于假设 $g(x)$ 是均匀分布的概率密度，故采用的是均匀抽样，各随机数 x_i 是均匀分布的随机数，而各 x_i 对 $\tilde{J}_{MC}$ 的贡献是不同的，$f(x_i)$ 大则贡献大，但在抽样时，这种差别未能体现出来。

重要抽样法特点：希望贡献率大的随机数出现的概率大，贡献小的随机数出现概率小，从而提高抽样的效率。重要抽样法关键因素在于密度函数 $g(x)$ 的选取，使得估计的方差较小。

如图 9.18 所示，抽样法的基本思想是通过选取与 $f(x)$ 形状接近的密度函数 $g(x)$ 来降低估计的方差。重要抽样方法在随机选取事件（如空间位型）时，同时考虑事件存在的可能性和事件本身存在的概率。在重要抽样过程中，统计平均量是通过已出现事件直接进行统计平均而给出。

9.4.3　蒙特卡洛算法的组成

蒙特卡洛算法的主要组成部分包括概率密度函数（PDF）、随机数产生器、抽样规则、模拟结果记录、误差估计，另外也考虑减少方差的技术及并行和矢量化概念。

概率密度函数指描述一个物理系统的一组概率密度函数；随机数产生器能够产生在区间 $[0,1]$ 上均匀分布的随机数；抽样规则指如何从在区间 $[0,1]$ 上均匀分布的随机数出发，随机抽取服从给定的 PDF 的随机变量；模拟结果记录用来记录一些感兴趣的量的模拟结果；误差估计确定统计误差（或方差）随模拟次数以及其他一些量的变化。利用减少

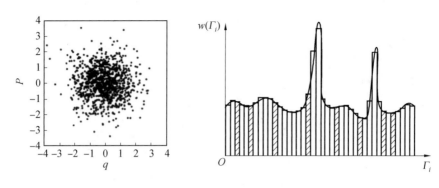

图 9.18 重要（权重）抽样

方差的技术可减少模拟过程中计算的次数,通过并行和矢量化算法可以在先进的并行计算机上运行。

9.5 无规则行走模拟

扩散行进完全基于一系列纯粹的随机事件,任何内场或外场均不能使扩散朝向任何特定的方向,扩散是典型的无规则行走。布朗运动、空位扩散、粒子辐照过程等是典型的例子,如大家熟知的布朗运动(溶液中存在)分子热运动涨落的宏观表现(图 9.19)。

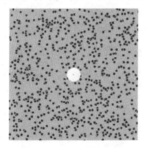

图 9.19 布朗运动

方格子上各种形式的随机行走模型有 RW、NRRW 和 SAW。RW 指无限制的随机行走,NRRW 为一次不退行的随机行走,SAW 为自回避随机行走。图9.20给出了随机行走模型。

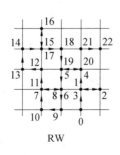
RW

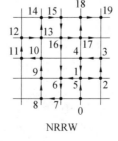
NRRW

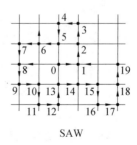
SAW

图 9.20 随机行走模型

下面给出 RW 随机行走的典型算法。

（1）取 $r_0 = 0$（坐标系原点），并令 $k = 0$。

（2）取一个在 1 和 4 之间的随机整数 v_k。

（3）把 k 换成 $k + 1$，并令 $r_k = r_{k-1} + v(v_{k-1})$。

（4）若 $k = N$，令 $r_k = R$（行走的起点到终点的距离，以下简称端距）；否则回到第（2）步。

作为一个典型的例子，随机行走模型可用于高分子链的构象与运动研究。图 9.21 和图 9.22 给出了构象随机模型和构象运动模型。

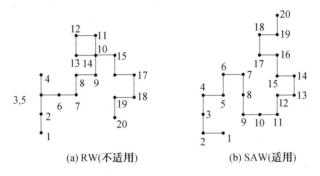

(a) RW(不适用)　　　　(b) SAW(适用)

图 9.21　构象随机模型

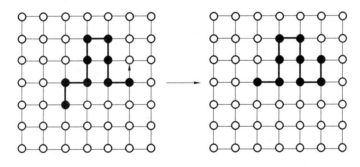

图 9.22　构象运动模型（随机行走 + 蛇形滑移）

9.6　Metropolis 蒙特卡洛方法

9.6.1　基本概念

下面介绍马尔可夫过程和马尔可夫链。马尔可夫过程是一个随机过程（图 9.23），其"将来"仅依赖"现在"而不依赖"过去"，其函数表示为

$$X(t+1) = f[X(t)] \tag{9.10}$$

马尔可夫链为时间和状态都离散的马尔可夫过程，记为 $\{X_n = X(n), n = 0, 1, 2, \cdots\}$，描述状态的转移。马尔可夫链随时间的演化将失去对过去的记忆，最后达到一个与初始状态无关的稳定状态，也可能永远也达不到一个稳定的状态。常见的马尔可夫过程如随

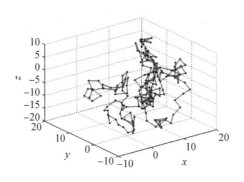

图 9.23　马尔可夫过程

机行走。

马尔可夫链的主要特点是在第 t_i 时刻处于状态 R_i 的概率只和最近的过去时刻有关，可写为

$$P(t_{i+1}, R_{i+1}) = \psi\big[P(t_i, R_i)\big] \tag{9.11}$$

马尔可夫链是随机变量 $R_i(i=1,2,\cdots,n)$ 的一个数列。这些变量的范围即 R_i 所有可能取值的集合，称为"状态空间"，而 R_m 的值则是在时间 t_m 的状态，如布朗运动轨迹。

马尔可夫链是一个随机规则，计算机是用数字运行的，二者结合可形成无限大空间及高维随机数且用以模拟真实随机事件，即蒙特卡洛方法既可以直接使用 $g(x)$ 进行重要抽样，也可以用某种方式抽样，使大量的样本最终符合所需的 $g(x)$ 分布。

对于非均匀分布随机过程，每个状态出现的概率不同。对于热力学过程，其状态分布满足玻尔兹曼分布，即体系处于 R_i 状态的概率为

$$N(R_i) = \exp\big[-\Delta E(R_i)/kT\big] \tag{9.12}$$

Metropolis 利用计算机以某种方式抽样形成一个马尔可夫链，使大量的样本最终符合玻尔兹曼分布，称为 Metropolis 蒙特卡洛方法。

9.6.2　基于重要抽样方法的 Metropolis 蒙特卡洛算法

Metropolis 准则以热力学概率接受抽样，如图 9.24 所示。基于重要抽样方法的 Metropolis 蒙特卡洛算法如下：通过制造随机数，由原状态更新为新状态；计算新状态与原状态的能量差 ΔE；如果 $\Delta E \leqslant 0$，自然更新为新状态；如果 $\Delta E > 0$，产生随机数 $h = [0, 1]$，并更新为 $\eta = \exp[-\Delta E/k_B T]$ 的情况，否则不更新。

图 9.25 给出了蒙特卡洛方法流程图。使用蒙特卡洛法进行分子构象模拟的步骤：① 使用随机数产生器产生一个随机的分子构型。② 对此分子构型中的原子坐标做无规则的改变，产生一个新的分子构型。③ 计算新的分子构型的能量。④ 比较新分子构型与改变前的分子构型的能量变化，判断是否接受该构型：若新的分子构型能量低于原分子构型的能量，则接受新的构型，使用这个构型重复再做下一次迭代；若新的分子构型能量高于原分子构型的能量，则计算玻尔兹曼因子，同时产生一个随机数，这时若该随机数大于所计算出的玻尔兹曼因子，则放弃这个构型，重新计算，若该随机数小于所计算出的玻尔兹曼因子，则接受这个构型，使用这个构型重复再做下一次迭代。⑤ 如此进行迭代计算，直

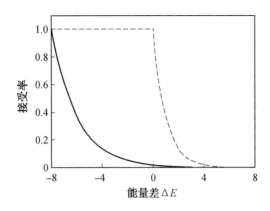

图 9.24 Metropolis 准则以热力学概率接受抽样

至最后搜索出低于所给能量条件的分子构型,模拟结束。

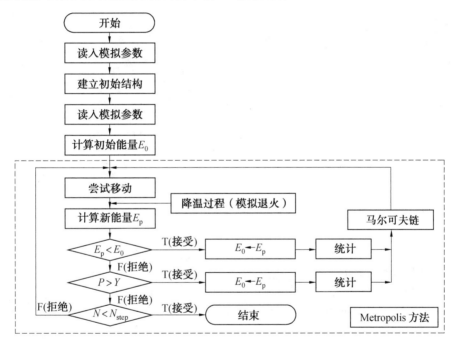

图 9.25 蒙特卡洛方法流程图

初始化方式有两种,即完全随机和完全有序,如图 9.26 所示。完全随机表示从温度 $T=\infty$ 逐渐降温的马尔可夫过程;完全有序表示从温度 $T=0$ 逐渐升温的马尔可夫过程。

可见,Metropolis 蒙特卡洛基于热力学判据仅利用均匀分布随机数实现了满足玻尔兹曼分布的重要抽样。图 9.27 所示给出了 Metropolis 判据的物理本质。

9.6.3 蒙特卡洛构象搜索法的特点

蒙特卡洛方法在构象空间中进行随机采样,采用线性过程,对初始构象的依赖性小,可接受部分能量上升的构象,跳出局部势阱,还可以与模拟退火等方法结合使用,对构象

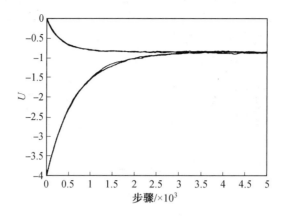

图 9.26　初始化方式

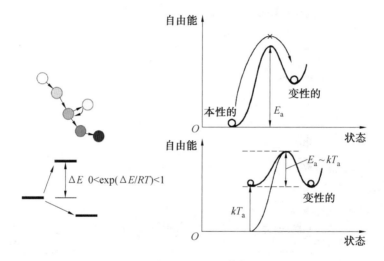

图 9.27　Metropolis 判据的物理本质

空间进行较大范围的搜索。理论上可以得出能量符合玻尔兹曼分布的构象集合,进而依据统计力学原理计算体系的热力学性质。

蒙特卡洛构象搜索法适用于比较小的分子体系,对于处理结构复杂的分子较困难。

9.6.4　蒙特卡洛方法的应用

蒙特卡洛方法能够直接追踪粒子,物理思路清晰,易于理解;采用随机抽样的方法,可较真切地模拟粒子输运的过程,反映了统计涨落的规律。而且蒙特卡洛方法不受系统多维、多因素等复杂性的限制,是解决复杂系统粒子输运问题的好方法。收敛速度与系统维数无关,能同时模拟计算多个方案与多个未知量,程序结构简单,易于实现。

但蒙特卡洛方法收敛速度较慢、误差具有概率性。其概率误差正比于 $\sigma/\sqrt{n}$,如果单纯以增大 n 来减小误差,就要增加很大的计算量。

蒙特卡洛方法在材料研究中应用广泛,如离子注入过程(图 9.28)、激光和等离子束氮化(图 9.29)和无定形结构的蒙特卡洛模拟(图 9.30)。Amorphous Cell 是常用的蒙特卡洛模拟软件,表 9.4 给出了 Amorphous Cell 的主要特性。

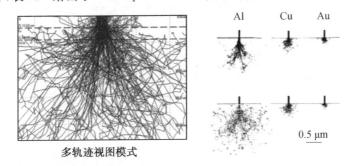

图 9.28 粒子注入过程的 MC 模拟

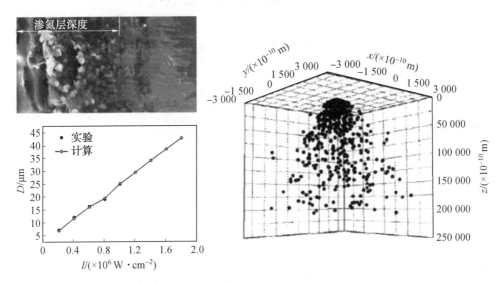

图 9.29 铁的激光和等离子束氮化

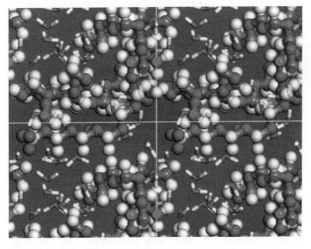

图 9.30 无定形结构的蒙特卡洛模拟

表 9.4 Amorphous Cell 的主要特性

·基于蒙特卡洛的方法	·可同时输出多种可能结构
·支持设定体系密度及其变化范围,增加搭建复化杂模型的成功率	·可自动完成输出结果的结构优化
·支持无定形模型的三维调整(立方、四方、正交盒子)	·支持 Universal、COMPASS、Dreiding、pcff、cvff 力场,支持自定义力场 5.0
·支持扭转角的调整,可以区分主链和支链结构中的扭转角,选择性调整	·所有力场均可以根据成键情况,自动指派原子的具体参数
·可自动排除原子间距太小或者化学键穿过环状结构等堆积中的不合理因素	·支持多种非键相互作用的处理方式,包括 Ewald
	·支持 Perl 脚本,可以并行计算 5.0

9.7 q 态波茨模型

9.7.1 引言

在固体物理学和材料科学等领域,当处理离散空间晶格和局域相互作用等问题时,必须引进考虑其他自由度的模型和方法。在这些方法中,能量变化通常是由于粒子自旋的翻转,而不是由于粒子的位移或粒子交换。这对于通过在晶格格点配置特性粒子而预测多体系统综合特性来说,具有重要意义。

在这些模型中,最简单的是二维自旋伊辛(Ising)模型,它可作为磁性材料或二元合金系的一个粗糙的近似方法。q 态波茨(Potts)模型是原始伊辛模型的推广,是考虑多自旋之后的改进形式。在原始伊辛模型中,自旋带有一定的随意性,不是一个很明确的物理量。在介观尺度的计算材料学领域,基于波茨自旋模型的模拟方法具有特别重要的实用价值。另外,较为重要的模型还有晶格气体和海森堡近似方法。在计算材料学中,与上述模型相联系的方法还有:分子场近似方法(Molecular Field Approximation,MFA)、集团变分法(Cluster Variation Method,CVM)以及 Bragg — Williams — Gorsky(BWG)模型。通过存在于任意晶格点上的粒子自旋的随机翻转,以及采用 Metropotis 蒙特卡洛抽样方法对引起的能量变化加权平均,可计算得到这些自旋晶格模型的热力学性质及其演化。

9.7.2 二维自旋伊辛模型

在二维自旋伊辛模型中,对在规则晶格格点上的原子或分子之间的相互作用能求和,就可计算出系统内能。如果用磁学的语言表述,则伊辛模型是由存在相互作用且与外部磁场也有相互作用的自旋自由度的离散集构成。图 9.31 给出了二维 Ising 模型示意图。

起初的伊辛自旋模型被限制于考虑最近邻相互作用。然而,可以很容易地把这一概念扩展到含有包括次近邻相互作用在内的其他相互作用的情况。若在伊辛模型中考虑到长程相互作用,则有时被称为扩展伊辛模型(extended Ising models)。

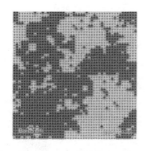 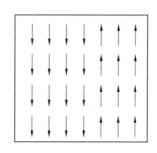

图 9.31　二维 Ising 模型示意图

经验表明,原始的伊辛模型是研究固体中分子磁矩(elementary magnetic moments)铁磁性有序化的较为恰当的方法。假定在格座(即晶格格点 latticesite)i 的自旋变量 S_i 有两个不同的状态,即"自旋向上"$S_i = +1$ 或"自旋向下"$S_i = -1$。尽管自旋被赋予了经典自由度以及没有给出量子角动量的对易规则,伊辛模型还是较好地描述了 $1/2$ 自旋的情况。将伊辛模型扩展成为一个真正的量子方法,是在海森堡模型中实现的。因为每个格座的自旋可假设只有两个状态,所以伊辛模型适宜于研究具有周期结构的二元合金的原子组态。由此可见,自旋即表示各个格座的占有情况。图 9.32 给出了二维 Ising 模型的蒙特卡洛模拟结果,随着格点数增加逐渐逼近解析解。

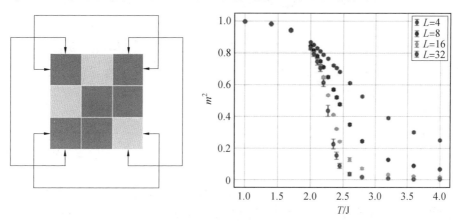

图 9.32　二维 Ising 模型的蒙特卡洛模拟结果

9.7.3　q 态波茨自旋模型

在介观尺度关于相变问题的预测研究方面,q 态波茨模型具有特别的意义和作用。从二维伊辛模型扩展到 q 态波茨模型如图 9.33 所示,采用广义自旋变量 S_i,用其表示 q 个可能状态中的一个态,代替在伊辛模型中使用的二重自旋变量。同时只计及不同近邻情况下的相互作用。当近邻格座上是相同自旋的粒子时,其交换相互作用能为零;当近邻为不同自旋的粒子时,则有非零的交换相互作用能。

将原始的 Ising 铁磁模型的两态(自旋向上和自旋向下)推广到拥有任意态(q)系统的演化过程中,如图 9.34 所示。

在合金热力学基本性质(例如相图)的数值预测方面,人们越来越重视微观方法的运

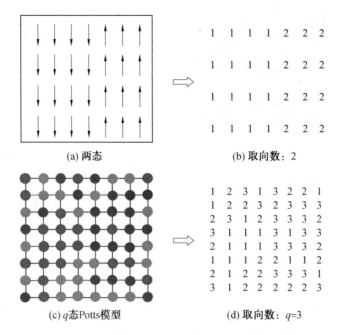

图 9.33 从二维伊辛模型扩展到 q 态波茨模型

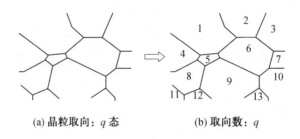

图 9.34 q 态晶粒取向组织与取向数

用。在这些微观方法中,上述讨论的伊辛和波茨自旋模型具有特别的实用性。在这两个模型用于具体问题的处理过程中,通常采用蒙特卡洛方法进行求解。除这些经典方法之外,近年来人们又提出了与这些方法有关系的许多模型,即 BWG 模型、MFA 和 CVM。与伊辛和波茨模型不同,这些方法通常采用线性迭代方法或牛顿-拉夫森算法进行具体问题的求解。MFA 和 CVM 两种方法都是基于第一最近邻或第二最近邻、次最近邻的伊辛型或波茨型配置。

Anderson 等第一次把 Potts 模型应用到晶粒正常长大的模拟过程中,如图 9.34 所示。Potts 模型程序框图如图 9.35 所示。分别对晶粒长大动力学、晶粒分布、晶界能的各向异性、晶粒的异常长大现象等进行了模拟,图 9.36 所示为第二相析出与晶粒正常长大过程 MC 模拟。

对 Potts 模型的流程进行具体描述。第一步为系统的离散化,这部分首先要进行网格的选择,常用的网格有三角网格、四方网格、六边网格等。三角网格邻居数最少,因此计算相互作用求和数少,计算效率高;六边网格更接近理想形状,如图 9.37(d) 所示,但是较

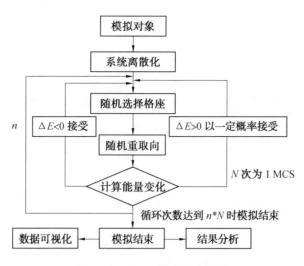

图 9.35　Potts 模型程序框图

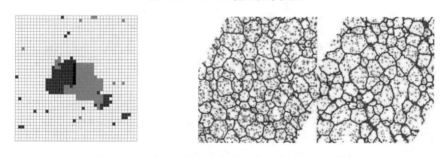

图 9.36　第二相析出与晶粒正常长大过程 MC 模拟

为复杂；实用中大多选择四方网格，便于计算机以矩阵形式存取与运算。

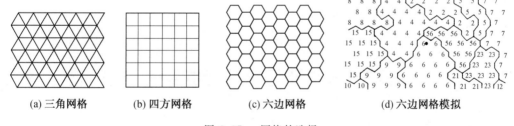

(a) 三角网格　　　(b) 四方网格　　　(c) 六边网格　　　(d) 六边网格模拟

图 9.37　网格的选择

接下来进行微观组织离散化。首先确定取向数 Q，即微观组织划分数；然后把每个晶粒定义为相同的数，两个不同数的边界定义为晶界，如图 9.38 所示。然后进行格座重取向（图 9.39），首先随机选择一个节点，设定一个新取向数，再计算能量变化，决定是否接受新取向数。注意在 Potts 模型中，设定新取向数 q 可以取 $1 \sim Q$ 之间的任何一个数。

计算能量变化：

$$E = J \sum_{\langle i \rangle} \sum_{\langle j \rangle} (1 - \delta s_i s_j) + E_{\text{elatic}} + E_{\text{other}} \tag{9.13}$$

式中，J 为晶界能的标度；$\langle i \rangle$ 为总数；$\langle j \rangle$ 为 i 的最近邻数；δ_{ij} 为克罗内克 δ 函数；

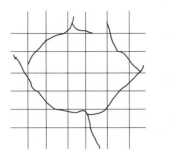

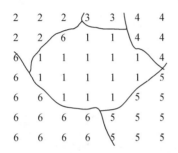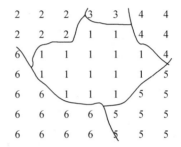

图 9.38　微观组织的离散化与数值化

图 9.39　格座重取向

$$\delta_{SiSj} = \begin{cases} 1, & S_i = S_j \\ 0, & S_i \neq S_j \end{cases} \quad\quad (9.14)$$

能量变化

$$\Delta E = E_{\text{fin}} - E_{\text{ini}} \quad\quad (9.15)$$

重取向判据采用 Metropolis 准则

$$p(\Delta E) = \begin{cases} 1, & \Delta E \leqslant 0 \\ \exp\left(-\dfrac{\Delta E}{kT}\right), & \Delta E > 0 \end{cases} \quad\quad (9.16)$$

9.8　晶粒长大与非匀相转变的蒙特卡洛模拟

9.8.1　晶粒正常长大过程及动力学

图 9.40 为工业纯铁退火晶粒长大过程。其长大动力学的公式为

$$D_t^{1/n} - D_0^{1/n} = k(t - t_0) \quad\quad (9.17)$$

式中，D_t、D_0 为 t 及 t_0 时刻的晶粒平均尺寸，如果 $D_t \gg D_0$，有 $D_t^{1/n} = kt$，其中 $n < 0.5$。

9.8.2　q 态 Potts 晶粒长大模型存在的问题

应用 q 态 Potts 晶粒长大模型，q 数目选择很关键：如图 9.41 和图 9.42 所示，如果 q 数目过少可能会导致原本不同的两个晶粒，在长大碰撞后不可区分。

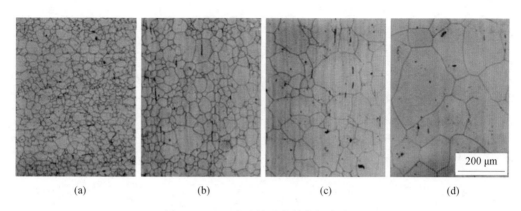

图 9.40　工业纯铁退火晶粒长大过程

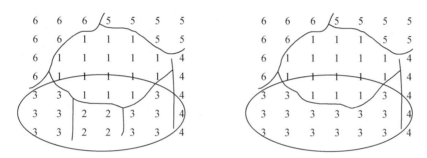

图 9.41　$q = 6$ 时晶粒长大示意图

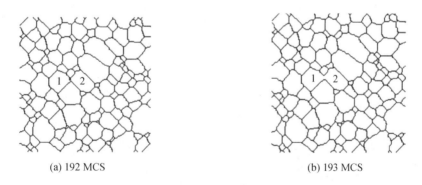

(a) 192 MCS　　　　　　　　　　　　(b) 193 MCS

图 9.42　$q = 64, N = 192 \times 192$ MCS 时晶粒长大的 MC 模拟图像

　　应用 q 态 Potts 晶粒长大模型,也存在格座随机重取向、晶内重新形核和存在无效的格座重取向问题(图 9.43 和图 9.44)。

　　应用 q 态 Potts 晶粒长大模型时,rand 函数产生$[0,1]$区间随机数,乘矩阵中行数取整,用以随机选择格座行的位置;再用同样的方式随机选择格座列的位置,结果如图 9.45 所示,格座被选中的频率如图 9.46 所示,可见 q 态 Potts 晶粒长大模型存在格座随机选取对伪随机数质量的依赖性。

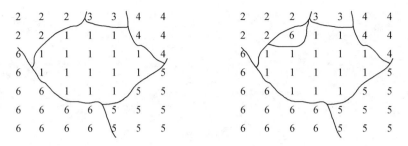

图 9.43 晶内重新形核的示意图

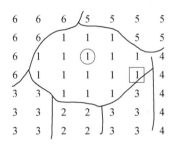

图 9.44 格座重取向的示意图(圆圈为无效重取向,方框为有效重取向)

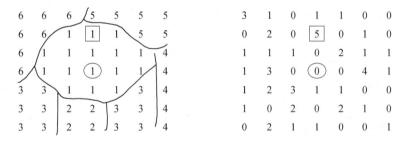

图 9.45 随机选择格座的均匀性(右图为每个格座被选中次数)

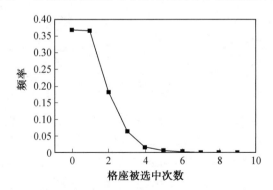

图 9.46 1 MCS 中每个格座被选中次数分布图(系统大小为 200×200)

9.8.3 对基本 Potts 模型的改进

考虑到基本 Potts 模型在模拟晶粒长大中的局限性,对模型进行改进,一定程度上消除了上述问题。

1.q的数目的选择

针对q态数目过少可能会导致原本不同的两个晶粒在长大后变成完全相同的一个晶粒的问题,在模拟计算中取$q=N$,可避免图9.41所示不同晶粒碰撞后不可区分问题。

2.近邻数目的选择

同时对近邻数目的选择也进行了探索,图9.47为4近邻和8近邻的蒙特卡洛模拟结果,可见8近邻计算晶界能量模拟晶粒形态更接近实际(图9.40)。

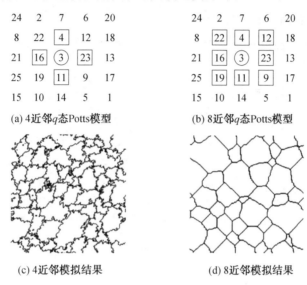

(a) 4近邻q态Potts模型   (b) 8近邻q态Potts模型

(c) 4近邻模拟结果   (d) 8近邻模拟结果

图9.47 4近邻和8近邻的蒙特卡洛模拟结果

3.格座选择方法的优化

为避免图9.45所示随机选择格座的非均匀性,对格座选择方法进行了优化。每一MCS生成一个与系统离散化矩阵A同阶的随机数矩阵B,实现了对A中格座的均匀随机选择,如图9.48所示。

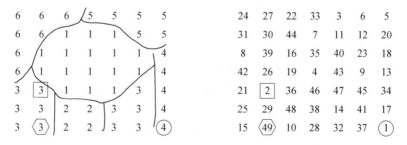

图9.48 格座随机选择方法改进

由于晶粒长大时仅涉及晶界处的格座重取向,增加一条判断规则避免晶内格座无效重取向,从而大幅度提高了抽样效率,如图9.49所示。

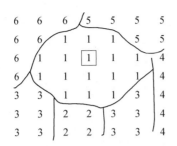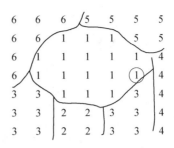

图 9.49　格座重取向规则的示意图(圆圈为有效取向,方框为无效取向)

4. 格座重取向数的优化

设定在不考虑重新形核的晶粒长大模拟过程中,q 只可能选取最近邻格座的取向数。

5. 周期性边界条件的使用

如图 9.50 所示,使用周期性边界条件,以克服表面效应。

图 9.50　格座系统示意图(圆圈为被选
中的格座,方框为最近邻格
座,包括周期性边界)

9.8.4 q 态 Potts 模型在 MATLAB 中的实现

MATLAB 以矩阵为基本运算单元,适合显微组织形貌的离散化、数值化和随机抽样实验,同时提供一些比基本计算机语言更便利的函数或库,而且界面友好,易于使用。因此多选择 MATLAB 作为模拟平台。

MC 模拟在 MATLAB 中的实现,首先是系统的初始化,生成代表显微组织离散化网格的 $M \times N$ 矩阵 $\boldsymbol{A}$;用 randperm($M \times N$) 函数生成 $1 \sim (M \times N)$ 的随机数组,再用 reshape 函数转化为一个 $M \times N$ 的随机数矩阵 $\boldsymbol{B}$。随机选择一个节点,即利用随机数矩阵 $\boldsymbol{B}$ 实现对系统离散化矩阵 $\boldsymbol{A}$ 中格座的非完全随机选择。然后格座重取向,以近邻数为 8 的系统为例:首先分别计算格座重取向为 8 个近邻格座之一的相同取向后系统的 E;然后选择系统能量最低的取向数重取向;若有一个以上取向数导致系统能量最低,则在其中随机选择一个取向数。依据为系统能量趋于最低,加快模拟速度。重复上述步骤直到模拟过程结束。每 $M \times N$ 次为 1 MCS。完成后对模拟结果进行可视化处理。

9.8.5　正常晶粒长大过程的 MC 模拟

模拟条件为:系统大小 200×200,正方格子离散化,8 个最近邻数,非完全选择格座,$q = N$,优化跳跃方向并用周期性边界条件,晶界能 J 各向同性。在上述模拟条件下进行了正常晶粒长大过程的模拟,模拟结果如图 9.51 所示。

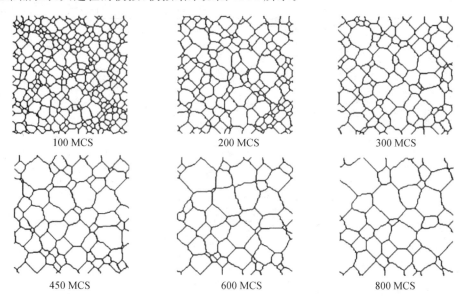

图 9.51　具有各向同性和周期性边界条件的二维(200×200)晶粒长大的蒙特卡洛 Potts 模型模拟结果

9.8.6　双相晶粒长大过程模拟

利用蒙特卡洛法进行过冷或过热到单相区等温相变与晶粒长大过程模拟,设定能量模型为

$$\Delta E = \Delta E_{gb} - \Delta H \tag{9.18}$$

式中,H 为相变潜热。

为了区分两相,定义一个取向数 Q_1。当 $q > Q_1$ 时,晶粒属于不稳定相(高能相);当 $q < Q_1$ 时,晶粒属于稳定相(低能相)。

对于 $\Delta H : J = 2 : 1$,$Q_1 = 20\,000$、$q = 40\,000$ 的模拟结果,双相转变与晶粒长大过程 MC 模拟如图 9.52 所示,系统总能量随时间的变化曲线如图 9.53 所示。

无相变双相区晶粒恒温长大模拟中,使用晶粒正常长大的能量模型,即

$$E = J \sum_{\langle ij \rangle} (1 - \delta s_i, s_j) \tag{9.19}$$

双相长大判断规则如下:双相区平衡等温过程中,各相的组成不变。重取向前后,如

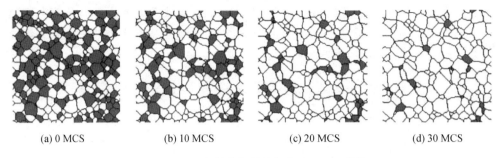

(a) 0 MCS   (b) 10 MCS   (c) 20 MCS   (d) 30 MCS

图 9.52　双相转变与晶粒长大过程 MC 模拟

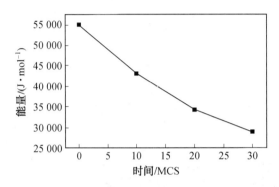

图 9.53　系统总能量随时间的变化曲线

果取向数属于同一相,则按能量准则进行判断;如果取向数不属于同一相,则格座重取向被禁止。

　　双向等温晶粒长大(无相变)过程 MC 模拟与动力学曲线如图 9.54 和图 9.55 所示。可见,双相组织晶粒长大趋势较小,尤其当两相体积分数相当时,可以保持细晶组织。

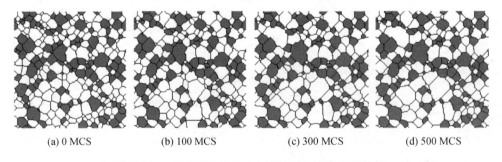

(a) 0 MCS   (b) 100 MCS   (c) 300 MCS   (d) 500 MCS

图 9.54　双相等温晶粒长大(无相变)过程 MC 模拟

9.8.7　相变重结晶过程的模拟

　　相变重结晶形核模型如图 9.56 所示。

　　图 9.57 和图 9.58 为相变重结晶形核过程模拟结果,分别对应 $\Delta H/J = 2$ 和 $\Delta H/J = 4$。$\Delta H/J = 2$ 对应相变潜热较小的相变重结晶过程,$\Delta H/J = 4$ 对应相变潜热较大的相变重结晶过程。通过对比发现相变潜热对相变重结晶形核具有影响,当相变潜热较小时以晶界非均匀形核为主;相变潜热较大时晶内和晶界混合形核。

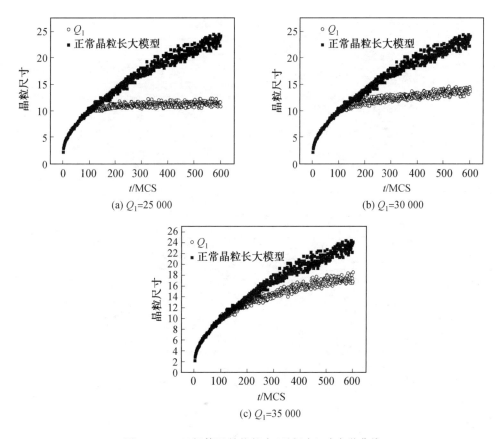

(a) Q_1=25 000

(b) Q_1=30 000

(c) Q_1=35 000

图 9.55 双相等温晶粒长大(无相变)动力学曲线

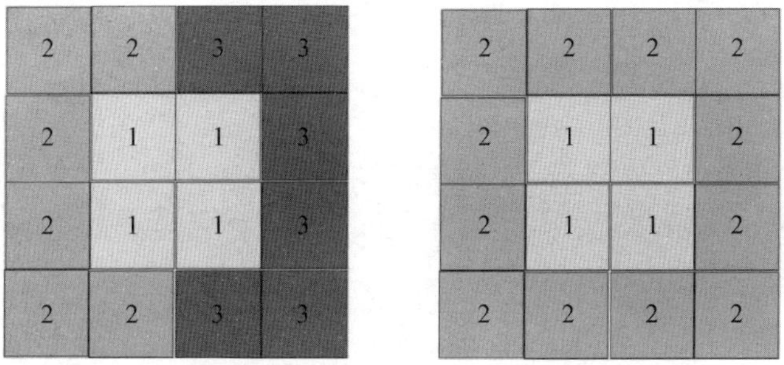

(a) 晶界处形核

(b) 晶粒内部形核

图 9.56 相变重结晶形核模型

进一步分析模拟结果。图 9.59 为不同晶粒度原始组织,图 9.60 为相变潜热较小的相变重结晶过程。表 9.5 为不同蒙特卡洛次数下晶界所占比例。

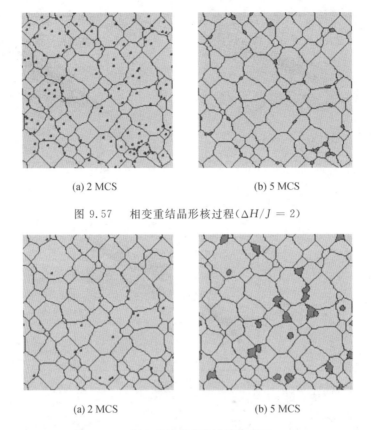

(a) 2 MCS   (b) 5 MCS

图 9.57 相变重结晶形核过程($\Delta H/J = 2$)

(a) 2 MCS   (b) 5 MCS

图 9.58 相变重结晶形核过程($\Delta H/J = 4$)

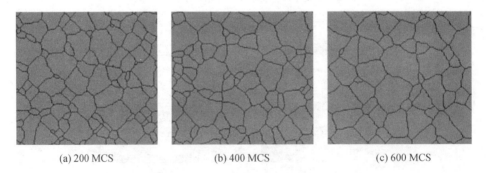

(a) 200 MCS   (b) 400 MCS   (c) 600 MCS

图 9.59 不同晶粒度原始组织

表 9.5 不同蒙特卡洛次数下晶界所占比例

原始组织	200 MCS	400 MCS	600 MCS
晶界所占比例 /%	9.84	6.74	5.75

根据模拟结果,基于如下等温相变动力学公式进行相变重结晶动力学计算。图 9.61 为相变潜热较小的相变重结晶动力学曲线,图 9.62 为相变潜热较小的相变重结晶阿夫拉米(Avrami)指数。

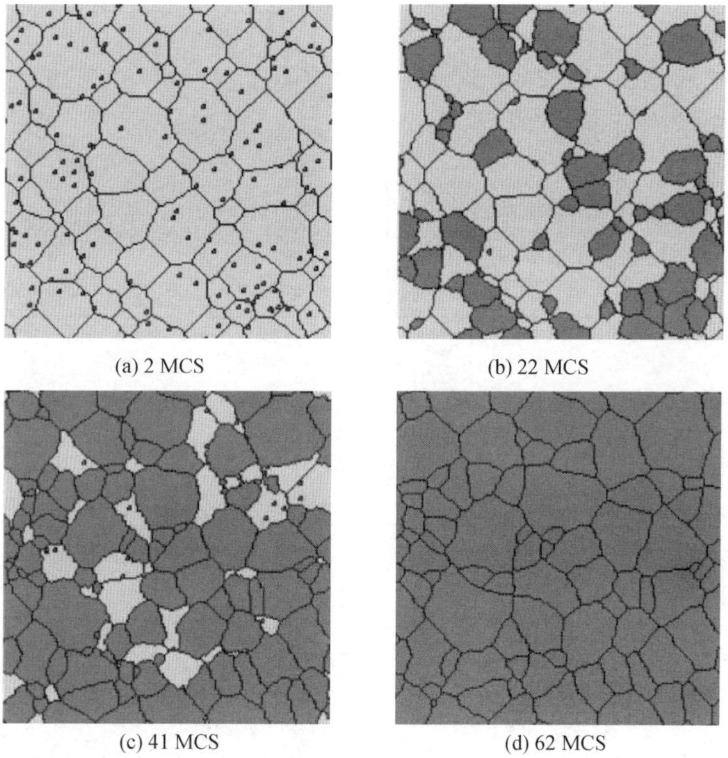

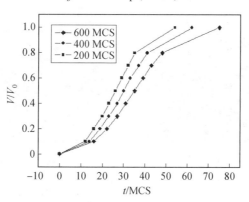

图 9.60　相变潜热较小的相变重结晶过程($\Delta H/J = 2$,原始组织 400 MCS)

$$\lg\left(\ln\frac{1}{1-f}\right)=\lg k + n\lg t \tag{9.20}$$

$$f = 1 - \exp(-kt^n) \tag{9.21}$$

图 9.61　相变潜热较小的相变重结晶动力学曲线

　　图 9.63 给出了相变潜热较大的相变重结晶过程。通过蒙特卡洛模拟,可以很清楚地观察到相变及晶粒的演化过程。

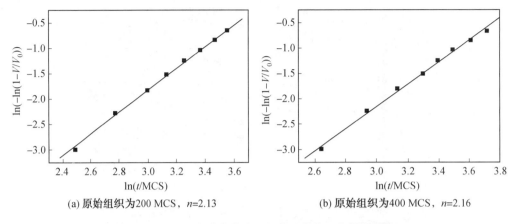

(a) 原始组织为200 MCS，n=2.13   (b) 原始组织为400 MCS，n=2.16

图 9.62   相变潜热较小的相变重结晶阿夫拉米指数

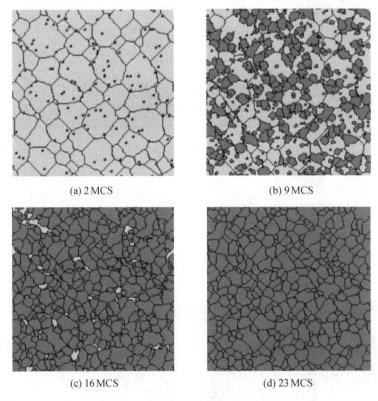

(a) 2 MCS   (b) 9 MCS

(c) 16 MCS   (d) 23 MCS

图 9.63   相变潜热较大的相变重结晶过程（$\Delta H/J = 4$）

9.8.8   快速冷却后保温相变过程的模拟

快速冷却保温过程由于冷却速度很快，晶粒在冷却过程中不发生形核，而在保温过程中以同一形核率逐步形核、长大。图 9.64 为冷却到 770 ℃ 保温后得到的相变晶粒组织的模拟结果，浅色为母相区，深色为新相晶粒。可以清楚地看到，随着时间的增加，新相晶核不断形成，并且和已转变的晶粒一起长大。当母相消失后，相变过程完成。

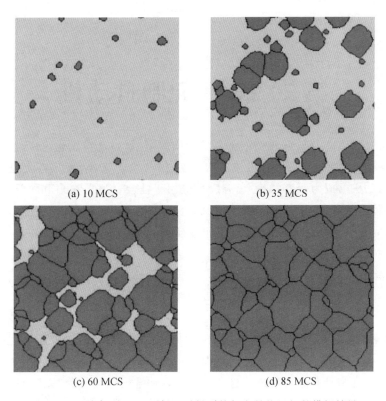

(a) 10 MCS (b) 35 MCS

(c) 60 MCS (d) 85 MCS

图 9.64 冷却到 770 ℃ 保温后得到的相变晶粒组织的模拟结果

第 10 章　　元胞自动机

元胞自动机(CA)是时间和空间都离散的动力学系统,基本思想可以追溯到 20 世纪 40 年代。进入 21 世纪,随着计算机技术的发展,国内外学者对元胞自动机进行了深入的研究,元胞自动机已成为研究的热点,并广泛应用于社会、经济、军事和科学研究的领域,用以模拟各种自然现象,尤其是非线性现象。在材料领域,元胞自动机在凝固、再结晶和相变行为研究中得到广泛的应用,取得了很多研究成果。本章介绍元胞自动机的原理和算法。

10.1　元胞自动机的定义

元胞自动机是定义在一个由具有离散、有限状态的元胞组成的元胞空间上,并按照一定局部规则,在离散的时间维上演化的动力学系统。具体讲,构成元胞自动机的部件被称为"元胞",每个元胞具有一个状态。这些元胞规则地排列在被称为"元胞空间"的空间格网上,它们各自的状态随着时间变化,根据一个局部规则进行更新。也就是说,一个元胞在某时刻的状态取决于而且仅仅取决于上一时刻该元胞的状态以及该元胞的所有邻居元胞的状态;元胞空间内的元胞依照这样的局部规则进行同步的状态更新,整个元胞空间则表现为在离散的时间维上的变化。

10.2　常用元胞自动机

10.2.1　Wolfram 和初等元胞自动机

20 世纪 80 年代,英国数学家 Wolfram 从理论和计算机模拟方面对元胞自动机进行了研究,提出了初等元胞自动机的概念。初等元胞自动机是状态集 S 只有两个元素 $\{s_1, s_2\}$,即状态个数 $k=2$,邻居半径 $r=l$ 的一维元胞自动机,邻居集 N 的个数 $2r=2$,局部映射 $f: S_3 \rightarrow S$ 可记为

$$S_i^{t+1} = f(S_{i-1}^t, S_i^t, S_{i+1}^t) \tag{10.1}$$

其中变量有三个,每个变量取两个状态值,那么就有 $2 \times 2 \times 2 = 8$ 种组合,只要给出在这 8 个自变量组合上的值,f 即可确定。

10.2.2　Conway 和"生命游戏"

"生命游戏"是英国数学家 Conway 发明的一种非常著名的元胞自动机。"生命游戏"

的构成及规则如下：元胞分布在规则划分的网格上，元胞具有 0,1 两种状态，0 代表"死"，1 代表"生"，元胞以相邻的 8 个元胞为邻居，即摩尔(Moore)邻居形式。

1 个元胞的生死由其在该时刻本身的生死状态和周围 8 个邻居的状态（确切讲是状态的和）决定：在当前时刻，如果 1 个元胞状态为"生"，且 8 个相邻元胞中有 2 个或 3 个的状态为"生"，则在下一时刻该元胞继续保持为"生"，否则"死"去；在当前时刻，如果 1 个元胞状态为"死"，且 8 个相邻元胞中正好有 3 个为"生"，则该元胞在下一时刻"复活"，否则保持为"死"。

10.2.3　格子气自动机

由于流体粒子不会轻易从模型空间中消失，这个特征需要格子气自动机是一个可逆元胞自动机模型。格子气自动机的邻居模型通常采用 Margulos 类型，即它的规则基于一个 2×2 的网格空间，依照规则和邻居模型在计算完一次后，需要将这个 2×2 的模板沿对角方向滑动，再计算一次。因此一个流体粒子的运动需要两步 $t \sim t+1 \sim t+2$ 才能完成。

10.3　元胞自动机的构成

元胞自动机的基本组成有元胞、元胞空间、邻居及规则四部分，如图 10.1 所示。

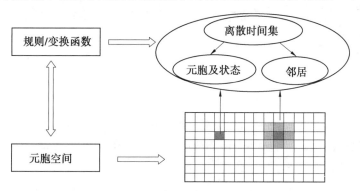

图 10.1　元胞自动机的组成

1. 元胞

元胞又可称为单元或基元，是元胞自动机最基本的组成部分。元胞分布在离散的一维、二维或多维欧几里得空间的晶格点上。

2. 状态

状态可以是 $\{0,1\}$ 的二进制形式，或是 $\{s_0,s_1,\cdots,s_i,\cdots,s_k\}$ 整数形式的离散集。严格意义上，元胞自动机的元胞只能有一个状态变量。但在实际应用中，往往将其进行扩展。由于邻居关系，每个元胞有有限个元胞作为它的邻居。

3. 元胞空间(lattice)

元胞分布的空间网点集合即元胞空间。

根据元胞空间的几何划分理论,它可以按任意维数的欧几里得空间规则划分。目前研究多集中在一维和二维元胞自动机上。对于一维元胞自动机,元胞空间的划分只有一种。而高维的元胞自动机,其元胞空间的划分则可能有多种形式,对于最为常见的二维元胞自动机,二维元胞空间通常可按三角、四方或六边形三种网格排列,如图 10.2 所示。

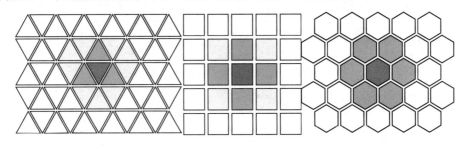

图 10.2　二维网格划分

这三种规则的元胞空间划分在构模时各有优缺点。三角网格拥有相对较少的邻居数目,这在某些时候很有用,但计算机表达与显示不方便,需转换为四方网格。四方网格直观而简单,而且特别适合于在现有计算机环境下进行表达显示,但不能较好地模拟各向同性的现象,如格子气模型中的 HPP 模型。而六边形网格能较好地模拟各向同性的现象,模型能更加自然而真实,如格子气模型中的 FHP 模型,其缺点同三角网格一样,在表达显示上较为困难、复杂。

对于边界条件,在理论上,元胞空间通常在各维向上是无限延展的,这有利于在理论上的推理和研究。但是在实际应用过程中,无法在计算机上实现这一理想条件,因此,需要定义不同的边界条件。

归纳起来,边界条件主要有三种类型:周期型(pehodic boundary)、反射型(reflective boundary)和定值型(constant boundary)。有时,为在应用中更加客观、自然地模拟实际现象,还有可能采用随机型,即在边界实时产生随机值。

首先是周期型边界条件。周期型是指相对边界连接起来的元胞空间。对于一维空间,元胞空间表现为一个首尾相接的"圈"。对于二维空间,上下相接,左右相接,而形成一个拓扑圆环面(torus),形似车胎。周期型空间与无限空间最为接近,因而在理论探讨时,常用此类空间进行实验。图 10.3 和图 10.4 给出了一维和二维格子的周期性边界条件。在计算材料学中使用的大多数元胞自动机都采用周期性边界条件,可用于描述简单立方二维或二维格栅的态变量分布。在变换中所考虑的近邻壳层结构和网格对称性将对系统的拓扑结构演化产生显著影响。例如,对于简单立方和面心立方晶格,当只考虑第一和第三最近邻壳层时就人为地禁止了晶粒生长,其驱动力一般通过吉布斯－汤姆孙(Gibbs－Thomson)方程的离散形式来计算。

还有反射型和定值型边界条件。反射型指在边界外邻居的元胞状态是以边界为轴的镜面反射。定值型指所有边界外元胞均取某一固定常量,如 0、1 等。图 10.5 给出了一维

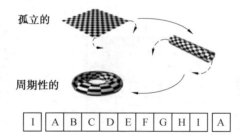

| I | A | B | C | D | E | F | G | H | I | A |

图 10.3   一维格子的周期性边界条件

f	6	6	6	6	6	6	F
a	A	1	1	1	1	a	A
b	B	2	2	2	2	b	B
c	C	3	3	3	3	c	C
d	D	4	4	4	4	d	D
e	E	5	5	5	5	e	E
f	F	6	6	6	6	f	F
a	1	1	1	1	1	1	1

图 10.4   二维格子的周期性边界条件

格子反射型边界条件。

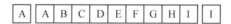

| A | A | B | C | D | E | F | G | H | I | I |

图 10.5   一维格子反射型边界条件

在元胞、状态、元胞空间的概念基础上,引入另外一个非常重要的概念 —— 构形(configuration)。构形是在某个时刻,在元胞空间上所有元胞状态的空间分布组合。通常,在数学上,它可以表示为一个多维的整数矩阵。

对于元胞自动机,还有三个重要的概念:邻居、规则和时间。

1. 邻居(neighbor)

元胞及元胞空间只表示了系统的静态成分,为将“动态”引入系统,必须加入演化规则。在元胞自动机中,这些规则是定义在空间局部范围内的,即一个元胞下一时刻的状态取决于其本身状态及其邻居元胞的状态。因而,在指定规则之前,必须定义一定的邻居规则,明确哪些元胞属于该元胞的邻居。

在一维元胞自动机中,通常以半径来确定邻居,位于一个元胞半径内的所有元胞均被认为是该元胞的邻居。二维元胞自动机的邻居定义较为复杂,但通常有图 10.6 所示的几种形式(以最常用的规则四方网格划分为例)。

(1) 冯·诺依曼型,如图 10.7 所示,一个元胞的上、下、左、右相邻四个元胞为该元胞的邻居。这里,邻居半径 r 为 1,相当于图像处理中的四邻域、四方向。其邻居定义如下:

$$N_{\text{Neumaan}} = \{v_i = (v_{ix}, v_{iy}) \mid \mid v_{ix} - v_{ax} \mid + \mid v_{iy} - v_{oy} \mid \leqslant 1, (v_{ix}, v_{iy}) \in Z^2\} \quad (10.2)$$

式中,$v_{ix} v_{iy}$ 为邻居元胞的行列坐标值;v_{ax} 为中心元胞的行列坐标值。此时,对于四方网

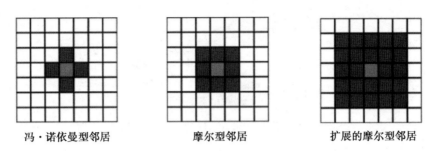

冯·诺依曼型邻居　　　　　摩尔型邻居　　　　　扩展的摩尔型邻居

图 10.6　二维元胞自动机的邻居形式

格,在维数为 d 时,一个元胞的邻居个数为 2^d,如

$$x(2,2) = f\{x(1,2), x(2,1), x(2,3), x(3,2)\} \tag{10.3}$$

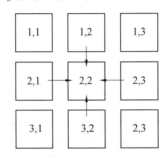

图 10.7　冯·诺依曼型邻居示意图

　　(2) 摩尔型,一个元胞的上、下、左、右、左上、右上、右下、左下相邻八个元胞为该元胞的邻居,如图 10.8 所示。邻居半径 r 同样为 1,相当于图像处理中的八邻域、八方向。其邻居定义如下:

$$N_{\text{Moasi}} = \{v_\text{f} = (v_{kr}, v_{iy}) \parallel v_{ix} - v_{ax} \mid \leqslant 1, \mid v_{iy} - v_{ay} \mid \leqslant 1, (v_{ix}, v_{ig}) \in Z^* \} \tag{10.4}$$

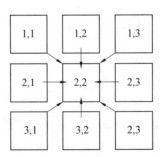

图 10.8　摩尔型邻居示意图

　　此时,对于四方网格,在维数为 d 时,一个元胞的邻居个数为 $(3^d - 1)$,如

$$x(2,2) = g\{x(1,1), x(1,2), x(1,3), x(2,1), x(2,3), x(3,1), x(3,2), x(3,3)\} \tag{10.5}$$

　　(3) 扩展的摩尔型。将以上的邻居半径 r 扩展为 2 或者更大,即得到所谓扩展的摩尔型邻居。其数学定义可以表示为

$$N_{\text{Moore}} = \{v_i = (v_{ix}, v_{iy}) \mid\mid v_{ix} - v_{ax} \mid + \mid v_{iy} - v_{ay} \mid \leqslant r, (v_{ix}, v_{iy}) \in Z^2\} \quad (10.6)$$

此时,对于四方网格,在维数为 d 时,一个元胞的邻居个数为 $(2r+1)^d - 1$。

(4) 马哥勒斯(Margulos)型。这是一种同以上邻居模型完全不同的邻居类型,它是每次将一个 2×2 的元胞块做统一处理,而上述三种邻居模型中,每个元胞是分别处理的。

由于空间离散化,邻居类型影响着局域变换速率。例如,在高维数的情况下,假如用直角坐标表述三个独立空间变量、摩尔邻居以及立方元胞,即可实现对均匀介质的元胞自动机模拟,这时预测结果依赖于元胞的形状。

当用于确定格座之间相互作用的物理规则为各向同性时,则平行于〈110〉的变换速率预测值有个归一化因子 $\sqrt{2}$,而平行于〈111〉方向时归一化因子为 $\sqrt{3}$。

2. 规则(rule)

根据元胞当前状态及其邻居状况确定下一时刻该元胞状态的动力学函数,简单讲,就是一个状态转移函数。将一个元胞的所有可能状态连同负责该元胞的状态变换的规则合称为一个变换函数。

这个函数构造了一种简单的、离散的空间/时间的局部物理成分。要修改的范围里采用这个局部物理成分对其结构的"元胞"重复修改。这样,尽管物理结构的本身每次都不发展,但是状态在变化。它可以记为{EMBED Equation. DSMT4},S 为 t 时刻的邻居状态组合,称 f 为元胞自动机的局部映射或局部规则。

一般来讲,演化规则来源于所模拟的具体物理过程的抽象与概括,因此,演化规则的建立对于模拟结果的准确性有着决定性意义。忽略因素太多,演化规则过于简单,将导致模型失真,模拟结果与实际物理过程偏差增大;考虑因素过于详细,未能抓住与概括出实际过程中的关键因素,将导致演化规则复杂,模拟建立困难,计算浪费大量资源。

为了把属于自动机的多少有些抽象的规则和性质转变为与材料模拟相关的概念,一是要把有关态变量值的描述与自动机格栅(由独立空间坐标决定)的元胞对应起来;二是要根据模型建立偏微分方程,将这些方程的局域有限差分近似解作为局域变换规则使用。

3. 时间(time)

元胞自动机是一个动态系统,它在时间维上的变化是离散的,即时间 t 是一个整数值,而且连续等间距。假设时间间距 $dt=1$,若 $t=0$ 为初始时刻,那么 $t=1$ 为其下一时刻。在上述转换函数中,一个元胞在 $t+1$ 时刻只(直接)取决于 t 时刻的该元胞及其邻居元胞的状态,虽然,在 $t-1$ 时刻的元胞及其邻居元胞的状态间接(时间上的滞后)影响了元胞在 $t+1$ 时刻的状态。由以上对元胞自动机的组成分析,可以更加深入地理解元胞自动机的概念。用数学符号来表示,标准的元胞自动机是一个四元组:

$$A = (Ld, S, \mathbf{N}, f) \quad (10.7)$$

式中,A 为一个元胞自动机系统;L 为元胞空间;d 为一正整数,表示元胞自动机内元胞空间的维数;S 是元胞的有限的、离散的状态集合;f 为将 S_n 映射到 S 上的一个局部转换函

数；N 为一个所有邻域内元胞的组合（包括中心元胞），即包含 n 个不同元胞状态的一个空间矢量，记为

$$N = (s_1, s_2, \cdots, s_n) \tag{10.8}$$

其中，n 为元胞的邻居个数，$s_i \in Z$（整数集合），$i \in \{1, \cdots, n\}$。所有的元胞位于 d 维空间上，其位置可用一个 d 元的整数矩阵 Z_d 来确定。

元胞自动机具有如下特征：① 同质性、齐性，同质性反映在元胞空间内的每个元胞的变化都服从相同的规律，即元胞自动机的规则，或称为转换函数；齐性指的是元胞的分布方式相同，大小、形状相同，空间分布规则整齐。② 空间离散，元胞分布在按照一定规则划分的离散的元胞空间。③ 时间离散，系统的演化是按照等间隔时间分步进行的，时间变量 t 只能取等步长的时刻点，形似整数形式的 $t_0, t+1, t+2\cdots$，而且，t 时刻的状态构形只对其下一时刻，即 $t+1$ 时刻的状态构形产生影响，而 $t+2$ 时刻的状态构形完全取决于 $t+1$ 的状态构形及定义在上面的转换函数。元胞自动机的时间变量区别于微分方程中的时间变量 t，t 通常是个连续值变量。④ 状态离散有限，元胞自动器的状态只能取有限 (k) 个离散值 $(s_1, s_2, \cdots, s_k)$。相对于连续状态的动力系统，它不需要经过粗粒化处理就能转化为符号序列。而在实际应用中，往往需要将有些连续变量进行离散化，如分类，分级，以便于建立元胞自动机模型。⑤ 同步计算（并行性），各个元胞在时刻 $t_i + 1$ 的状态变化是独立的行为，相互没有任何影响。若将元胞自动机的构形变化看作对数据或信息的计算或处理，则元胞自动机的处理是同步进行的，特别适合于并行计算。⑥ 时空局部性，每一个元胞的下一时刻 $t_i + 1$ 的状态，取决于其周围半径为 r 的邻域（或者其他形式邻居规则定义下的邻域）中的元胞在当前时刻 t_i 的状态，即所谓时间、空间的局部性。从信息传输的角度来看，元胞自动机中信息的传递速度是有限的。⑦ 维数高，在动力系统中一般将变量的个数称为维数。

在实际应用过程中，许多元胞自动机模型已经对其中的某些特征进行了扩展。但在上述特征中，同质性、并行性、局部性是元胞自动机的核心特征，任何对元胞自动机的扩展应当尽量保持这些核心特征，尤其是局部性特征。

10.4　元胞自动机的分类

Wolfram 在 20 世纪 80 年代初基于动力学行为对元胞自动机进行分类。第一类是平稳型，自任何初始状态开始，经过一定时间运行后，元胞空间趋于一个空间平稳的构形，这里空间平稳即指每一个元胞处于固定状态，不随时间变化而变化。第二类是周期型，经过一定时间运行后，元胞空间趋于一系列简单的固定结构（stable paterns）或周期结构（perlodical patterns）。由于这些结构可看作一种滤波器（filter），故可应用到图像处理的研究中。第三类是混沌型，自任何初始状态开始，经过一定时间运行后，元胞自动机表现出混沌的非周期行为，所生成的结构的统计特征不再变化，通常表现为分形特征。第四类是复杂型，出现复杂的局部结构，或者说是局部的混沌，其中有些会不断地传播。第四类元胞自动机具有自组织或涌现计算功能而备受关注。

按元胞空间的维数分类,元胞自动机通常可以分为一维元胞自动机、二维元胞自动机、三维元胞自动机和高维元胞自动机。

① 一维元胞自动机。它的元胞按等间隔方式分布在一条向两侧无限延伸的直线上,每个元胞具有有限个状态 $s,s \in S = \{s_1, s_2, \cdots, s_k\}$,定义邻居半径 r,元胞的左右两侧共有 $2r$ 个元胞作为其邻居集合 N,定义在离散时间维上的转换函数 $f: S^{2r+1} \rightarrow S$ 可以记为

$$S_i^{t+1} = f(S_{i-1}^t, S_i^t, S_{i+1}^t) \tag{10.9}$$

式中,S_i^t 为第 i 个元胞在 t 时刻的状态。称上述 $A = \{S, N, f\}$ 三元组(维数 $d \equiv 1$)为一维元胞自动机。

② 二维元胞自动机。二维元胞自动机中元胞分布在二维欧几里得平面上规则划分的网格点上,如图 10.9 所示,通常为方格划分。以 Conway 的"生命游戏"为代表,应用最为广泛。由于现实中很多现象是二维分布的,还有一些现象可以通过抽象或映射等方法转换到二维空间上,所以,二维元胞自动机的应用最为广泛,多数应用模型都是二维元胞自动机模型。

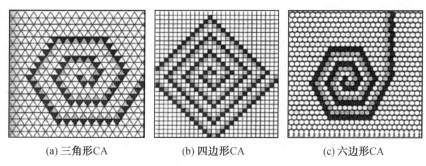

(a) 三角形CA　　　(b) 四边形CA　　　(c) 六边形CA

图 10.9　二维元胞自动机模型

③ 三维元胞自动机。目前,Bays 等在这方面做了若干实验性工作,包括在三维空间上实现了生命游戏,延续和扩展了一维和二维元胞自动机的理论。图 10.10 给出了一些三维元胞自动机模型。

④ 高维元胞自动机。高维元胞自动机只是在理论上进行少量的探讨,实际的系统模型较少。Lee Meeker 在他的论文中,对四维元胞自动机进行了探索。

10.5　元胞自动机与波茨型蒙特卡洛自旋模型

元胞自动机经常与波茨型蒙特卡洛自旋模型发生混淆。然而这两种方法存在本质上的区别。① 元胞自动机方法对微观体系不存在内禀标度;如果选择合适的基础单元,且能建立与场变量相匹配的代数、微分或积分方程,那么元胞自动机可以用于任意空间和时间尺度上的问题处理。但是,波茨型蒙特卡洛自旋模型则与之不同,因为它关于微观体系存在内禀标度。② 在所有波茨型蒙特卡洛自旋模型中,广义自旋格座是用随机抽样顺序考察的,而元胞自动机则是同步一齐更新。③ 元胞自动机比波茨型蒙特卡洛自旋模型使用了更多的确定性或概率性变换规则。表 10.1 为元胞自动机方法与波茨型蒙特卡洛自

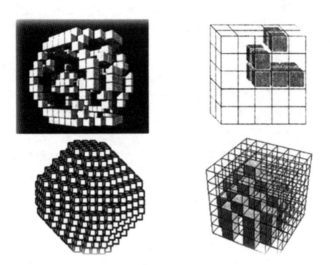

图 10.10　三维元胞自动机模型

旋模型的比较。

表 10.1　元胞自动机方法与波茨型蒙特卡洛自旋模型的比较

元胞自动机方法	波茨型蒙特卡洛自旋模型
同步更新(并行)	依次更新(串行)
任意尺度	微观尺度
确定性或概率性	概率性
不适合统计力学	适用于统计力学
应用于微观结构演化	应用于微观结构演化

10.6　概率性元胞自动机

为了避免在讨论非确定性元胞自动机时发生混淆,应该清楚地标明在算法中出现的统计元素。有两种基本方法可以将确定性元胞自动机变为非确定性的。

第一种方法为随机地选择所研究的晶格格座,而不是系统化地按顺序选择,但是要使用确定性变换规则;第二种方法用概率性变换代替确定性变换,但要系统地研究所有格座。第一种自动机的建立过程类似于波茨模型。本节将专门讨论第二种方法,并将之归类为概率性或随机性元胞自动机。

概率性元胞自动机,就其基本过程和要素而言,与普通的元胞自动机非常相似,只是转变规则由确定性的换成了随机性的。设有 N 个格座组成一个一维链,其中每个格座有 k 个可能的状态 $S_v = 0, 1, 2, \cdots, k-1$,从而整个链共有 kN 个不同的排列方式。由 $(S_1, S_2, \cdots, S_n)$ 描述的某给定晶格状态用下式整数标记:

$$i = \sum_{v=1}^{N} S_v k^{v-1} \qquad (10.10)$$

在概率性元胞自动机中,假定每个状态 i 的存在概率为 P_i,这个概率是时间的函数,即有 $P_i(t)$,按照其转变概率 T_{ij} 以离散时间步 $t=0,1,2\cdots$ 的方式变化发展。如果只考虑靠近的时间步 $(t-1)$,这一规则可用下式给出:

$$P_i(t) = \sum_{j=0}^{(k^N-1)} \boldsymbol{T}_{ij} P_j(t-1) \tag{10.11}$$

因此,如果系统在前个时间处于 j 状态,转变概率 T_{ij} 就表示得到链配置组态 i 的概率。因为所考虑的是离散型元胞自动机方法,所以转变矩阵 $\boldsymbol{T}_{ij}$ 是由局域规则决定的,即

$$\boldsymbol{T}_{ij} = \prod_{v=1}^{N} P(S_{v-1}^j, S_v^j, S_{v+1}^j \mid S_v^i) \tag{10.12}$$

式中,S_v^i 和 S_v^j 分别为状态 i 和 j 的格座变量,因而变量 S_v^i 的转换只与其最近邻及其自身状态有关。

在概率性元胞自动机中,总和型和分离型变换规则均可以使用。虽然概率性元胞自动机与波茨型蒙特卡洛自旋模型之间具有一定的相似性,但二者之间还是有差别的。这种差别主要表现在两个方面:① 波茨型蒙特卡洛自旋模型每个时间步只更新一个格座,而概率性元胞自动机同大多数自动机一样,每次要全部一齐更新;② 总体上说,元胞自动机都没有本征的长度或时间标度。

尽管大多数元胞自动机,尤其概率性变体(派生的)方法经常用于处理微观层次上的模拟问题,但它们的标定参数主要由构成物理模型的基础决定,而不是由所采用的元胞自动机算法决定。

10.7　晶格气元胞自动机

晶格气元胞自动机能够在考虑统计涨落的情况下,对反应－扩散现象进行时间－空间离散化模拟处理。尽管晶格气元胞自动机通常用于微观体系模拟,但并不仅限于微观层次上的模拟。如果能找到合适的元胞自动机变换规则,也可以用于介观或宏观系统的模拟。

同普通元胞自动机一样,晶格气元胞自动机也具有一系列性质:首先在时间、空间上都是离散的;其次使用离散晶格;并通过简单的局域次近邻变换、反应及扩散定律用于宏观和介现层次上的复杂动力学系统特性的模拟。

晶格气元胞自动机网格(grid)是由结点与其最近邻相互连接的规则排列组成,网格可能具有立方或六角系对称性。格座之间的连接通常被称为"键"。一般认为,变换规则和反应定律与结点相联系,而与连接键无关。

在传统的元胞自动机方法中,晶格格座是根据态变量的取值配置的,态变量值被认为代表了所有允许状态中的一个态。在晶格气自动机中,这些态变量由一个粒子组成的离散集合代替。这些粒子集通常具有一定速度,但没有质量和相互作用能。在模拟中粒子数量是守恒的,这反映了质量守恒定律。

在晶格气自动机中,结点的状态是由局域粒子密度决定的,而不是由场变量决定。这

一粒子的集合被称为晶格气。在具有立方网格对称性的简单二维晶格气元胞自动机中，每个结点最多被 4 个粒子占据；这些粒子可以有 4 个速度，但其绝对值相等；其不同点在于它们分别指向 4 个可能的方向。故晶格气自动机邻居模型通常为 Margulos 型。

图 10.11 中描述了两个按时间顺序排列的无碰撞的粒子，其动量（粒子速度的大小）、移动方向和质量（粒子数）保持不变，当服从一套给定的碰撞规则条件时，将发生碰撞，碰撞在粒子对之间发生，如 (a,c) 和 (b,d)。

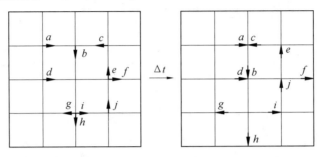

图 10.11 具有立方网格的二维晶格气元胞自动机示意图

在具有平面六角对称性的网格中，每个结点被占据的粒子数可以达到 6 个，这些粒子可以有 6 个不同的速度矢量。

图 10.12 中为两个按顺序排列的未发生碰撞的粒子，其动量（粒子速度的大小）、移动方向和质量（粒子数）保持不变，在下一步，粒子将按照给定的碰撞定律发生碰撞，碰撞将在粒子团簇之间发生，如 (a,c,d)、(e,f)、(g,h)。

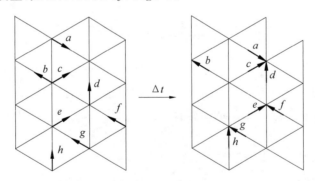

图 10.12 具有六角网格的晶格气元胞自动机

无论上述哪种情况，每个给定的状态最多只能填充一个粒子，不可能有两个粒子具有相同的格栅位置和相同的速度（矢量）方向。

对于晶格气元胞自动机的动力学演化，在离散时间 Δt 间隔内，粒子将从它们所占据的格座运动到它们所指向的格座；在结点将发生弹性碰撞，在这个过程中质量（粒子数）、动量（速度大小）守恒。根据入射粒子的排列状态，可能会有几个碰撞后的组态。最终的结点状态通常是在这些组态中随机地给出，也可以通过给定的确定性碰撞定律进行选取。对于惰性粒子的情况，只考虑碰撞即可；对于改进型化学形式的晶格气元胞自动机，还要考虑反应问题，这时的碰撞将会形成具有不同性质的新的反应产物。

图 10.13 中给出了结点处在碰撞前各种可能的组态,以及碰撞规则;这些规则就是弹性碰撞之后粒子可能给出的顺序排列方式。在一些晶格气元胞自动机方法中,这些组态是随机选择而不是从固定表中选取,在碰撞中动量(粒子速度的大小)和质量(粒子数)是守恒的,移动方向通常是变化的。

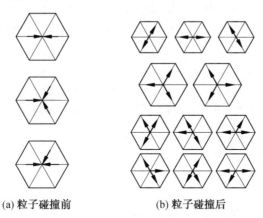

(a) 粒子碰撞前   (b) 粒子碰撞后

图 10.13　粒子碰撞前后晶格气元胞自动机的变化

所有可能的各种两粒子、三粒子、四粒子、五粒子甚至六粒子碰撞后,其形成的产物和新组态,包括那些普通粒子与反应产物之间的碰撞在内,通常在模拟之前均被记录在数据库中。这些信息描述了粒子相互作用的微观物理与化学特征。

近年来,人们提出了各种改进型晶格气元胞自动机方法。比如晶格玻尔兹曼方法,使用不同速度幅值的温度相关性晶格气元胞自动机,在运动之前考虑近邻粒子特性的各种多相模型等。

10.8　非平衡现象模拟

10.8.1　热力学研究

金属热变形过程存在许多非平衡转变现象和微结构瞬态问题,如再结晶、连续性晶粒生长、非连续性晶粒生长、三次再结晶、不连续沉淀等。按照微结构的观点,这些转变现象由高角晶界运动引起。吉布斯自由焓的梯度使原子或原子团从一个晶粒跃迁到其近邻晶粒,可对同相界面的运动进行唯象描述。净驱动压强为

$$p = \frac{\mathrm{d}G}{\mathrm{d}V} \tag{10.13}$$

式中,G 为吉布斯自由焓;V 为作用的体积。

在实际材料中,各种贡献都将影响局域自由焓的值。冷加工金属中位错密度 ρ 增加导致的弹性能贡献在驱动压强中占比最大。应用经典统计态变量方法,这个贡献 $p(\rho)$ 可表示为

$$p(\rho) \approx \frac{1}{2} \Delta\rho\mu\boldsymbol{b}^2 \tag{10.14}$$

式中，$\Delta\rho$ 为界面两边的位错密度差；μ 为各向同性极限下的体切变模量；$\boldsymbol{b}$ 为伯格斯矢量的大小。

共有两类位错贡献，第一类是元胞内的位错（ρ_L），其贡献可直接写入公式；第二类是元胞壁的位错（ρ_w），其贡献 ρ 只能用亚晶粒尺寸 D 和亚晶粒壁的界面能 γ_{sub} 表述：

$$p(\rho_L, \rho_w) \approx \frac{1}{2} \Delta\rho_L\mu\boldsymbol{b}^2 + \frac{\alpha\gamma_{\mathrm{sub}}}{D} \tag{10.15}$$

式中，α 为常数。

利用瑞德－肖克莱（Read－Shockley）方程，亚晶粒壁的贡献可以作为取向偏差角度的函数计算。第二类贡献通常是由作用于各晶粒上的拉普拉斯压强或毛细压强引起的。

对于常见的晶粒粒度分布和球形晶粒，可以假定

$$p(\gamma) = \frac{\alpha\gamma}{R} \tag{10.16}$$

式中，α 为 2 ～ 3 阶的常数；γ 为界面能；$1/R$ 为曲率。

对于薄膜，还有来自表面能梯度的贡献，即

$$p(\gamma) = \frac{2\alpha\Delta\gamma B}{h} \tag{10.17}$$

式中，B 为薄膜宽度；h 为膜厚；$\Delta\gamma$ 为表面能变化量。

在过饱和态，对驱动压强还有一项化学贡献，其对应的转变称为非连续沉淀。对于较小的浓度，这一化学驱动力为

$$p(c) \approx \frac{k_{\mathrm{B}}}{\Omega}(T_0 - T_1)\, c_0 \ln c_0 \tag{10.18}$$

式中，k_{B} 为玻尔兹曼常数；Ω 为原子体积；T_1 为（数值）实验中的实际温度；T_0 为相应于 T_1 时过饱和浓度的平衡温度；c_0 为浓度。

10.8.2　动力学研究

为使初始再结晶能够启动，要在热力学、力学和动力学方面有一定的不稳定性：第一类不稳定性是成核；第二类是有净驱力；第三类是高角晶界的运动。

如果是热力学上的均匀过程，在初始再结晶过程中不发生成核。这时局域弹性减少而使晶粒得到的自由焓不能有效补偿在核周围形成新的高角晶界所需的界面能。可见在再结晶过程中，主要是非均匀成核，可能成核的格座所处的区域应该具有非常高的位错密度、较小的子晶粒尺寸和较大的局域晶格取向偏差，如剪切带、迁移带、高角晶界区、在沉淀物周围的形变区等。

在初始再结晶过程中，通常满足新形成晶界垂直方向上净驱动力分量的临界值需求。如果所考虑的驱动力是比较小的情况，如在二次和三次再结晶或晶粒生长过程中，固有的驱动压强可以通过杂质和沉淀物等引起的反驱动力给予补偿。

在初始再结晶早期阶段，根据原子和原子团簇在上述驱动力作用下通过界面的简单

物理图像,可以描述高角晶界的运动。采用垂直通过均匀晶界的各向同性单原子扩散过程,描述界面运动的对称速率方程为

$$\dot{x} = \nu_D \lambda_{gb} \boldsymbol{n} c \left\{ \exp\left(-\frac{\Delta G - \Delta G_t / 2}{k_B T}\right) - \exp\left(-\frac{\Delta G + \Delta G_t / 2}{k_B T}\right) \right\} \tag{10.19}$$

式中,$\dot{x}$ 为界面速度;ν_D 为德拜频率;λ_{gb} 为通过界面时的跃迁宽度;c 为平面内自扩散载体缺陷的固有浓度(如晶界空位或源的重组);$\boldsymbol{n}$ 为晶界段的法向矢量;ΔG 为通过界面时引起的吉布斯焓变;ΔG_t 为与转变有关的吉布斯焓;k_B 为玻尔兹曼常数;T 为绝对温度。

对式(10.19)进行线性近似可得到

$$\dot{x} \approx \nu_D \boldsymbol{b} \boldsymbol{n} \exp\left(\frac{\Delta S^f + \Delta S^m}{k_B}\right) \left(\frac{p\Omega}{k_B T}\right) \exp\left(-\frac{\Delta H^f + \Delta H^m}{k_B T}\right) \tag{10.20}$$

式中,k_B 为玻尔兹曼常数;Ω 为原子体积;ΔS^f 为形成熵;ΔH^f 为形成焓;ΔS^m 为运动熵;ΔH^m 为运动焓;$\boldsymbol{b}$ 为伯格斯矢量的大小。

比较用于晶界迁移率实验数据分析的阿伦尼乌斯唯象表达式:

$$\dot{x} = \boldsymbol{n} m \, p = n m_0 \exp\left(-\frac{Q_{gb}}{k_B T}\right) p \tag{10.21}$$

式中,m 为迁移率;Q_{gb} 为晶界运动激活能。可得

$$m_0 = \frac{\nu_D \boldsymbol{b} \Omega}{k_B T} \exp\left(\frac{\Delta S^f + \Delta S^m}{k_B}\right) \tag{10.22}$$

$$Q_{gb} = \Delta H^f + \Delta H^m \tag{10.23}$$

在退火过程中,初始再结晶是其要达到的状态与某一定范围内的复原倾向相互竞争的结果。在初始再结晶的初级阶段,局域复原过程促进了晶核的形成;在其最后阶段,位错湮灭及重新排列将引起储存能量的不断降低,局域驱动力明显变小,最终导致再结晶速度减慢。

若假设回复速率 p 与所储存的位错密度 ρ 呈比例关系,则由此可得到一个简单的指数定律:

$$\rho(t) = \rho_0 \exp\left(-\frac{t}{\tau}\right) \tag{10.24}$$

式中,$\rho(t)$ 为与时间相关的位错密度函数;ρ_0 为形变后的位错密度;τ 为弛豫时间。

10.9　确定性元胞自动机解法

本节讨论冷加工金属中初始再结晶模拟的确定性元胞自动机解法。假定成核和新结晶晶粒生长所需驱动力均来源于局域位错密度的梯度,并且当有碰撞时生长终止。对于复原和成核,元胞自动机允许引入任意的条件。

起始数据应包括网格几何参数和态变量取值等信息,例如温度、成核概率、晶界迁移率、位错密度和晶体取向。这些数据必须以三维基体的角度提供。也就是说,这些数据能够描述作为空间函数的初始微结构的主要特征。

为降低对计算机存储器的要求,可以指定所研究的晶粒数,并且每个元胞所储存的晶

粒数只能是这个指定的数目。

计算机主存储器中储存的排列数组是晶粒表格（grain list）和表面表格（surface list）；首先，应含有晶粒取向的信息。输入数据由晶粒数目和描述其晶粒取向的三个欧拉角组成。其次，描述那些只拥有同一个晶粒表面的元胞。为了进一步降低所需要的存储容量，在上述表中只储存两个独立的数组，即元胞的坐标和共用同一个元胞的晶粒数目。

在模拟静态初始再结晶时，设元胞自动机主循环从时间 t 启动。按照初始再结晶的物理过程，可以将其分为在每个时间步 t 均顺序发生的三个主要过程 —— 回复、成核和晶核生长。

（1）回复。

在回复阶段，与驱动力相联系并对成核速度有潜在影响的位错密度按下式计算。若假设复原速率与所储存的位错密度 ρ 呈比例关系，则由此可得到一个简单的指数定律（式 10.24）。

在简单的有限差分公式中，可以计算出 $f < 1$ 的因子，这个因子 f 与弛豫时间 τ、温度 T 和时间 t_i 有关。这时，在时间 t_i 时的位错密度可表示为

$$\rho(x_1, x_2, x_3, t_i, T, \tau, \varphi_1, \varphi, \varphi_2) = f_Q(T, \tau, t_i)\rho(x_1, x_2, x_3, t_0, T, \tau, \varphi_1, \varphi, \varphi_2)$$

$$(10.25)$$

在更为复杂的方法中，函数 f 还将依赖于局域取向（也就是把普通的回复转变为与取向相关的回复）。

（2）成核。

在成核阶段，各个元胞或元胞团簇应该由变形态转变为再结晶状态。对所建立模型的体材料样品，可考虑给定半径球的排列情况，以几何学的角度给出所使用的网格。同时，合理规定各种不同的确定性或统计性成核临界条件。在最简单的可能方法中，若不考虑特定的临界条件，可以采用变形基体中晶核晶粒的格座饱和的统计空间排列。

根据所构造模型的物理基础，相对周围的形变基体，晶核取向可有三种情况：① 相同取向；② 相似取向（$\Delta g \leqslant 15°$）；③ 不同取向（$\Delta g > 15°$）。相同或相似取向的晶核只能存在于高角晶界，而当取向偏差明显不同时晶粒会生长进入近邻晶粒。在某些更为物理的方法中，在形变基体中可只选择元胞作为成核格点，以便具有最大的变形储能和最大的局域取向偏差。

把这些反映晶粒取向特性的临界条件，以及产生的晶核应与基体有相似取向的规则结合起来，则相当于给出一个取向成核的假说。

在成核阶段之后，晶核晶粒应添加到晶粒表中，一般假定其形状为球形。所有属于这个球表面的晶胞都要增补到表面清单表格中；球内部的元胞被记作属于再结晶；在使用这些球状晶粒时，必须避免网格几何因素对生长晶粒的形状产生大的影响；成核条件决定了在时间 t_i 时所产生的晶核数 N_i；为讨论问题的方便，可适当地补充其他成核条件，如格座饱和、固定成核速率等。

（3）晶核生长。

在晶核生长阶段，对于每个晶粒可执行一个循环，这个循环就是遍及所有属于目标晶粒表面的元胞。在这个循环中，可以确定表面元胞与其非再结晶近邻元胞两者结晶取向之间的偏差。

晶界迁移率是这个取向偏差 Δg 和温度 T 的函数。迁移率的数值一般可从现成表中查得，但对于 Read－Shockley 型小角晶界和孪晶晶界，其值一致性较差，例如 $\Sigma=3$ 或 $\Sigma=9$（重合位置点阵单晶胞与实际点阵单胞体积之比记为 Σ，Σ 越大，说明两个穿插点阵重合位密度越低），这时通常把迁移率设置为零。

在初始再结晶的情况下，局域驱动力取决于非结晶元胞的实际位错密度 ρ。驱动力和迁移率决定晶界运动的速度，晶界速度即指在单个时间增量内的生长值（以元胞直径为单位）。

由于是在其近邻方向上进行元胞数目的计算，所考察的表面元胞会横向转移到周围环境中。这一运动可以通过适用于三维环境的 Bresenham 算法进行处理，在这种转移运动中所遇到的所有元胞均记作再结晶，当再结晶元胞发生相互碰撞时，生长即刻终止。图 10.14 为元胞自动机模拟晶粒生长的结果。

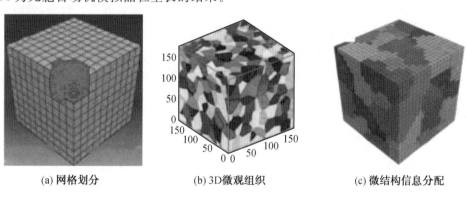

(a) 网格划分 (b) 3D微观组织 (c) 微结构信息分配

图 10.14 元胞自动机模拟晶粒生长的结果（彩图见附录）

第11章　　相场动力学与材料微观组织模拟

11.1　概　　述

材料相变在很大程度上影响了材料的组织结构,进而决定了材料性能。因此研究材料的相变行为,具有重要的理论意义和工程价值。尤其在微观结构的尺度上,研究关于平衡和非平衡相变现象,特别是研究液体－固体和固体－固体相变,已经成为现代材料科学研究中最具挑战性的课题。为预测材料的这些微结构特性所引入的各种方法,可以看作一次次敲开"定做材料微结构"理想之门的机会。从某种意义说,特殊微结构的设计是对材料有用性能的形象表述。

相变现象的热力学只能给出微结构演化总的方向,而且这种最后的综合趋势略去了所有非平衡晶格缺陷;晶格缺陷动力学则决定了实际的微结构演化路径。例如,微结构变化速率和路径(如过饱和置换合金的扩散分解、刃型位错的非守恒运动、同相弯曲界面的迁移等),不仅取决于系统自由能的增加,还依赖于系统中各种位错与温度相关的迁移。在工业合金结构演化中,动力学作用的效果是系统在趋于平衡的路径上是通过系列竞争性非平衡态微结构逐渐发展演化的。从这个意义上讲,事实上所谓微结构并不是处于平衡态,而是处于高度非平衡态,也正因为如此,非平衡态微结构提供了众多优异的材料性质。针对介观层次的微结构优化来说,应该集中研究动力学预测与控制。

不同的原理方法对材料的模拟有各自的模型和使用范围,第一性原理、分子力学、分子动力学对材料系统视为(亚)原子尺度离散模型。蒙特卡洛方法既适用于原子尺度也可用于介观尺度,但在动力学演化方面仅适用于热力学平衡过程。能否在介观尺度上实现热力学平衡或非平衡相变微观组织演化动力学过程的直接模拟? 这就需要应用本章介绍的相场动力学与材料微观组织模拟的知识。

相场模型是以热力学和动力学基本原理为基础而建立起来的一个用于预测固态相变过程中微结构演化的有力工具。在相场模型中,相变的本质由一组连续的序参量场所描述。微结构演化则通过求解控制空间上不均匀的序参量场的时间关联的相场动力学方程而获得。相场模型对相变过程中可能出现的瞬时形貌和微结构不做任何事先的假设。

相场模型已经被广泛应用于各种扩散和无扩散相变的微结构演化研究,如析出反应、铁电相变、马氏体相变、应力相变、结构缺陷相变等。使用相场模型不仅能够预测最终的热力学平衡态,还能够在考虑各种化学、弹性、电磁和热因素对所含晶格缺陷的热力学势函数及其动力学贡献的情况下,预测实际的微结构。

相场方法在热力学基础上考虑有序化势与热力学驱动力的综合作用建立相场方程来

描述系统演化动力学。相场近似方法是基于以下两个假说：① 所研究的材料是均匀的；② 总自由能密度泛函中的化学部分可以用朗道形式表示。核心思想是引入一个或者多个连续的场变量，用扩散界面代替传统的尖锐界面来描述界面。

11.1.1　相变理论回顾

人们对相变进行了长期的研究，提出了若干相关的相变动力学理论，典型的有非匀相经典形核－长大理论、Chan－Hillert 非均匀连续介质理论和朗道理论。

非匀相经典形核－长大理论解决了形核与长大微观机制以及宏观动力学问题，有

$$f = 1 - \exp(-kt^n) \tag{11.1}$$

Chan－Hillert 非均匀连续介质理论解决了调幅分解浓度波演化的问题，有

$$\frac{\partial c}{\partial t} = \widetilde{D}\left\{\left[1 + \frac{2\eta^2 E}{1-v} \cdot \frac{1}{G''_{(c)}}\right]\frac{\mathrm{d}^2 c}{\mathrm{d}x^2} - \frac{2K}{G''_{(c)}} \cdot \frac{\mathrm{d}^4 c}{\mathrm{d}x^4}\right\} \tag{11.2}$$

朗道理论则解决了连续相变的热力学临界特征问题。

$$F(T,M) = F_0(T) + \frac{1}{2}atM^2 + \frac{1}{4}bM^4 \tag{11.3}$$

但是上述理论均未解决相变过程介观组织动力学演化过程问题。

11.1.2　相场动力学概念和起源

金茨堡与朗道在朗道二级相变理论的基础上，综合了超导体的电动力学、量子力学和热力学性质，提出了一个描述超导现象的模型，即金茨堡－朗道（Ginzburg－Landau，G－L）方程。朗道理论引入的序参量原为平均参量（图 11.1），通过引入序参量密度函数 $\varphi(r)$ 描述序参量的涨落，使相场模型具有描述不同区域的特异性。通过将相场变量转换为序参量的空间分布最终描述相形态与分布。

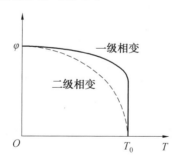

图 11.1　朗道序参量描述相变过程普遍特征

相场动力学方程有 Cahn－Hilliard 方程与 Allen－Cahn 方程两种不同的类型。

Cahn－Hilliard 方程基于结构序参数场（非保守场）变量 $\eta(r)$ 描述相变动力学：

$$\frac{\partial c(r,t)}{\partial t} = M\nabla^2 \frac{\partial F_{\text{tot}}}{\partial c(r,t)} \tag{11.4}$$

Allen－Cahn 方程基于相间成分变化－浓度场（保守场）变量 $c(r)$ 描述相变动力学：

$$\frac{\partial \varphi(r,t)}{\partial t} = -L \nabla^2 \frac{\delta F_{\text{tet}}}{\delta \varphi(r,t)} \tag{11.5}$$

11.1.3　相场动力学的定义

相场模型是以热力学和动力学基本原理为基础而建立起来的一个用于预测固态相变过程中微结构演化的有力工具。在相场模型中,相变由一组连续的序参量场所描述。微结构演化则通过求解控制空间上不均匀序参量场的和时间关联的相场动力学方程而获得。相场模型对相变过程中可能出现的瞬时形貌和微结构不做任何事先的假设。

11.1.4　相场模拟的特点

相场模拟具有直观性强、通用性好、多场耦合的特点,并且具有确定性和可验证性。相场模拟的直观性指可模拟任意组织形态和复杂的微结构;相场模拟的通用性指可选不同的相场变量,适用面广;多场耦合指可同时描述相变与粗化过程,还可包含晶格错配引起的应变场以及外加电场、磁场等。同时,相场模拟具有确定性、热力学和动力学紧密结合的特点,可以获得材料的基本参数。相场模拟具有可验证性,相场中的时间、尺度等可以根据方程中采用的半唯象常数来确定,以达到和实验数据对比的目的。

相场模型在求解上要求很高的精度,尤其对于三维体系,因此,需要发展精确有效的数值求解方法。此外,计算中的输入参量大部分需要从第一性原理计算或实验数据获得。很多情况下,需要模拟的尺寸,如界面宽度等与实际相或畴尺寸相比要小得多,所以相场模型在更小尺度上的模拟受到了限制。

11.1.5　相场模型的分类

相场模型可以分为连续模型和离散模型,如图 11.2 所示。

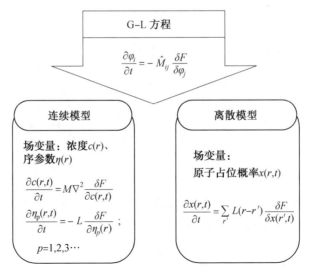

图 11.2　相场模型的分类

11.1.6　相场动力学模拟的意义

相场模型已经被广泛应用于各种扩散和无扩散相变的微结构演化研究。通过相场动力学模拟可以了解微结构演化的机理,以及形象的物理过程。主要包括以下应用:凝固过程、固溶体分解(匀相或非匀相相变)、铁电相变、马氏体相变、应力相变、结构缺陷相变、多场耦合微结构与缺陷演变等。

11.2　扩散相变理论

11.2.1　化学势平衡条件

化学势平衡即同一元素组元在各不同合金相中的化学势相等,用以下方程表示:

$$\mu_A^\alpha = \mu_A^\beta = \mu_A^\gamma = \cdots \tag{11.6}$$

$$\mu_B^\alpha = \mu_B^\beta = \mu_B^\gamma = \cdots \tag{11.7}$$

$$\mu_C^\alpha = \mu_C^\beta = \mu_C^\gamma = \cdots \tag{11.8}$$

式中,$\alpha,\beta,\gamma,\cdots$ 为合金相,A,B,C,$\cdots$ 为元素组元,$\mu_M{}^i$ 为 M 元素在合金相 i 中的化学势。

11.2.2　通量密度

对于含有组元 A、B 和空位 V 的一维等温系统,各种粒子的通量密度为

$$j_A = -M_{AA}\frac{\partial \mu_A}{\partial x} - M_{AB}\frac{\partial \mu_B}{\partial x} - M_{AV}\frac{\partial \mu_V}{\partial x} \tag{11.9}$$

$$j_B = -M_{BA}\frac{\partial \mu_A}{\partial x} - M_{BB}\frac{\partial \mu_B}{\partial x} - M_{BV}\frac{\partial \mu_V}{\partial x} \tag{11.10}$$

$$j_V = -M_{VA}\frac{\partial \mu_A}{\partial x} - M_{VB}\frac{\partial \mu_B}{\partial x} - M_{VV}\frac{\partial \mu_V}{\partial x} \tag{11.11}$$

对于一般情况,应该考虑实际微结构中存在的汇和源,例如,溶质原子可能暂时贮藏于其他晶格缺陷如晶界和位错之中,同时短程空位扩散循环是典型的非守恒位错运动。然而,在下面讨论中将忽略这些效应。

11.2.3　通量密度方程

若不存在汇和源,则通量密度平衡方程和迁移率系数方程为

$$\sum_i j_i = j_A + j_B + j_V = 0 \tag{11.12}$$

$$\sum_i M_{Ai} = M_{AA} + M_{AB} + M_{AV} = 0 \tag{11.13}$$

$$\sum_i M_{Bi} = M_{BA} + M_{BB} + M_{BV} = 0 \tag{11.14}$$

$$\sum_i M_{Vi} = M_{VA} + M_{VB} + M_{VV} = 0 \tag{11.15}$$

11.2.4　菲克第一定律

菲克(Fick)第一定律只适用于 J 和 C 不随时间变化即稳态扩散,在单位时间内通过垂直于扩散方向的单位截面积的扩散物质流量(称为扩散通量 diffusion flux,用 J 表示)与该截面处的浓度梯度(concentration gradient,用 $\frac{\partial c}{\partial x}$ 表示)成正比。也就是说,浓度梯度越大,扩散通量越大,根据迁移率的对称性 $M_{ij}=M_{ji}$,在空位处于平衡状态的条件下,并忽略迁移率矩阵的非对角部分,可由通量密度方程得到菲克第一定律:

$$
\begin{cases}
j_A = -M_{AA}\,\dfrac{\partial \mu_A}{\partial x} = -M_{AA}kT\,\dfrac{\partial \ln \alpha_A}{\partial x} \\[2mm]
j_B = -M_{BB}\,\dfrac{\partial \mu_B}{\partial x} = -M_{BB}kT\,\dfrac{\partial \ln \alpha_B}{\partial x} \\[2mm]
\mu = \mu_0 + kT\ln \alpha
\end{cases}
\tag{11.16}
$$

式中,α 为化学活性。

$$
j_A = -\widetilde{D}_A\,\frac{\partial c_A}{\partial x} \tag{11.17}
$$

$$
j_B = -\widetilde{D}_B\,\frac{\partial c_B}{\partial x} \tag{11.18}
$$

$$
\widetilde{D}_i = D_i\left(1 + \frac{\mathrm{d}\ln \gamma_i}{\mathrm{d}\ln \nu_i}\right) \tag{11.19}
$$

式中,$\widetilde{D}_i$ 为化学扩散系数;γ 为组元活性系数,$\nu_i = c_i/c$。

对于稳态扩散也可以描述为:在扩散过程中,各处的扩散组元的浓度 c 只随距离 x 变化,而不随时间 t 变化,每一时刻从前边扩散来多少原子,就向后边扩散走多少原子,没有盈亏,所以浓度不随时间变化。

11.2.5　菲克第二定律

实际上,大多数扩散过程都是在非稳态条件下进行的。非稳态扩散(nonsteady — state diffusion)的特点是:在扩散过程中,扩散组元的浓度 c 随时间和距离变化。描述非稳态扩散用菲克第二定律:

$$
\frac{\partial c}{\partial t} + \frac{\partial j}{\partial x} = 0 \tag{11.20}
$$

$$
\frac{\partial c}{\partial t} = \frac{\partial}{\partial x}\left(M\,\frac{\partial}{\partial x}\,\frac{\partial f}{\partial c}\right) = \frac{\partial}{\partial x}\left(M\,\frac{\partial^2 f}{\partial c^2}\,\frac{\partial c}{\partial x}\right) \tag{11.21}
$$

由以上方程可知菲克第二定律实际上描述了浓度分布变化动力学。

11.2.6　奥斯特瓦尔德熟化

奥斯特瓦尔德熟化(Ostwald ripening)指多分散沉淀物中的竞争性长大现象。过饱和固溶体析出沉淀相的后期,沉淀相颗粒大小并不相同,由于较小颗粒消溶而较大颗粒继续长大,颗粒平均尺寸增大,这样一种长大机制称为奥斯特瓦尔德熟化,熟化的推动力是界面能作用。由于小颗粒消溶,大颗粒长大,则单位质量的比界面能减小,系统总的自由能降低。

晶粒长大现象存在于一级相变过程中,如过饱和合金脱溶、共晶、共析、包晶、包析相变,初级、次级枝晶生长等。

熟化现象对所有沉淀硬化合金的制备及其长期使用都是非常重要的,尤其是工业铝合金和高温合金。铝合金是航空航天应用领域的主要结构材料,高温合金则可用于制作高温涡轮机主要部件叶片、叶轮等。在这些系统中,熟化的起点超越了成核阶段,一般是把等温条件下的淬火过饱和态作为催熟的出发点。而吉布斯－汤姆孙方程则为熟化过程提供了数学表达。

11.2.7 吉布斯－汤姆孙方程

吉布斯－汤姆孙(G－T)方程是理解生长和收缩现象的基础。可以将吉布斯自由焓分解成自由焓的贡献 G_0 和与界面面积相关焓的贡献 G_s。

$$G = G_0 + G_s \tag{11.22}$$

如果相互作用相中至少有一个是有序的,则 G_s 将与其取向有关。对于各向同性界面,则有

$$G = \sigma_{MP} A_{MP} + G_0 \tag{11.23}$$

式中,σ_{MP} 为界面能;A_{MP} 为球形沉淀物 P 与基体 M 之间的面积。

根据化学势与吉布斯自由焓的关系

$$\mu_A^P = \left(\frac{\partial G}{\partial N_A}\right)_{T,p} \tag{11.24}$$

并做一定的简化处理,可以得到 G－T 方程:

$$c^M(R) = c_\infty^M \exp\left(\frac{2\sigma_{MP}\Omega}{kT}\frac{1}{R}\right) \tag{11.25}$$

式中,c_∞^M 为基体中 A 原子的平衡浓度;Ω 为原子平均体积;R 为球状沉淀物半径。

G－T 方程表明在沉淀物表面附近母相中 A 原子的平衡浓度与实际半径的倒数呈指数关系。

在实际的沉淀物竞争长大的过程中,存在一个临界半径 R^*:当 $R < R^*$ 时,$c^M(R) > c_0$,沉淀物收缩;当 $R > R^*$ 时,$c^M(R) < c_0$,沉淀物生长;当 $R = R^*$ 时,$c^M(R^*) = c_0$,沉淀物保持恒定。

G－T 方程表明:只有沉淀物的体积超过临界体积后才能够长大粗化。因此平均基体浓度是时间的函数,即

$$c(R^*) = c_0 = \frac{\int_0^\infty c(R) f(R,t)\,\mathrm{d}R}{\int_0^\infty f(R,t)\,\mathrm{d}R} \tag{11.26}$$

$$R^* = \frac{2\sigma_{MP}\Omega}{kT}\frac{1}{\ln\frac{c_0}{c_\infty^M}} \tag{11.27}$$

11.2.8 LSW 理论

LSW(Lifshitz and Slyozov,Wagner) 理论是描述多分散沉淀物中的等温竞争性长大现象的一种经典的解析方法。LSW 理论的基本假设:沉淀相的体积分数趋近于零;基体与沉淀物之间不存在相对运动;基体是无限大的;沉淀颗粒是等轴的;不存在弹性应力;满足稳定条件。

在边界条件 $c(r=R)=c_R$,$c(r \to \infty)=c_0$ 的前提下,根据菲克定律有沉淀颗粒表面处的浓度梯度为

$$\nabla c \mid R = \frac{c_0 - c_R}{R}, \quad c_R = c_\infty + \frac{\lambda}{R} \tag{11.28}$$

沉淀颗粒的生长速率为

$$\frac{\mathrm{d}R}{\mathrm{d}t} = \Omega D \frac{c_0 - c_R}{R}, \quad c_0 = c_\infty + \frac{\lambda}{R^*}, \quad \lambda = \frac{2\sigma_{MP}\Omega c_\infty}{kT} \tag{11.29}$$

沉淀物的生长速率方程(Greenwood 模型) 为

$$\frac{\mathrm{d}R}{\mathrm{d}t} = \frac{\lambda\Omega D}{R^2} \left[\frac{R}{R^*(t)} - 1 \right] \tag{11.30}$$

球形沉淀物分布函数 $f(R,t)$ 满足的连续性方程为

$$\frac{\partial f(R,t)}{\partial t} + \frac{\partial}{\partial R} \left[f(R,t) \frac{\partial R}{\partial t} \right] = 0 \tag{11.31}$$

通过引入无量纲参数 $\tau = \ln \left(\frac{R^*}{R_0^*} \right)^3$ 和 $\rho = \frac{R}{R^*}$ 求解 $t \to \infty$ 的渐进情况下的分布函数:

$$f(R,t) = g(\tau) \cdot h(\rho) \tag{11.32}$$

$$g(\tau) = g_0 \exp(-\beta\tau) \tag{11.33}$$

$$h(\rho) = \frac{81}{2^{5/3}} \frac{\rho^2}{\left(\frac{3}{2} - \rho \right)^{1/3}} \frac{1}{(3+\rho)^{7/3}} \exp \left(-\frac{\rho}{\frac{3}{2} - \rho} \right) \tag{11.34}$$

最后,在 LSW 理论中,临界半径 R^* 随时间的变化满足下式:

$$R^{*3} - R_0^{*3} = \frac{4}{9}\varepsilon(t - t_0) \tag{11.35}$$

式中,ε 为与材料有关的常数。

11.3 连续相场动力学

连续相场动力学通过连续扩散界面层描述相界,属于非均匀连续介质理论范畴。其中 Allen-Cahn(A-C) 方程通过结构序参数场(非保守场) 变量 $\eta(r)$ 描述相变动力学;Cahn-Hilliard(C-H) 方程通过相间成分变化-浓度场(保守场) 变量 $c(r)$ 描述相变动力学。连续相场动力学利用连续介质有限差分求解,基于半隐式傅里叶谱分析法和傅里叶谱分析法对时间和空间进行离散,得到浓度和结构序参量的空间分布,并描述相分离以

及形核、长大和粗化的全过程。

由于各种保守及非保守场变量（如浓度、结构等）的空间分布描述了各相之间的扩散界面，把这种场合建立的模型称为相场动力学模型或扩散相场动力学模型。

11.3.1 基本思想

连续相场动力学基本思想如下：① 金兹堡－朗道理论引入了序参量在空间上的不均匀分布（涨落），用于描述组成相或微结构的形态与分布；② 基于金兹堡－朗道相场（动力学）方程数值求解序参量场随时间的变化，模拟相变或微观结构演变过程；③ 对于非均匀连续体系，需要采取扩散－界面进行描述，利用各种守恒和非守恒场变量（如浓度、结构、取向、长程有序等）的空间梯度描述各相之间的扩散－界面。

界面分为陡变界面（sharp interface）和渐变界面（diffuse interface），如图 11.3 所示。陡变界面具有明确标示边界，边界定义了材料的结构，界面跟踪较难；在渐变界面中多个场量在每个材料点上定义，利用场量的变化表示边界，界面跟踪容易。

(a) 陡变界面　　　　　　　　　　(b) 渐变界面

图 11.3　经典相变理论与相场理论的界面模型示意图

11.3.2 相场动力学方程

首先是菲克定律，如式（11.16）～（11.21）所示。现用梯度的形式重新书写，数学表达式如下。

菲克定律：

$$J = -D\frac{\partial C}{\partial x}, \quad \frac{\partial C}{\partial t} = -\nabla \cdot J = D\frac{\partial^2 C}{\partial^2 x} \tag{11.36}$$

式中，D 为扩散系数（$\mathrm{m^2/s}$）；C 为扩散物质（组元）的体积浓度（原子数 $/\mathrm{m^3}$ 或 $\mathrm{kg/m^3}$）；$\partial C/\partial x$ 为浓度梯度；"－"号表示扩散方向为浓度梯度的反方向，即扩散组元由高浓度区向低浓度区扩散；扩散通量 J 的单位是 $\mathrm{kg/(m^2 \cdot s)}$。

广义菲克定律：

$$J = Cv = CMf, \quad f = -\nabla \mu, \quad \frac{\partial C}{\partial t} = -\nabla \cdot J = \nabla \cdot (CM\nabla \mu) \tag{11.37}$$

菲克定律无法说明相分离问题，经典扩散定律的失效，导致了 C－H 方程的出现，C－H 方程成功刻画了相分离问题。C－H 方程如下：

$$J = Mf$$

$$f = -\nabla \mu = -\nabla \frac{\delta F}{\delta C(r,t)}, \quad \mu = \frac{\delta F}{\delta C(r,t)}$$

$$\frac{\partial C}{\partial t} = -\nabla \cdot J = \nabla \cdot \left(M \nabla \frac{\delta F}{\delta C(r,t)} \right) \tag{11.38}$$

式中, μ 为化学势, 即自由能对成分的变分; f 为化学势梯度, 扩散的驱动力; M 为原子迁移率。

而相变动力学和伴生的结构演化基于 G－L 相场动力学方程:

$$\frac{\partial \varphi_i}{\partial t} = -\hat{M}_{ij} \frac{\delta F}{\delta \varphi_j} \tag{11.39}$$

式中, φ 为结构序参量; M 为原子迁移率; F 为自由能。

为定量描述所研究体系相变与伴生微结构演化, 必须基于热力学构建一个依赖于相场序参量的自由能密度泛函:

$$F = f(\varphi_1, \varphi_2, \cdots, \varphi_j) \tag{11.40}$$

A－C 方程如下:

$$\frac{\partial \eta_p(r,t)}{\partial t} = -L \frac{\delta F}{\delta \eta_p(r,t)} + \xi_p(r,t) \tag{11.41}$$

序参量 η 可看成广义坐标, 能量对坐标的变分导数, 类似于能量对广义坐标的微分导数是广义力, 即驱动力。

11.3.3 相场变量与微结构

场变量(浓度、序参量)向总能量降低的方向演化。

对于守恒场量, 有

$$\frac{\partial C(r,t)}{\partial t} = \nabla \cdot \left(M \nabla \frac{\delta F}{\delta C(r,t)} \right) + \xi_C(r,t) \tag{11.42}$$

对于非守恒常量, 有

$$\frac{\partial \eta_p(r,t)}{\partial t} = -L \frac{\delta F}{\delta \eta_p(r,t)} + \xi_p(r,t) \tag{11.43}$$

连续相场模型分为两种形式。

(1)第一种形式中引入相场变量是为了避免追踪相界面所带来的困难。实际上所有凝固模型都属于这一类, 也可以说是与界面动力学相关的一类。

在图 11.4 中场变量 1 是序参数(ϕ)。它描述了局部区域的有序程度, 序参数越大, 有序程度越高。场变量 2 是温度(T), 随着温度的增加, 逐渐从固态变为液态, 有序度下降。

(2)第二种形式是扩散界面模型, 使用序参数来描述相变过程成分和微结构的演变。如长程序参数 $\eta(r)$ 描述有序化, 成分序参数 $C(r)$ 描述相析出。图 11.5 给

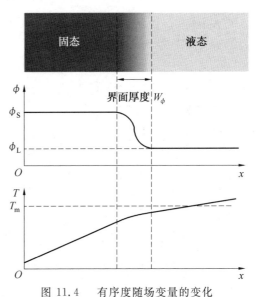

图 11.4 有序度随场变量的变化

出了界面位置随序参量和成分的变化。

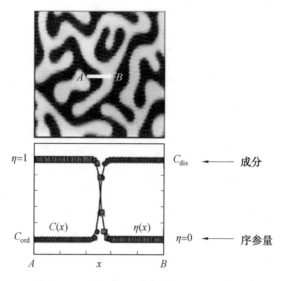

图 11.5　界面位置随序参量和成分的变化

例如,具有反相畴界的有序畴形成过程(图 11.6),用非均匀的长程序参数场 $\eta(r)$ 和均匀成分序参数场 $C(r)$ 表示,两个场变量连续通过界面。

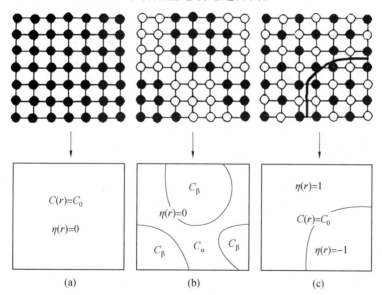

图 11.6　有序畴形成过程

11.3.4　相场与微结构演化驱动力

相场与微结构演化驱动力是重要的问题。一般而言,相场与微结构演化驱动力源于体化学势能(bulk free energy)的降低(相变)、界面能的降低(晶粒粗化、晶粒生长、陈化)、弹性能(晶格尺寸及位向的差异所导致)的降低和外场(外加应力、温度场、电场、磁场)影响。

11.3.5　自由能泛函的构建

对于结构相变,系统的总自由能可以分解成体自由能(即体化学势能)F_{inc}、界面能 F_{int} 和弹性应变能 F_{elast}。

$$F_{\mathrm{tot}} = F_{\mathrm{inc}} + F_{\mathrm{int}} + F_{\mathrm{elast}} \tag{11.44}$$

对于由成分场和一组序参量描述的体系:

$$F_{\mathrm{inc}} + F_{\mathrm{int}} = \int_V \left[f(c, \eta_1, \eta_2, \cdots, \eta_\theta) + a\,(\nabla c)^2 + \sum_i \beta_{jk}^i \frac{\partial \eta_i}{\partial r_j} \frac{\partial \eta_i}{\partial r_k} \right] \mathrm{d}V \tag{11.45}$$

求解 Cahn－Hilliard 方程的关键是对于具体的体系给出适当的自由能泛函。

对于二元非均匀溶液系统,

$$F_{\mathrm{tot}} = \int_V \left\{ f[c(r,t)] + \kappa\,[\nabla c(r,t)]^2 \right\} \mathrm{d}V \tag{11.46}$$

式中,f 为均匀相的自由能密度;κ 描述非均匀系统自由能的非均匀项的贡献。

在经典化学近似条件下有

$$f[c(r,t)] = f_0[c(r,t)] + f_{\mathrm{loc}}[c(r,t)] - TS[c(r,t)] \tag{11.47}$$

式中,f_0 为两相理想溶液的平衡自由能密度函数;f_{loc} 为局域自由能密度函数;S 为体系的摩尔熵。

$$f_0[c(r,t)] = c(r,t)\mu_0^{\mathrm{A}} + [1 - c(r,t)]\mu_0^{\mathrm{B}}$$

$$f_{\mathrm{loc}}[c(r,t)] = c(r,t)[1 - c(r,t)] \sum_i C_{\mathrm{A} \leftrightarrow \mathrm{B}}^i(T)\{[1 - c(r,t)][c(r,t)]\}^i$$

$$S = -R\{c(r,t)\ln c(r,t) + [1 - c(r,t)]\ln[1 - c(r,t)]\}/\Omega_{\mathrm{m}} \tag{11.48}$$

式中,μ 为化学势;$C_{\mathrm{A} \leftrightarrow \mathrm{B}}^i$ 为维象系数;Ω_{m} 为摩尔体积;$R = kN_{\mathrm{L}}$。

朗道自由能密度:

$$
\begin{aligned}
f[c(r,t)] &= f_0[c(r,t)] + f_{\mathrm{loc}}[c(r,t)] - TS[c(r,t)] \\
&= f_0[c(r,t)] + \frac{C_1}{2}\,[c(r,t) - c_{\mathrm{crit}}]^2 + \frac{C_2}{4}\,[c(r,t) - c_{\mathrm{crit}}]^4 - TS[c(r,t)]
\end{aligned}
$$
$$\tag{11.49}$$

总之,对于非均匀系统,其自由能泛函包括体化学能、界面能和弹性应变能均可构建如下。

体化学能:

$$F_{\mathrm{chem}} = \int_V \left[f(\varphi) + k(\nabla \phi)^2 \right] \mathrm{d}V \tag{11.50}$$

界面能:

$$F_{\mathrm{int}} = \int_V \left[f(\varphi) - f_0(\varphi) + k(\nabla \phi)^2 \right] \mathrm{d}V \tag{11.51}$$

弹性应变能:

$$F_1^{\mathrm{el}} = \frac{1}{2} \sum_{p=1}^s \int_\Omega \theta_p(r) C_{ijkl} \left[-\varepsilon_{ij}^0(p) \right] \left[-\varepsilon_{kl}^0(p) \right] \mathrm{d}r^3 \tag{11.52}$$

图 11.7 给出了相关应变的起源,其中空穴中阵点的数目是守恒的。

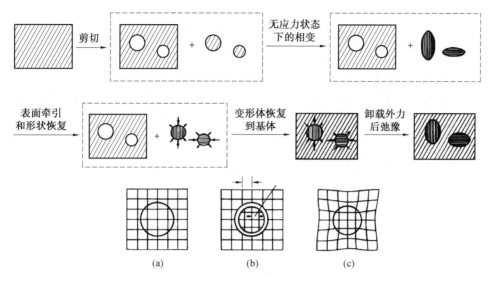

图 11.7　相关应变的起源

考虑涨落效应,有

$$\frac{\partial c(r,t)}{\partial t} = M\nabla^2 \frac{\delta F_{tot}}{\delta c(r,t)} + \xi(r,t)$$

$$\frac{\partial \eta_1(r,t)}{\partial t} = -\hat{L}_{1j} \frac{\delta F_{tot}}{\delta \eta_j(r,t)} + \xi_1(r,t)$$

$$\cdots$$

$$\frac{\partial \eta_\theta(r,t)}{\partial t} = -\hat{L}_{\theta j} \frac{\delta F_{tot}}{\delta \eta_\theta(r,t)} + \xi_\theta(r,t) \tag{11.53}$$

注意系统涨落 $\xi(r,t)$ 是非匀相成核和匀相失稳相变充分条件,必须在 C—H 和 A—C 方程中增加随机项。随机的噪声函数 $\xi(r,t)$ 是高斯分布,并满足涨落耗散定理的要求。图 11.8 给出了系统涨落的具体例子。

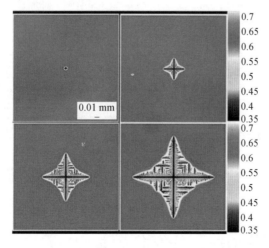

图 11.8　系统涨落导致形核－长大结晶过程(彩图见附录)

11.4　微观相场动力学

　　微观相场动力学的基础是连续体动力学模型向离散动力学的推广和发展，主要创新点是微观晶格扩散理论（经典粒子理论范畴）和动力学系数矩阵，可以处理原子层次的问题。

　　微观相场动力学引入微观场，描述原子在晶格上跃迁引起的相变，对得到的非线性动力学方程组进行数值求解；同时在微观相场动力学 G−L 方程中的宏观动力学系数，可以通过微观层次上进行计算，在某种意义上讲，微观＝离散＝晶格＝原子。

　　基于金兹堡—朗道模型的各种连续相场方法，可以正确地预测相变的主微结构途径，但是不能处理原子层次的结构问题。基于微观晶格扩散理论的微观相场动力学，对于空间分布不均匀的合金，可以同时对有序化和分解的扩散动力学进行描述。

　　代表原子结构和合金构型形貌的微观场由晶格位置的占有概率函数 $\chi(r,t)$ 描述，占有概率函数 $\chi(r,t)$ 是占有数 $c(r)$ 在整个时间相关系综上的平均。

$$c(r)=\begin{cases}1,&\text{晶格被溶质原子占据}\\0,&\text{其他情况}\end{cases} \tag{11.54}$$

微观场演化方程为

$$\frac{\partial \chi(r,t)}{\partial t}=\sum_{r'}L(r-r')\frac{\delta F_{\text{tot}}}{\delta \chi(r',t)} \tag{11.55}$$

同时满足概率守恒条件：

$$N_{\text{s}}=\sum_{r'}\chi(r',t)$$

$$\frac{\mathrm{d}N_{\text{s}}}{\mathrm{d}t}=0 \tag{11.56}$$

式中，$\delta F/\delta x$ 是热力学驱动力；$L(r-r')$ 是与单位时间内一对原子在格点位置 r 和 r' 上的交换概率相关的微观动力学系数矩阵；N_{s} 是系统中的溶质原子数。

11.5　相场动力学模拟过程与典型应用

　　相场模拟一般步骤：确定待模拟体系的合适的场变量；建立化学能的局域能量密度及其他能量的表达式；由实验数据确定演化动力学参数；确定初始条件及边界条件，并编程进行数值模拟；最后进行数据分析及可视化。

　　以二元合金原子层面设计为例，讨论相场动力学模拟过程。图 11.9 为原子层面计算机相场模拟的特点。

　　模型的基本假设如下。① 假设原子扩散是直接交换而不是通过空位机制，不考虑位错等晶格缺陷的影响。该假设虽与实际情况有一定差异，却可定量研究过饱和固溶体随时间的演化，无须考虑那些复杂的过程和因素，如冷却速率不够、空位或晶格缺陷等的影

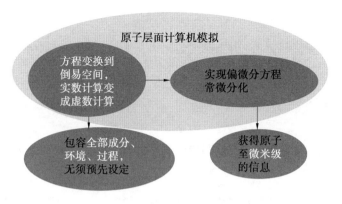

图 11.9　原子层面计算机相场模拟的特点

响,使研究过程得到简化。②方程为昂萨格(Onsager)型方程,认为溶质原子的格点占位概率随时间的变化率与热力学驱动力呈线性关系,但因系非平衡自由能函数,方程仍属线性非平衡热力学的范畴。③假设动力学系数与原子占位概率无关,相当于假设扩散系数与浓度无关,这是在研究扩散动力学时通常采取的一种近似。④采用平均场理论计算自由能函数。尽管平均场理论计算的自由能在某些情况误差较大,但是如选择合适的原子间相互作用势,则可给出低温两相场的很好近似,能够正确给出作为序参数和浓度函数的自由能曲面的几何特征(凹凸性),可定性正确地反映沉淀的过程。利用平均场理论计算自由能函数还具有简单的特点。⑤针对 δ′ 相与基体错配度极小的特点,弹性畸变能可以忽略,但方程本身可将弹性能的影响加以考虑。上述假设虽然会使定量描述动力学特征时有一定的误差,但不会影响沉淀发生的序列,以及沉淀相的具体结构、形貌等。

在上述假设基础上建立基本动力学方程。微扩散方程实际为 C—H 方程的微观形式,用原子占据晶格位置的概率描述原子组态和相形貌。例如在 A—B 二元合金中,用 $P(\boldsymbol{r},t)$ 表示 A 原子在 t 时刻、占据晶格位置 $\boldsymbol{r}$ 的概率。据昂萨格扩散方程可知,概率的变化率与热力学驱动力成正比,即

$$\frac{\mathrm{d}P(\boldsymbol{r},t)}{\mathrm{d}t} = \frac{C_0(1-C_0)}{k_B T}\sum_{\boldsymbol{r}'}L(\boldsymbol{r}-\boldsymbol{r}')\frac{\partial F}{\partial P(\boldsymbol{r}',t)} \tag{11.57}$$

对晶体中所有晶格位置求和,$L(\boldsymbol{r}-\boldsymbol{r}')$ 为与单位时间内由格点 $\boldsymbol{r}$ 跃迁至 $\boldsymbol{r}'$ 的概率有关的常数;T 为温度;k_B 为玻尔兹曼常数;C_0 为基体平均浓度;F 为系统的总自由能;$P(\boldsymbol{r},t)$ 为晶格被占概率的函数。

由于 A 原子总数不变,所有格点上的概率之和为

$$\sum_{r=1}^{N}P(\boldsymbol{r},t) = C_0 N \tag{11.58}$$

两边同时对所有 $\boldsymbol{r}$ 求和,结合上两式:

$$\Big[\sum_{\boldsymbol{r}}L(\boldsymbol{r})\Big]\sum_{\boldsymbol{r}'}\frac{\delta F}{\delta P(\boldsymbol{r}',t)} = 0$$

$$\sum_{\boldsymbol{r}'}\frac{\delta F}{\delta P(\boldsymbol{r}',t)} \neq 0$$

$$\sum_{r} L(\boldsymbol{r}) = 0 \tag{11.59}$$

为了描述形核等热起伏的过程,模拟热起伏需添加一随机起伏项:

$$\frac{\mathrm{d}P(\boldsymbol{r},t)}{\mathrm{d}t} = \frac{C_0(1-C_0)}{k_{\mathrm{B}}T} \sum_{r'} L(\boldsymbol{r}-\boldsymbol{r}') \frac{\partial F}{\partial P(\boldsymbol{r}',t)} + \xi(\boldsymbol{r}',t) \tag{11.60}$$

此处随机项为均值为零的高斯分布,与时间、空间无关,遵循涨落－耗散定理:

$$\langle \xi(\boldsymbol{r}',t) \rangle = 0 \tag{11.61}$$

$$\langle \xi(\boldsymbol{r}',t) \xi(\boldsymbol{r}',t') \rangle = -2k_{\mathrm{B}}TL(\boldsymbol{r}-\boldsymbol{r}')\delta(t-t')\delta(\boldsymbol{r}-\boldsymbol{r}') \tag{11.62}$$

式中,角括号表示取均值;$\langle \xi(\boldsymbol{r}',t) \rangle$ 为热起伏对空间和时间的平均;$\langle \xi(\boldsymbol{r}',t) \xi(\boldsymbol{r}',t') \rangle$ 表示相关;ξ 为克罗内克 δ 函数。

方程求解过程如下。对概率分布函数在真实空间的演化进行傅里叶变换得到一定波矢浓度波的振幅变化率:

$$\frac{\mathrm{d}\widetilde{P}(\boldsymbol{k},t)}{\mathrm{d}t} = \frac{C_0(1-C_0)}{k_{\mathrm{B}}T} \widetilde{L}(\boldsymbol{k}) \left\{ \frac{\partial F}{\partial P(\boldsymbol{r},t)} \right\}_k + \xi(\boldsymbol{k},t) \tag{11.63}$$

式中,$\boldsymbol{k}$ 为第一布里渊区定义的倒易格矢;$\widetilde{P}(\boldsymbol{k},t)$、$\widetilde{L}(\boldsymbol{k})$、$\left\{ \frac{\partial F}{\partial P(\boldsymbol{r},t)} \right\}_k$、$\xi(\boldsymbol{k},t)$ 为晶格位置坐标 $\boldsymbol{r}$ 的有关函数的傅里叶变换。

$$\widetilde{L}(\boldsymbol{k}=0) = \widetilde{L}(0) = \sum_{r} L(\boldsymbol{r})$$

$$\widetilde{L}(0) = 0 \tag{11.64}$$

将三维空间在二维平面上投影(图 11.10),可使问题简化,等价于原子在格点的占位概率与沿[001]方向的 z 坐标无关;同时与三维空间模拟相比,原子组态及相形貌更为直观,计算量也大为减少。

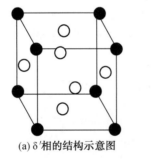 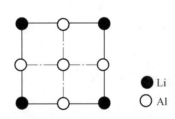

(a) δ' 相的结构示意图　　　　(b) δ' 相在[100]方向上的二维投影

图 11.10　δ' 相的结构示意图及 δ' 相在[001]方向上的二维投影

在三维倒易空间的平面投影中,动力学方程为

$$\frac{\mathrm{d}\widetilde{P}(\boldsymbol{k}',t)}{\mathrm{d}t} = \frac{C_0(1-C_0)}{k_{\mathrm{B}}T} \widetilde{L}(\boldsymbol{k}') \left\{ \widetilde{V}(\boldsymbol{k}')\widetilde{P}(\boldsymbol{k}',t) + k_{\mathrm{B}}T \left[\ln\left(\frac{P(\boldsymbol{r},t)}{1-P(\boldsymbol{r},t)} \right) \right]_{k'} \right\} + \xi(\boldsymbol{k}',t) \tag{11.65}$$

$$\widetilde{V}(\boldsymbol{k}') = 4W_1(\cos 2\pi h' \cdot \cos 2\pi k' + \cos 2\pi h' + \cos 2\pi k') + 2W_2(\cos 4\pi h' + \cos 4\pi k' + 1) + \cdots \tag{11.66}$$

且

$$L(k') = -4L_0[3 - \cos 2\pi h' \cdot \cos 2\pi k' - \cos 2\pi k' - \cos 2\pi h'] \qquad (11.67)$$

图 11.11 给出了模拟计算的过程。计算机模拟的 δ′ 相形貌如图 11.12(a) 所示,图 11.12(b) 为经过傅里叶逆变换处理 δ′ 相的高分辨率透射电镜(HREM)图像。图 11.13(a) 为 Al−10%(原子数分数,下同)Li 合金在 192 ℃ 时效的 δ′ 相相场模拟形貌,图 11.13(b) 为 Al−8.4%Li 合金在 175 ℃ 时效时的 δ′ 相 TEM 暗场像形貌,此时两合金均处于相图上的亚稳区,沉淀机制均为形核长大。为更清晰地反映 δ′ 相的形貌,将计算机模拟的结果进行了适当处理,格点处的灰度仍表示溶质原子占位概率,与前面不同的是黑色为低值,白色为高值,中间没有过渡值。比较图 11.3(a)、(b) 两图,发现两者中 δ′ 相的形貌非常接近,δ′ 相内部结构也相同,证明了模拟结果的正确性。图 11.14 给出了由平均场理论计算的二元铝锂合金相图。

图 11.11　模拟计算的过程

对 δ′ 非匀相转变(形核长大机制)进行相场模拟。图 11.15 与图 11.16 分别给出了 Al−7.4%Li 合金中有序相成分序参数和长程序参数分布随时间的变化。有序相的浓度和长程序参数均可由溶质原子占位概率计算得到。对每个格点最近邻和次近邻的原子占位概率进行平均,可得该位置的浓度(成分序参数)。同样可通过原子占位概率求得长程序参数:

$$\eta(i,j) = \frac{P(i,j) - C(i,j)}{C(i,j) \times \cos((i+j)\pi)} \qquad (11.68)$$

式中,$\eta(i,j)$ 为坐标 (i,j) 处的长程序参数;$P(i,j)$ 为溶质原子占位概率;$C(i,j)$ 为成分序参数即局域浓度。

图 11.16(a) 对应临界晶核的状态,此时有序相内成分序参数和长程序参数基本上达到平衡 δ′ 相序参数的值(成分序参数约为 0.223,长程序参数约为 1);随时间的延续,序参数峰的高度基本不发生变化,但宽度增加,对应了相长大,因此从序参数的变化规律可进

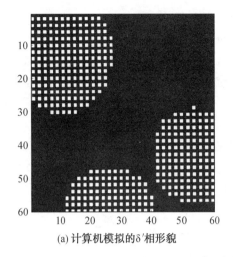
(a) 计算机模拟的δ′相形貌

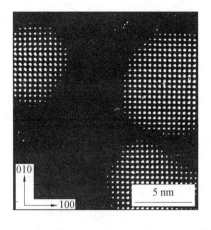
(b) 经过傅立叶逆变换处理δ′相的HREM像

图 11.12　微观相场模拟的 δ′ 相形貌

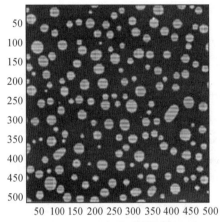
(a) Al–Li合金时效的δ′相模拟形貌

(b) Al–Li合金时效的δ′相暗场像形貌

图 11.13　计算机模拟 δ′ 相与 TEM 暗场像形貌对比

一步证实,$Al - 7.4\%Li$ 合金沉淀机制基本符合经典形核长大。

图 11.17 给出了 Al — Li 合金中 δ′ 相非匀相析出的原子尺度相场模拟动态演化过程。格点数为 128×128,时间步长 0.001,溶质 Li 原子在某一格点出现的概率由灰度表示,黑色为 1,白色为 0。图 11.17(a) 为时间步数为 200 时的情形,此时合金仍处于无序状态,由于施加了热起伏,所以合金中存在浓度起伏;图 11.17(b) 为时间步数为 2 000 的情形,此时无序基体中出现尺寸很小的有序相,结构为 L_{12},与平衡 δ′ 相相同,这些有序相在基体中随机分布,彼此之间独立存在。由图 11.17(c) ~ (f) 可知,随时间进行,有序相的尺寸一直在增大,同时灰度变化显示无序基体中,尤其是有序相周围的无序基体相浓度显著降低。由有序相的形成、长大规律及分布特征可初步判断此时有序相的沉淀方式为形核长大,然而仅仅从有序相的形貌特征来确定沉淀机制还不够充分。为进一步明晰有序相的沉淀机制,通过计算有序相内序参数分布,得出同一有序相颗粒内序参数随时间的变

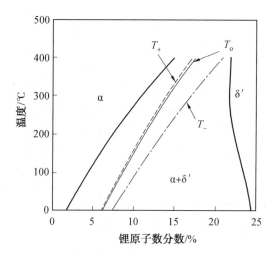

图 11.14　由平均场理论计算的二元铝锂合金相图

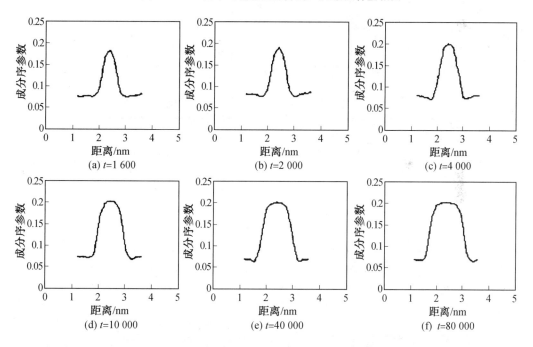

图 11.15　Al－7.4%Li 合金中有序相成分序参数分布随时间的变化

化规律,从而对合金的沉淀机制进行更深入的研究,这在实验上实现起来存在一定的难度,而计算机模拟很容易实现,充分体现了计算机模拟可以进行原位研究的优点。有序相从无序基体中沉淀时,既存在原子簇聚(clustering)过程,又存在有序化(ordering)过程,因而除浓度外,还需长程序参数对结构变化进行描述。通过分析有序相内的浓度和长程序参数分布,便可对有序相的沉淀特征做进一步研究。

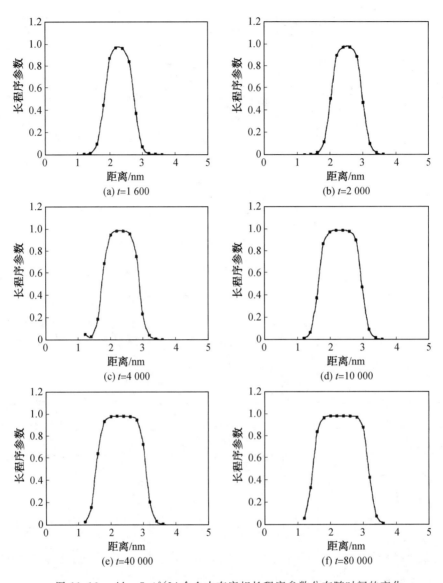

图 11.16 Al－7.4％Li 合金中有序相长程序参数分布随时间的变化

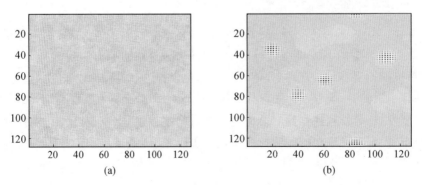

图 11.17 δ′相非匀相析出的原子尺度相场模拟动态演化过程

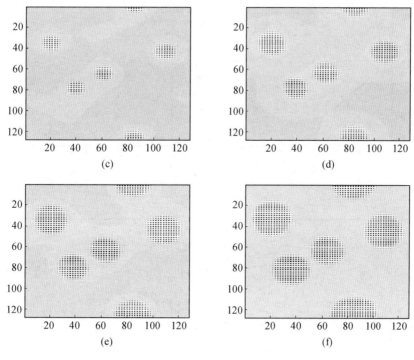

续图 11.17

针对失稳区 δ′ 相沉淀机制(失稳分解－匀相转变)进行相场模拟。图 11.18 和图 11.19 分别为有序相内部成分序参数和长程序参数随时间的演化。当时间步数为 800 时，成分序参数仍均匀分布，与初始浓度基本相同，但长程序参数出现较大的起伏，有序度发生较大变化。当时间步数为 1 000 时，成分序参数变化不大，只在边缘处有一定程度的下降，但长程序参数迅速升高，达到平衡值(接近 1)，此状态对应等成分有序化(congruent ordering) 的完成，即浓度不发生变化的有序化过程，因此此时形成的为非化学计量比有序相，浓度仍为初始浓度；边缘处浓度的下降是由于受计算条件的限制，每隔 200 步对溶质原子占位概率的值存储一次，因此此时的合金状态与真正的等成分单相有序畴稍稍偏离，合金已经发生一定程度的原子簇聚，因此造成了边缘序参数的下降。当时间步数为 4 000 时，成分序参数和长程序参数在有序相边缘处出现明显的下降，使有序相尺寸减小，同时由于溶质原子沿界面向有序相内部扩散使有序相中心区域溶质原子暂时相对贫化，由此成分序参数峰形成两边凸中间凹的特点。随时间延续，溶质原子由边缘扩散到中心部分，有序相内部浓度基本达到平衡值。随后成分序参数和长程序参数的分布都变窄，这主要是有序畴形态和尺寸变化所致。

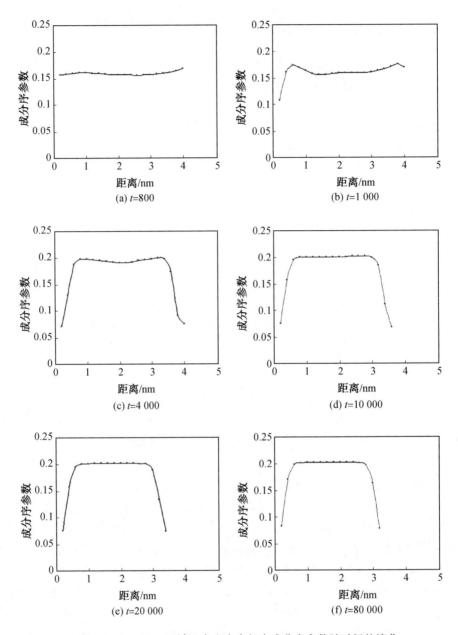

图 11.18 Al－17％Li 合金有序相内成分序参数随时间的演化

图 11.20 给出了 Al－17％Li 合金失稳有序化析出 δ′相原子尺度相场模拟动态演化过程。图 11.20(a) 为时间步数为 200 时的原子图像,此时合金仍处于无序状态,各个格点处的灰度基本相同;图 11.20(b) 为时间步数为 800 时的原子图像,此时基体中出现大量的有序结构,且互相连接在一起;图 11.20(c) 为时间步数为 1 000 时的原子图像,此时所有的有序结构都连接在一起,形成了单相有序相,其结构与 δ′相相同,为 L₁₂ 结构,有序畴之间形成反相畴界;图 11.20(d) 为时间步数为 4 000 时的原子图像,合金此时发生分解,溶质原子开始沿反相畴界向有序畴内部扩散,在反相畴界周围形成贫乏区,当其浓度低到

一定程度时发生无序化,反相畴界被无序相所取代;图 11.20(e) 为时间步数为 10 000 时的原子图像,合金继续发生分解,无序相的面积进一步扩大,且优先在有序相的棱、角等不规则的地方发生无序化,使有序相除尺寸变小外,形貌也发生一定的改变;图 11.20(f) 为时间步数为 80 000 时的情形,此时有序相的粗化现象十分明显,除有序颗粒变圆外,部分相对较小的颗粒消失,而较大的有序相继续变大。

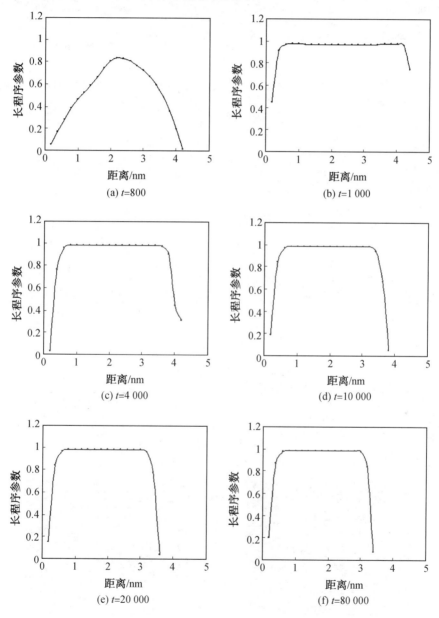

图 11.19　Al−17％Li 的合金有序相内长程序参数随时间的演化

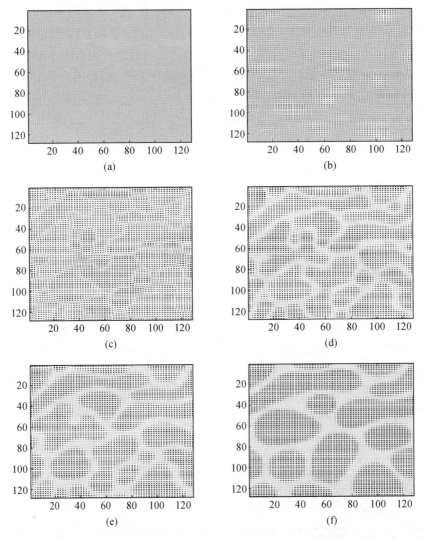

图 11.20　Al－17％Li 合金失稳有序化析出 δ' 相原子尺度相场模拟动态演化过程

图 11.21 为根据相场模拟得到的 δ' 相沉淀过程中界面的演化。

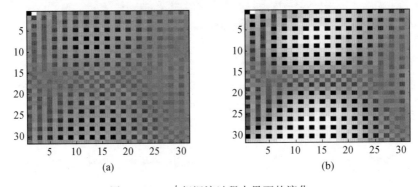

图 11.21　δ' 相沉淀过程中界面的演化

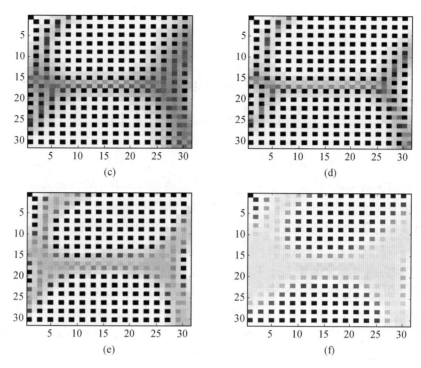

续图 11.21

第12章　分形渗流理论与材料显微组织模拟设计

　　自然界是宇宙万物的总称,是各种物质系统相互作用相互联系的总体,它包括大至宇宙天体的形成演化,小到微观世界中基本粒子的运动。随着牛顿经典力学的创立,爱因斯坦相对论以及量子力学的发展,人类在自然科学方面已经取得了辉煌的成就。人类对由质点组成的简单系统的运动规律也有了全面而正确的认识。尽管如此,人们对周围环境中发生的大量非线性不可逆现象知之甚少,对许多问题甚至束手无策。例如天空中漂浮着一团团白云,尽管它的形态是千变万化的,但是如果用不同倍数的望远镜观察云团时,它的形态几乎是保持不变的,也就是说白云的形态和望远镜的放大倍数无关。

　　分形的英文 fractal 是 Mandelbrot 用拉丁词根拼造出来的单词,意思是细片、破碎、分数等。它是描述不规则几何形态的有效工具。自然界中,绝大部分物体形态不是有序的、稳定的和确定性的,而是处于无序的、不稳定的、非平衡的和随机的状态之中。如曲折绵长的海岸线、凹凸不平的地表、变幻无常的浮云、错综复杂的血管等,诸如此类的不规则几何形态都是传统数学和物理学难以描述和表达的。因此,当 Mandelbrot 提出分形的概念后,引起了科学界的极大兴趣和轰动。人们对这一新兴学科感到震惊,因为它是如此贴近生活,具有诱人的发展前景及巨大的应用价值。

　　分形理论使人们能以新的观念、新的手段来处理这些难题,透过扑朔迷离的无序的混乱现象和不规则的形态,揭示隐藏在复杂现象背后的规律,阐明局部和整体之间的本质联系。分形理论在某些学科的成功尝试,极大地激发了科学研究工作者的兴趣,他们把分形理论逐渐扩展到其他的学科领域,进一步促进了分形学的发展。

　　分形所涉及的领域极为广泛,包括哲学、数学、生物学、物理学、材料科学、医学、农学、气象学、天文学、计算机图形学等,可以说如今的分形无处不在。分形的发展,一部分得益于由分形产生的图形很奇妙,但更多的是因为分形的实用价值。采用分形方法,可以利用少量的数据生成各种不同的复杂的图形。根据分形的自相似性,能够对图形图像进行有效的压缩。

　　尽管分形理论从 Mandelbrot 的提出距今只有短短四十多年的时间,但是其发展速度可谓日新月异。我国的科学家们也积极进行分形理论的研究,探索,并取得了丰硕的成果,为推动我国乃至国际分形的发展做出了贡献。

　　虽然分形产生的图形复杂、美丽、实用,但是描述它们的方法很简单。现在有效的描述方法有林式系统(L－systems,L 系统)和函数迭代系统(Iterated Function System,IFS)。林式系统是由是林德梅叶 1968 年为模拟生物形态而设计的,后来史密斯于 1984 年、普鲁辛凯维奇于 1986 年,分别将它应用于计算机图形学,引起生物学界和计算机界人士的极大兴趣。函数迭代系统是美国佐治亚理工学院的巴恩斯利首创的。IFS 的理论与方法是分形自然景观模拟及分形图像压缩的理论基础,其基本思想是认为物体的全局和局部在仿射变换的意义下具有自相似结构,这就形成了著名的拼接定理。IFS 的魅力在于它是分形迭代生成的"反问题",根据拼接定理(collage theorem),对于一个给定的图形(如一张照片),确定几个生成规则,就可以大幅度压缩信息。

12.1　分形的概念及特点

1967 年,法国数学家曼德尔勃罗特在《科学》杂志上发表了《英国的海岸线有多长?》引起了世人的关注。这个问题依赖于测量时所使用的尺度,当用一把固定长度的直尺测量时,对于海岸线两点间距离小于直尺尺寸的曲线只能用直线近似。因此,测量的长度是不精确的。如果用更小的直尺刻画这些细小之处,会发现这些细小之处同样也是以曲线近似而成。如果用来测量的尺子不断缩小,则发现的曲线就越多,测得的长度值也越大,如图 12.1 和表 12.1 所示。如果尺子小到无限,测得的长度也是无限。

如果用公里作测量单位,从几米到几十米的一些曲折会被忽略;改用米来做单位,测得的总长度会增加,但是一些厘米量级以下的就不能反映出来。涨潮落潮使海岸线的水陆分界线具有各种层次的不规则性。海岸线在大小两个方向都有自然的限制,取大不列颠岛外缘上几个突出的点,用直线把它们连起来,得到海岸线长度的一种下界。使用比这更长的尺度是没有意义的。这个问题里其实隐含了基本的分形的概念。

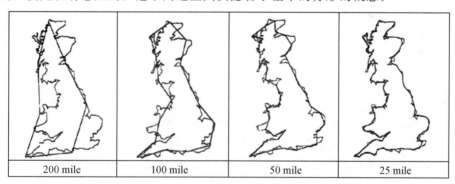

| 200 mile | 100 mile | 50 mile | 25 mile |

图 12.1　海岸线长度的测量(1 mile = 1 609 m)

表 12.1　不同长度标尺的海岸线测量

单位长度 /mile	线段数	总长度 /mile
200	7	1 400
100	16.25	1 625
50	40	2 000
25	96	2 400

分形的一些概念,最早可追溯到 100 多年前,但是那时由于受传统理论的约束,分形理论不仅没有得到应有的发展,而且被一些科学家视为"异类",是不合常理的、不能接受的。1860 年,瑞士数学家塞莱里埃(Cellerer)提出"连续函数必定可微"是错误的,并给出

反例。1883 年,德国数学家康托(Cantor)构造出康托三分集。1890 年,意大利数学家皮亚诺(Peano)构造一种充满空间的平面曲线,称为皮亚诺曲线。1904 年,瑞典数学家科赫(Koch)构造出科赫雪花曲线。1910 年,德国数学家豪斯道夫(Hausdorff)开始了奇异集合性质与量的研究,提出分数维概念等。1919 年,豪斯道夫给出维数的新定义,为维数的非整数化提供了理论基础。

尽管前人的理论没有得到应有的重视,但是它为以后分形理论的发展奠定了基础。1975 年,曼德尔布罗特用法文出版了第一部分形著作《分形对象:形、机遇和维数》。之后,曼德尔布罗特又对该著作加以修改,加入了他对分形几何的新的思想、观点。1982 年,曼德尔布罗特又出版了《自然界的分形几何》。在这本著作中他对分形重新加以定义。在这期间,又有很多科学家投入到分形的研究领域,促使分形得到长足的发展,其中有 1982 年特里科特(Tricot)引入填充维数,1983 年格拉斯伯格(Grassberger)和普罗克西娅(Procaccia)提出根据观测记录的时间数据列直接计算动力系统吸引子维数的算法。1985 年,曼德尔布罗特提出并研究了自然界中广泛存在的自仿射集,它包括自相似集并可通过仿射映射严格定义。1982 年,德金(Dekking)研究了递归集,这类分形集由迭代过程和嵌入方法生成,范围更广泛,但维数研究困难。1989 年,钟红柳等解决了德金猜想,确定了一大类递归集的维数。随着分形理论的发展和维数计算方法的逐步提出与改进,1982 年以后,分形理论逐渐在越来越多的领域得到应用。

自然界的物体形态不是固定不变的,所以在描述它们时应该采用随机方式,这样才能充分体现其一般性。基于这一点,1968 年曼德尔布罗特研究布朗运动的随机过程时,将其推广到与分形有关的分数布朗运动。1974 年,他又提出了分形渗流模型。在此基础上,1988 年柴叶斯(Chayes)给出了详细的数学分析。1984 年,扎乐(Zahle)通过随机分形模拟出更真实的自然现象。

12.1.1　分形基本概念

从严格意义上讲,分形是这样一种对象:将其细微部分放大后,其结构看起来仍与原先的一样。这与圆形成了鲜明的对比,把圆的一部分放大后便变得比较平直。分形的定义是其组成部分以某种方式与整体相似的图形。或者说分形是指一类构型复杂的体系,这些体系局部与整体具有相似性。

分形可分为两类:一是几何分形或称有规分形,它不断地重复同一种花样图案;另一种是随机分形或称无规分形,自然界存在的不规则物体多属此类。

12.1.2　分形的特征

分形具有以下特征:处处连续但是不可微、无特征尺寸、结构具有精细性、局部与整体具有自相似性、维数具有非整数性、生成具有迭代性。

特征长度是指所考虑的对象中最具代表性的尺度,如空间的长、宽、高及时间的分、秒、时等。标度不变性是指在分形上任选一局部区域,不论将其放大还是缩小,它的结构、形态、性质(功能)、复杂程度、不规则性等各种特性均不会发生变化(或是统计性的),故标度不变性又称为伸缩对称性。它有有限与无限之分。一个具有自相似性的物体(系统或事物)必定满足标度不变性,或者说这类物体没有特征长度。对于实际的分形体来说,这种标度不变性只在一定的范围内适用。人们通常把标度不变性适用的空间称为该分形体的无标度空间。在此范围以外,则不是分形。

结构的精细性指分形对象在任何比例尺的放大下均有复杂精细的细节与结构。与此相对应的,对于非分形图形,其局部结构是简单的线性构造,经过一定比例的局部放大后它们不再具有复杂的结构。

自相似特性是指物体局部与整体的相似性。如果用放大镜观察物体,不管放大多少倍,得到的结果均相同,即不可能通过观测结果判断放大倍数。

分形具有维数非整数性的特性。分形的描述为分形维数。普通几何学研究的对象,一般都具有整数的维数。比如,零维的点、一维的线、二维的面、三维的立体,乃至四维的时空。在分形几何学中,空间不一定具有整数的维数,可能存在分数维数。也就是说,与人们熟悉的整规体形的整数维不同,分形体的维数不一定是整数,它可取连续变化的各种数值,称为分形维数(简称分维)。根据分形体不同特征,分形维数的定义有多种,而且不同维数定义计算出的维数也有一些差别。

分形具有生成迭代性的特性,在任何比例尺的放大下均拥有无穷的细节与结构。

12.2 分形维数的定义与计算方法

欧氏几何学具有几千年的历史,它研究的是一些规整的图形,如直线、圆、椭圆、菱形、正方形、立方体、长方体和球体等。这些不同类型的曲线和形状有一个共同的基础 —— 欧氏几何,即它们可以被定义为代数方程或微分方程的解集。从欧氏几何测量中,可以看出点、直线、平面图形、空间图形的维数分别是 0、1、2 和 3,而且都是整数。

维数是几何对象的重要特征量,包含了集合的几何性质的许多信息。一个图形维数的大小,表示它占有空间的大小。尤其是在分形中,它对如何准确地描述图形起到了很大的作用。分形维数是判断两个分形是否一致的度量标准之一。

12.2.1 自相似性

一个系统的自相似性(self-similarity)是指某种结构或过程的特征从不同的空间尺度或时间尺度来看都是相似的,或者某系统或结构的局域性质或局域结构与整体类似。对于欧氏几何而言,它们的形态是极其规则的,而且是严格对称的,人们描述起来很容易,例如:想要描述一个圆形,只要给出圆点和半径,就能很快得出具体的图形。然而,对于不规则的物体形态,描述起来则很困难。凹凸不平的地表、怪石林立的山峰,诸如此类的实物形态是无法用欧氏几何描述的。尽管大自然的物体形态千变万化,但如果从一个分形上任意选取一个局部区域,对其进行放大,再将放大后的图形与原图加以比较,就会发现它们之间形状特征呈现出令人惊讶的自相似性。

物体的自相似性为科研人员提供了研究事物的新思路 —— 既然物体的形态是有规

律可循的,那么就有办法对其进行描述。基于这一思想,可以利用物体的自相似性,定义一个简单的图形规则,再在这个规则的基础上不断地进行规则迭代,最终生成让人意想不到的图形。

当然,自然界的事物是自相似的,但不是严格的完全的相似。相似度用来表示一个分形的局部与局部以及局部与整体之间的相似程度。另外,相似并不代表相同或者简单的重复。如果将局部图形用放大镜放大 X 倍,不一定会和原图完全吻合,这一点应注意。

图 12.2 所示为分形图形的生成过程,由此可以看出分形图形的生成过程其实是一个局部与整体相似的迭代过程。计算机运用迭代公式可以生成分形图形。

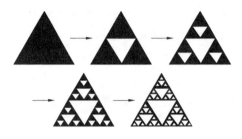

图 12.2 分形图形的生成过程

12.2.2 分数维

分形的另外一个概念是分维。整数维是拓扑维或传统的维数,如点具有零维、线具有一维、面具有二维、体具有三维。

维数和测量有密切的关系。一根直线,如果用零维的点来量它,其结果为无穷大,因为直线中包含无穷多个点;如果用一块平面来量它,其结果是 0,因为直线中不包含平面。

因此,只有用与其同维数的小线段来量它才会得到有限值,而这里直线的维数为 1(大于 0、小于 2)。对于上面提到的科赫曲线,其整体是由一条无限长的线折叠而成,显然,用小直线段量,其结果是无穷大,而用平面量,其结果是 0(此曲线中不包含平面)。那么只有找一个与科赫曲线维数相同的尺子量它才会得到有限值,而这个维数显然大于 1、小于 2,那么只能是小数(即分数),所以存在分维。

通过图 12.3 和表 12.2 可对维数有更多的理解。

表 12.2 图形的维数与复制个数的关系

图形名称	维数	复制个数
线段	1	$2 = 2^1$
正方形	2	$4 = 2^2$
立方体	3	$8 = 2^3$

自相似几何体线度的 2 倍所得复制个数 $k = 2^d$,自相似几何体线度的 λ 倍所得复制个数 $k = \lambda^d$,其中,d 是几何体的维数,k 是复制个数。

现从测量的角度引入维数概念,将维数从整数扩大到分数。即:如果某图形是由把原

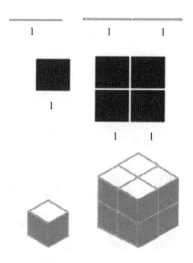

图 12.3　图形的维数与自相似几何体

图缩小为 $1/\lambda$ 的相似的 k 个图形所组成,有 $k=\lambda^{D}$,D 即维数,

$$D = \ln k / \ln \lambda \qquad (12.1)$$

式中,k 为"体积"的放大倍数。

由于这样定义的维数 D 是一个分式所得出的比值,因此人们称之为分数维。易见,这样定义的维数包括规整的对象(线、面、体)的整数维。显然有

$$D_{\text{线}} = \ln 2 / \ln 2 = 1 \qquad (12.2)$$

$$D_{\text{面}} = \ln 4 / \ln 2 = 2 \qquad (12.3)$$

$$D_{\text{体}} = \ln 8 / \ln 2 = 3 \qquad (12.4)$$

谢尔平斯基镂垫(垫片或海绵)的维数为

$$d = \ln 3 / \ln 2 = 1.58\cdots \qquad (12.5)$$

科赫曲线的维数为

$$d = \ln 4 / \ln 3 = 1.26\cdots \qquad (12.6)$$

像相对论发展了传统力学一样,分维是对传统维数概念的进一步发展。上述按自相似性定义的分数维称为相似性维数,解决了经验维数对非规整几何图形的自由度矛盾,其复杂程度可以用非整数维数去定量化。但相似性维数适用范围有限,只能用于具有严格自相似性的有规分形。

柯尔莫戈洛夫(Kolmogorov)进一步定义分维:对于 d 维空间中的一个小集合 E,可以用一些直径为 r 的 d 维小球去覆盖它,如果完全覆盖所需的小球数目的极小值为 $N(r)$,则该子集的柯尔莫戈洛夫容量维为

$$D = \frac{\ln N(r)}{\ln(1/r)} \text{ 或 } D = \lim_{r \to 0} \frac{\ln N(r)}{\ln(1/r)} \qquad (12.7)$$

一般把这样定义的容量维称为豪斯道夫维数,把豪斯道夫维数是分数的物体称为分形,把此时的 D 值称为该分形的分形维数,简称分维或分数维。图 12.4 是二维平面上分形的构成方法,可重复迭加或逐步分割形成同一个分形图形,其豪斯道夫维数为 1.465。

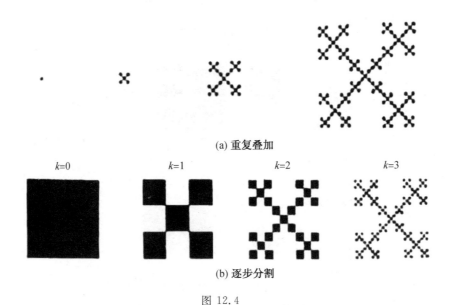

(a) 重复叠加

$k=0$ $\qquad$ $k=1$ $\qquad$ $k=2$ $\qquad$ $k=3$

(b) 逐步分割

图 12.4

12.2.3 分维的性质

分维具有以下性质。

(1) 分维一定大于拓扑维而小于它的所占的空间维。

(2) 分维数值 D 的大小是分形对象复杂程度的一个度量,数值越大分形对象越复杂。以三种人造海岸线为例,海岸线起点与终点间直线距离均为 1,若它们的形式一个比一个复杂,体现在分维数上,形式越复杂,则分维数越高。

(3) 对于同一种分形来说,即使在不同的尺度上,用分维表示的不规整程度却是一个常量。如科赫曲线,设两端点的距离为 1;当尺子取不同值时分形维数是一致的。

12.2.4 分维的典型例子

伴随着分形理论的发展,分维在农业、林业、医学、材料、经济、图形学等领域得到更广泛的应用。

对于分形的概念一直没有严格的定义。不同学科领域的学者对分形的理解是不同的,所以很难给出统一的、让所有的科研人员都能接受的定义。曼德尔布罗特先后对分形给出两个定义,第一个定义是 1982 年提出的,四年后,他又提出了更为实用且更易于理解的定义,并一直沿用至今。

定义(1):如果一个集合在欧氏空间中的豪斯道夫维数 D_H 恒大于其拓扑维数 D_T 即 $D_H > D_T$,则称该集合为分形集,简称为分形。

定义(2):组成部分以某种方式与整体相似的形体称为分形。

对于定义(1)的理解需要一定的数学基础,不仅要知道什么是豪斯道夫维数,还要知道什么是拓扑维数,看起来很抽象,也不容易推广。定义(2)比较笼统地说明了自然界中的物质只要局部和局部或者局部和整体之间存在自相似性,那么这个物质就是分形。正是这一比较"模糊"的概念被人们普遍接受,同时也促进了分形的发展。

根据自相似性的程度,分形可分为有规分形和无规分形。有规分形是指具有严格的自相似性的分形,比如三分康托集、科赫曲线。无规分形是指具有统计意义上的自相似性的分形,亦称随机分形,如曲折绵长的海岸线、漂浮的云、雪花、树叶与材料凝固枝晶等。许多数学家从纯数学兴趣出发,构造出一批自相似的几何图形:康托尔点集、科赫曲线、谢尔平斯基镂垫等。采用分形理论分析,看出这些图形与正规几何图形之间存在直接联系。

(1) 三分康托集。

1883 年,德国数学家康托(Cantor)提出了如今广为人知的三分康托集。三分康托集是很容易构造的,然而,它却显示出许多最典型的分形特征。它是从单位区间出发,再由这个区间不断地去掉部分子区间的过程构造出来的。其详细构造过程(图 12.5):第一步,把闭区间[0,1]平均分为三段,去掉中间的 1/3 部分段,则只剩下两个闭区间[0,1/3]和[2/3,1];第二步,将剩下的两个闭区间各自平均分为三段,同样去掉中间的区间段,这时剩下四段闭区间[0,1/9]、[2/9,1/3]、[2/3,7/9] 和[8/9,1];第三步,重复删除每个小区间中间的 1/3 段。如此不断地分割下去,最后剩下的各个小区间段就构成了三分康托集。三分康托集的豪斯道夫维数是 0.630 9。

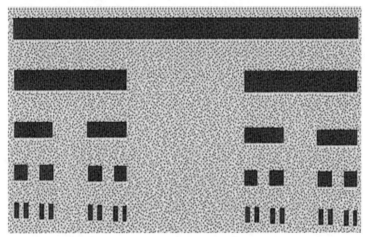

图 12.5　三分康托集的构造过程

三分康托集具有很多性质,下面简要介绍其中的一些性质。令三分康托集为 F,则有以下特性。① 康托集是自相似的。显而易见,区间[0,1/3]和[2/3,1]内的 F 的部分与 F 是几何相似的,相似比为 1/3。在[0,1/9]、[2/9,1/3]、[2/3,7/9]和[8/9,1]四个区间内,F 的部分也与 F 相似,其相似比为 1/9。以此类推,这个集包含很多不同比例的与自身相似的样本。② F 有"精细结构",它包含有任意小比例的细节,越放大三分康托集的图,间隙就越清楚地呈现出来。③ 康托集是完备的闭集合,并且是非空的,故又称"非空完备集"。④ 尽管 F 有错综复杂的细节结构,但 F 的实际定义却非常简单明了。F 的几何性质难以用传统的术语来描述,它既不是满足某些简单条件的点的轨迹,也不是任何简单方程的解集。

推而广之,假如在平面上构造康托集,那么最终生成的集合称为康托尘。康托尘的构造和三分康托集的构造很相似,它是将一个正方形分割成 16 个小正方形,保留其中的四个,去掉其他小正方形,以此类推,无限循环下去。康托尘具有和康托集相似的性质,这里不做论述。如果去掉不同的正方形,所获得的集合是不同的。

前面介绍的是非随机的有规分形,当然也可以构造随机的三分康托集。例如,在构造三分康托集的过程中,每一个区间要分成三个小区间,但具体舍弃哪一个 1/3 线段不是事先确定好的,而是随机的。每次把线段分成三部分,不总是去掉中间的一段,而是靠类似投骰子的方法决定。

（2）科赫曲线。

1904 年,瑞典数学家科赫构造了"Koch 曲线"几何图形。科赫曲线是具有相似结构的弯曲线段。将长度为 1 的直线段三等分,保留两侧,将中间一段改成夹角 60° 的两个等长直线。再将上次操作的四段边长 1/3 的线段三等分,每段长度为 1/9,也将中间一段改成夹角 60° 的两直线。操作进行下去,得一条有自相似结构的曲线,称为三次 Koch 曲线。Koch 曲线大于一维,具有无限的长度,但是又小于二维,并且生成的图形的面积为零。它和三分康托集一样,是一个典型的分形。根据分形的次数不同,生成的 Koch 曲线也有很多种,比如三次 Koch 曲线、四次 Koch 曲线等。下面以三次 Koch 曲线为例,介绍 Koch 曲线的构造方法,其他可以此类推。

三次 Koch 曲线的构造过程主要分为三步:第一步,给定一个初始图形 —— 一条线段;第二步,将这条线段中间的 1/3 处向外折起;第三步,按照第二步的方法不断地把各段线段中间的 1/3 处向外折起。这样无限地进行下去,最终即可构造出 Koch 曲线。其图例构造过程如图 12.6 所示。

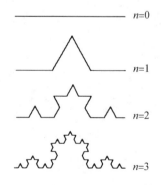

$$n=0$$
$$n=1$$
$$n=2$$
$$n=3$$

图 12.6　科赫曲线构造过程

Koch 曲线的生成过程是简单的,但其曲线又是复杂的。首先,它有很多个折点,而且这些折点是不可微的,因此没有切线。其次,Koch 曲线在许多方面的性质与三分康托集列出的性质类似,它由 4 个与总体相似的部分组成,相似比是 1/3。

$$D = \frac{\ln N}{\ln(1/\beta)} = \frac{\ln 4}{\ln 3} = 1.261\ 8 \tag{12.8}$$

式中,$1 < D < 2$。

所以,相似维数在 1 ～ 2 之间。它在任何尺度下的不规则性反映了它的精细结构,而这样错综复杂的构造却出自于一个基本的简单结构。

现在把图 12.6 的初始图形换成三角形,再按上述方法进行折叠,那么会得到另外一个分形,即 Koch 雪花(图 12.7)。以三角形为源多边形,每一边作三等分,类似 Koch 曲线生成规则操作。第一步形成一个六角星形,第二步将六角星形的 12 条边按 Koch 曲线规则,得 48 条边图形,以后依此进行同样的操作,直至无穷。极限情况下,Koch 雪花上的折线演变为曲线。Koch 雪花的维数与 Koch 曲线维数相等,均为1.261 8。

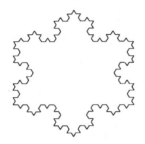

图 12.7　Koch 雪花

三分康托集有随机和非随机两种形式,Koch 曲线也不例外,Koch 能够构造出随机的 Koch 曲线,其方法和过程同三分康托集类似,这里不再赘述。

(3) 谢尔平斯基图形。

① 镂垫。

取一个等边三角形,四等分得 4 个较小三角形。舍去中间小三角形,保留周围的 3 个。此后将这 3 个较小三角形按上述分割与舍去法则操作下去,得到一种介于线段与面之间的几何图形(图 12.8)。

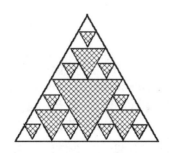

图 12.8　谢尔平斯基图形的镂垫

也可以设想从一个小三角形开始,将每边扩大 2 倍,得与之相似的大三角形,面积为小三角形的 4 倍。将中间一个小三角形舍去,实际面积为小三角形的 3 倍。分形维数为 1.584 9,同样介于 1 ～ 2 之间。

$$D = \frac{\ln K}{\ln L} = \frac{\ln 3}{\ln 2} = 1.584\ 9 \tag{12.9}$$

式中,$1 < D < 2$。

② 谢尔平斯基图形的第一种地毯。

取正方形将其 9 等分,得 9 个小正方形,舍去中央的小正方形,保留周围 8 个小正方形。然后对每个小正方形再 9 等分,并同样舍去中央正方形。按此规则不断细分与舍去,直至无穷(图 12.9(a))。谢尔平斯基地毯的极限图形面积趋于零,小正方形个数与其边的线段数目趋于无穷多,它是一个线集,图形具有严格的自相似性。从一个小正方形出发,将每边扩大 3 倍,由于舍去中间的正方形,在分维计算中,$L=3$,$K=8$,分形维数 $D_f = 1.892\ 7$。

③ 谢尔平斯基图形的第二种地毯。

取边长为 1 的正方形按 $p:q:p$ 的方法划分每边,并去掉中间 q 部分,留下四角。然后对四角小正方形进行类似的操作直至无限。它具有自相似性。

图 12.9(b) 是 $p=0.45$,$q=0.1$ 的地毯图。计算分维数,局部与整体相似比 $\beta=2/9$,$N=4$,得

$$D = \frac{\ln N}{\ln(1/\beta)} = \frac{\ln 4}{\ln(9/2)} = 1.74 \tag{12.10}$$

式中,$1 < D < 2$。

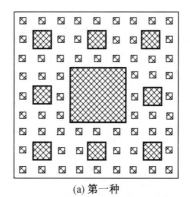

(a) 第一种

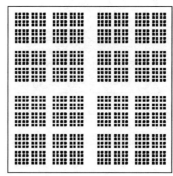

(b) 第二种

图 12.9   谢尔平斯基图形的地毯

④ 海绵。

如图 12.10 所示,将一个立方体的每边三等分,得 27 个小立方体。将体心和面心上 7

个小立方体舍去保留其余 20 个小立方体。再对每个小立方体进行同样操作,得到更小的 $20 \times 20 = 400$ 个立方体,如此操作进行下去直至无穷。其局部与其整体具有严格自相似性,极限情况下它的体积趋于零,而表面积趋于无穷大。用 3 维尺度测量时体积为零,用 2 维尺度测量时面积为无穷大,分维值介于 $2 \sim 3$ 之间。从一个小立方出发,每边扩大 3 倍体积放大 27 倍,但舍去了 7 个体心和面心立方体。该图形的分维数为2.762 8,该数值介于 $2 \sim 3$ 之间。

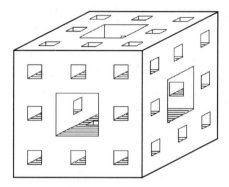

图 12.10　谢尔平斯基图形的海绵

$$D = \frac{\ln K}{\ln L} = \frac{\ln 20}{\ln 3} = 2.762\ 8 \tag{12.11}$$

式中,$2 < D < 3$。

⑤ 模拟分形物质。

这是由物理或化学家们构造出来的。构成方法(图12.11):将一个半径为1的原子放在原点作为种子,在球的 4 个方向上结合 4 个原子,5 个原子组成一个晶胞。再以这个晶胞为中心,在其 4 个原子的方向上结合 4 个晶胞,再在 4 个晶胞的方向上结合由 5 个晶胞结合成的集团。这种模拟物质具有自相似性。

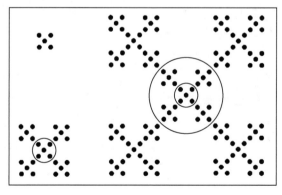

图 12.11　模拟分形物质

由图 12.11 可见,当线径放大 $L = 3$ 倍数时,其面积放大 $K = 5$ 倍数。

$$D = \frac{\ln K}{\ln L} = \frac{\ln 5}{\ln 3} = 1.465 \tag{12.12}$$

式中,$1 < D < 2$。

12.3　逾渗理论与模型

12.3.1　引言

处理强无序和具有随机几何结构的系统的理论方法很少,其中最好的方法之一是逾渗理论。逾渗模型为描述空间随机过程提供了一个明确、清晰、直观而又令人满意的模型。

逾渗理论特别适合于处理在庞大无序系统中由于相互联结程度的变化所引起的突变效应。逾渗转变指在庞大无序系统中随着联结程度或某种密度、占据数、浓度增加(或减少)到一定程度,系统内突然出现(或消失)某种长程联结性,性质发生突变,或发生了尖锐的相变。正是这种逾渗转变,使之成为描述多种不同现象的一个自然模型,用于阐明相变和临界现象等重要的物理概念,其中许多概念对非晶态固体(高分子材料是典型的一种)是十分重要的。

逾渗理论具有实际意义,它可广泛应用于众多物理、化学、生物及社会领域,迄今其应用范围还在不断扩大。表 12.3 列举了十五种不同的现象,都是已采用逾渗模型加以分析的。

表 12.3　逾渗理论的应用例子

现象或体系	转变
多孔介质中流体的流动	堵塞 / 流通
群体中疾病的传播	抑制 / 流行
通信或电阻网络	断开 / 联结
导体和绝缘体的复合材料	绝缘体 / 金属导体
超导体和金属复合材料	正常导电 / 超导
不连续的金属膜	绝缘体 / 金属导体
螺旋状星系中恒星的随机形成	非传播 / 传播
核物质中的夸克	禁闭 / 非禁闭
表面的液 He 薄膜	正常的 / 超流的
弥散在绝缘体中的金属原子	绝缘体 / 金属导体
稀磁体	顺磁性的 / 铁磁体的
聚合物凝胶化,流化	液体 / 凝胶
玻璃化转变	液体 / 玻璃
非晶态半导体的迁移率	局域态 / 扩展态
非晶态半导体中的变程跳跃	类似于电阻网络

表 12.3 中约一半属宏观现象,一半属微观过程,把两种极端情形并列以便于区别,不同例子的特征长度相差可达 10^{35}。如银河系的特征尺度量级为 10^{22} cm,而核子的尺度量

级为 10^{-13} cm。

表 12.3 的下部列出了逾渗理论在非晶态固体领域的应用。特别值得注意的是逾渗现象与电子定域问题(非晶态固体的迁移率或安德森转变)以及原子定域问题(玻璃化转变)的联系,二者均属于凝聚态物理现象,其特征长度的典型值为 $10^{-8} \sim 10^{-2}$ cm。非晶态固体是逾渗理论概念的一个富有成果的应用领域,它提供了一个具有丰富的无规则结构的自然对象。

对聚合物科学而言,逾渗理论可用于阐明玻璃化转变、溶胶 — 凝胶转变等相变过程,也可用于说明聚合物功能化和高性能化改性研究中(如导电、导磁、发光、阻燃、组装、共聚、共混、复合、增韧、交联、炭黑增强、凝胶化等)各式各样的临界现象及其中最重要的物理概念。

12.3.2 主要物理量与逾渗函数

1.逾渗现象与理论

为了说明逾渗过程并引入逾渗阈值(percolation threshold)的概念,考虑图 12.12 所示的假想实验例子。图中有一个相互联结的正方形点阵网络,代表非常大的通信网络。设想有一个人手拿剪刀,边走边无规地(完全随机地)剪断某些连线。其行为的最终效果将破坏两个通信中心(在图 12.12 中由网络两边的粗黑线代表)间的电信联络。

问:必须随机剪断多大百分数的连线或连键,才能中断两通信中心之间的全部联系?

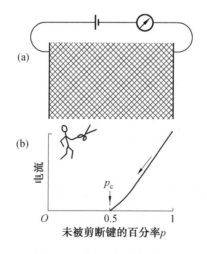

图 12.12 被无规剪断的网络

逾渗理论可以给上述问题以确定的回答,即存在一个尖锐的转变,在转变点处系统的长程联结性突然消失(或出现)。这一重要转变是当系统的成分或某种广义的密度变化达到一定值(称为逾渗阈值 p_c)时突然发生的。在逾渗阈值处,系统的长程联结性突然消失或出现,许多重要的性质将以"行或不行"的方式发生突变。

图 12.12 也可以用来描述比较简单的物理现象。例如,正方形点阵可以解释为代表

电路网络,完好的键表示导体单元,两端的粗黑线代表电极。这时,逾渗阈值相应于电流突然开始导通或消失。

若从完全联结的网络(所有键均为导电的)开始,然后无规地增加剪断键的百分率,则电流将逐渐减小,如图 12.12(b)所示的从右端向左端的变化。图中右方第一个箭头的位置大约相应于网络中有 21% 的键被剪断,79% 的键完好。这时,电流仍流过电极,但低于初始电流值。若令 p 表示剩余的未被剪断键的百分率,则电流 $I(p)$ 随 p 减小而连续减小,直到达到一临界的键浓度值 p_c 时,电流变为零。对小于 p_c 的 p 值,I 恒为零。表示当 $p < p_c$ 时,不存在从一个电极穿过网络到另一电极的导电键组成的联结通路。

图 12.12 也可代表另一类电路问题,通常称为无规电阻网络。这类模型对于分析非晶态固体中各种不同的输运现象是有用的。图 12.12 还可用以代表一类力学现象。设想把网络看成一个二维构件(例如纱窗)。当 $p=1$ 时,该构件有最大的力学强度。随着某些键被剪断,即 p 减小,构件的强度将降低,直至达到逾渗阈值 p_c 时,构件完全散成一堆碎片段,即强度为零。

逾渗(percolation)这个词是由数学家 Hammersley 在 1957 年创造的,其目的是为了描述流体在无序介质中做随机的扩展和流动。这种流动与通常的扩散是不同的。扩散过程是指粒子在介质中做随机行走,就像在液体中分子做无规则热运动一样,其无规则性来自于运动的随机性。逾渗的无规则性是来自介质本身所具有的无序结构,流体的流动行为类似于咖啡通过渗滤壶(percolator),所以 Hammersley 称这种过程为逾渗过程。

逾渗理论的特点主要有以下几点:逾渗理论适合于处理强无序和具有随机几何结构的系统;逾渗理论能与计算机模拟有机结合起来;逾渗理论具有特征函数,包括逾渗概率、集团平均大小、平均跨越长度和系统宏观特性等;逾渗中存在逾渗阈值及其影响因素,是逾渗理论研究中的一个重要节点。

2. 键逾渗、座逾渗、连键百分率、逾渗阈值

空间任何一种点阵都由点(顶点、键之间的交点)和键(边、连线、两点之间的成对的联结)组成。点阵上的逾渗过程有两种基本类型:键逾渗(bond percolation)和座逾渗(site percolation),如图 12.13 所示。两种情况都是从规则、周期的点阵出发,然后对每一个座或每一条键,无规地指定反映问题统计特征的非几何性的两态性质(是或非、断或通、有或无、联结或不联结等),从而把规则几何结构上的问题转变成随机几何结构的问题。

对于键逾渗过程,每条键或者是联结的,或者是不联结的,设联结的百分率为 p,不联结的百分率为 $1-p$。应该指出,这里必须假定系统是完全无序的,即每条键的联结概率 p 与其相邻键的状态无关。

对于座逾渗,每条键都是联结的,但"座"具有结构的无规联结性特征:每一个座或者是联结的(畅通的),或者是不联结的(堵塞的),相应的百分率分别为 p 和 $1-p$。仍假定对于每一个座,概率 p 不受其相邻点的状态的影响。常把"畅通座"和"堵塞座"分别称为"[已]占座"和"空座",用以表达逾渗过程模拟的现象与浓度或密度的依赖关系。

一组联结的键或座称为一个集团。对于键逾渗,相邻的连键是彼此联结的;同样,对

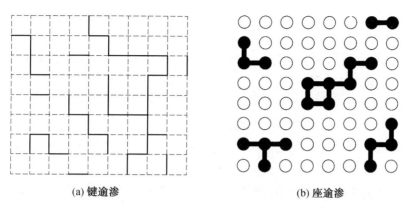

(a) 键逾渗　　　　　　　　　(b) 座逾渗

图 12.13　　逾渗点阵示意图

于座逾渗,相邻的[已]占座也是彼此联结的,若两个[已]占座可以通过由一系列最近邻的[已]占座连成的路径联结起来,则称这两个[已]占座属于同一集团。同样,对键逾渗,若两条键可以通过至少一条由连键连成的路径联结起来,则称这两条连键属于同一集团。

　　逾渗现象最突出的特征是在逾渗阈值处系统的长程联结性发生突变。所谓逾渗阈值,指存在一个极端尖锐的临界值 p_c,当 p 减小(或增大)到 p_c 值时,系统的性质发生突变(如两个通信台站的电信联络中断(或接通),或者无规电阻网络断路(或通路),或纱窗结构散架(或恢复)等)。这里涉及一个约定的假定,即二维正方形点阵是无限大的。

　　图 12.14 画出了逾渗过程的草图,并附有一个理想化了的二维蜂房形的通道网络,表示出流体如何迂回曲折地通过六角形的"咖啡渣"。图 12.14 的下部显示出相应的网络图,粗线表示连键,并标出了几个集团。其中有一个集团已表明是一个可能的逾渗通路,这是一个无界的或无穷大的逾渗集团。

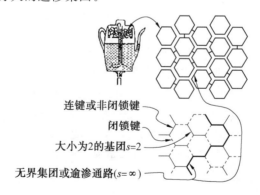

连键或非闭锁键
闭锁键
大小为2的基团 $s=2$
无界集团或逾渗通路($s=\infty$)

图 12.14　　流体通过多孔介质的键逾渗过程(下图为联结性图,黑线表示连键,与上面的通道对应)

　　只有在系统无限大的极限情况下,数学上才可能确定联结性阈值。对于"有限大"的系统,所观测到的阈值将是一个包围 p_c 的、展宽了的数值区间。以后总是假定所讨论的系统是无限大的,即 $(L/a) \to \infty$,通常 a 的典型值为原子尺寸,而 L 则为宏观尺度。

　　对于正方形点阵键逾渗现象,逾渗阈值为 $1/2$,$p_c = 0.5$。这是少数几个可以严格求

得 p_c 值的例子之一。另外还有几个二维点阵的逾渗问题的阈值也已严格解出。但对任何三维或更高维点阵的逾渗过程,至今尚无严格解。一维点阵不存在逾渗现象。对一维情形,立即得到 $p_c = 1$,即任何断键都将破坏长程联结性。一维情形($d = 1$)时无法像 $d \geqslant 2$ 那样"绕过"障碍。

由此可见,逾渗过程可以看成是某种广义的"流体"流过一种"介质",介质由许多相互连接的管路组成,其中有些管路的阀门被(无规地)关上了。阀门可以安装在管路中部,如图 12.15(a) 所示,形成键逾渗。阀门也可以安装在管路网络的接头处,而不在管路中部,如图 12.15(b) 所示,形成座逾渗。还有一种情形是阀门既放在管子中间,也放在接头处,这种逾渗称为座－键逾渗,是"常规"逾渗理论有用的推广。本章还会介绍另几种推广的逾渗过程,尤其对"连续区上的逾渗"将做详细讨论,它对非晶态固体的应用特别重要。逾渗现象用这样一种"水管系统"来类比,更容易理解键逾渗、座逾渗及其差别。实际上,当初正是为了描述流体流动的联结性阈值才采用了"逾渗"一词的。

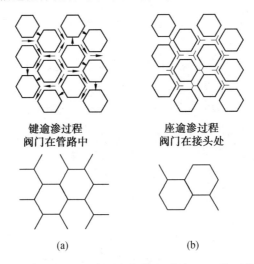

键逾渗过程
阀门在管路中

座逾渗过程
阀门在接头处

(a)　　　　　　　　　　(b)

图 12.15　键逾渗过程与座逾渗过程的对比(趋向于 p_c 的两种方式 —— 增大浓度和稀释浓度,等价而不等同)

我国学者建立了电树枝的微逾渗模型,图 12.16 给出了在该模型下 7 kV、10 kV 和 15 kV 作用电树枝数值模拟结果与实验对比,并利用环氧树脂 CY1311 的数值模拟与实测结果进行了有效性验证。数值模拟结果显示,微逾渗模型针对环氧树脂 CY1311 在 7 kV、10 kV 和 15 kV 下的电树枝仿真图像与实验结果非常贴近。

有研究者采用座逾渗模型,引入计算机控制扫描电镜数据作为模型初始矿物数据,考察了不同孔隙分布对煤焦转化与破碎的影响、煤焦转化过程对破碎程度的影响,以及煤焦破碎和内在矿聚合对飞灰颗粒物尤其是 $1 \sim 10~\mu m$ 颗粒物最终分布的影响。所建立煤焦矩阵和表面被[已]占座示意图如图 12.17 所示。

逾渗阈值处系统的联结性发生突变有两种方式:逐步增大系统的短程联结性和逐步减少系统的短程联结性。换句话说,系统的短程联结性趋向于 p_c 有两种方式,即增大(短程联结性的)浓度或稀释浓度,两种方式等价而不等同。

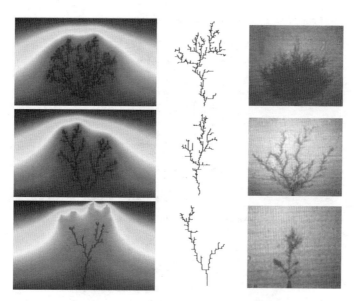

图 12.16　7 kV、10 kV 和 15 kV 作用电树枝逾渗模拟结果与实验对比（彩图见附录）

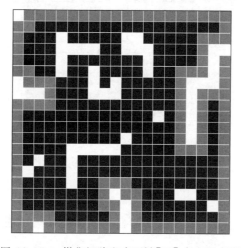

图 12.17　煤焦矩阵和表面被[已]占座示意图

在图 12.12 中剪断通信网络属于减少系统的短程联结性。但实际上理解逾渗阈值更常用的方法是沿着相反方向进行的过程，即增加（短程联结性的）浓度。表现在图 12.12(b) 中，即从左方到右方看：从 $p=0$ 逐渐增大 p 值，通过逾渗阈值 $p=p_c$ 发生逾渗，最后到 $p=1$。

尽管沿上述两种方向逾渗现象描述的结果是相同的，但是实际上从增大浓度的角度去观察问题更有意义，如图 12.18 所示。图中描绘了正方形点阵一部分区域上的座逾渗过程，图中[已]占座用黑点表示，近邻的[已]占座之间连以粗线，表示彼此是联结的，即属于同一联结集团。

三个图代表三种不同[已]占座浓度下，同一点阵区域内的情况：图 12.18(a)、(b)、(c) 分别相应于[已]占座的百分率 p 为 0.25、0.50 和 0.75。三个图的上下还可以想象各

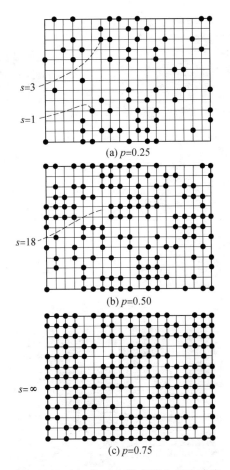

图 12.18   二维正方形点阵上座逾渗发
生图($p = 0.75$ 时,系统内出
现无限大集团($s \to \infty$))

有一幅 $p=0.0$ 和 $p=1.0$ 的图,五张图从上到下以 $\Delta p=0.25$ 为间隔。$p=0.0$ 表示完全空的点阵;$p=1.0$ 表示每一个座均为[已]占座,所有的座连成一个占满全部点阵的大集团。$p=0.25$ 时点阵中出现一些联结集团,但集团都很小($s=1,3,\cdots$);$p=0.50$ 时点阵中出现一些大集团,集团大小 s 可以大到十几或二十几($s=18$ 等),但与 $p=0.25$ 的点阵情况相比,两者并没有本质上的差别,即两幅图中都没有出现从左到右或从上到下贯穿全系统的大集团通路,没有发生逾渗现象。换句话说,一个极关键的性质并未改变,即所有连通集团的大小都是有限的。

考察图 12.18(c),当 $p=0.75$ 时,观察到系统内出现一个很大的集团($s \to \infty$)。它扩张到整个样品,从顶端到底部,从左到右,形成贯通全系统的逾渗通路。对于有限大小的样品,这个扩张的集团称为跨越集团。跨越集团随点阵样品的增长而增长,直到无穷大。这个无限扩张的或无界的集团称为逾渗集团或逾渗通路。样品内一旦出现逾渗集团或逾渗通路,整个样品的某种宏观性质就发生质的飞跃。这是图 12.18(c)与图 12.18(a)、(b)的本质区别。

通过细致分析还可得知,实际上 p 在 $0.50 \sim 0.75$ 之间,$p=0.59$ 时,系统内已经出现逾渗通路,系统在这一刻发生了质的变化("从无到有"的质的变化)。$p=0.59$ 称为二维正方形点阵上座逾渗过程的逾渗阈值。$p>0.59$ 时,逾渗通路依然保留,只是系统的畅通情况越来越好。注意逾渗集团虽然是无限大的,即 $s \to \infty$,但它并非占据全部点阵(除非当 $p=1.0$ 的高密度极限时),实际上,逾渗集团是与一些有限大小的集团以及空座所形成的岛屿并存的。

3. 集团平均大小和逾渗概率

下面介绍几个描述逾渗过程的重要函数。

(1) 集团平均大小 $s_{av}(p)$。

对于 $p \ll 1$ 的低密度区,几乎所有的[已]占座都是孤立的,即单座集团。以 p 表示任选一座是[已]占座的概率。对于正方形点阵,每一点有四个近邻,在 $p \ll 1$ 的情况下,一个给定的[已]占座属于任一个二座集团的概率为 $4p^2$,是可忽略的小量;对于正方形点阵一个给定的[已]占座属于任一个三座集团的概率为 $18p^3$,这个值更小。实际上在低密度时,找到大小为 s 的集团的概率量级为 p^s。因此,在 $p \to 0$ 的低密度极限下,集团大小的分布在 $s=1$ 处形成尖锐的峰值,并随 s 的增加而呈指数衰减。

集团大小的分布通常用一离散变量的函数 $n(s)$ 来表示,其中 $s=1,2,3,4,\cdots$。

一般 $n(s)$ 按点阵座归一化,即 $n(s)$ 定义成大小为 s 的集团数除以系统的总点阵座数(对很大的系统而言)。

当远离 $p \approx 0$ 时,利用解析方法确定 $n(s)$ 并不容易。对于正方形点阵上的座逾渗,上面已给出了在 $p \to 0$ 时,对 $s=1,2,3$ 分别有 $n(s)=p,4p^2,18p^3$,这些值是保留到"p 的最低阶"的近似表达式,在 $p \to 0$ 的极限下是严格准确的;对于小于 0.1 的 p 值也相当精确。然而,更多情况下,只有借助计算机模拟,才可在整个浓度范围得到关于 $n(s)$ 合理的结果。这里暂不讨论随 p 增加 $n(s)$ 行为的定量变化,而研究在逾渗阈值处 $n(s)$ 的定性变化。

当 p 增加时,属于 $s \geqslant 2$ 的集团的[已]占座的比例也增加,这是因为集团延伸的概率(发现近邻有[已]占座)变大。因此,集团的平均大小(用 $s_{av}(p)$ 表示)也增大。注意到所有大小为 s 的集团所包含的[已]占座数正比于 $s \cdot n(s)$,于是集团的平均大小可表示为

$$s_{av}(p) = \sum_{s=1}^{\infty} s^2 \cdot n(s) / \sum_{s=1}^{\infty} s \cdot n(s) \qquad (12.13)$$

式中,分母的求和值正比于[已]占座总数(实际上,由于 $n(s)$ 含有比例常数,它是系统总点阵座数的倒数,故分母的和式值等于 p),分子是一个加权的和式,其中某一[已]占座的权重为该座所属集团的大小。

在小 p 极限下,$s_{av}(p)$ 为 1,表示在低密度下占优势的是单座集团。随着 p 的增加,$s_{av}(p)$ 也增加。图 12.18(a) 中,当 $p=0.25$ 时,按式(12.17)定义的集团平均大小为 3.5,这时单座集团约为总[已]占座的 1/3,但较大集团的数目已明显增加。

当 p 增加到 0.50 时(图 12.18(b)),$s_{av}(p)$ 随 p 的增加急速增大,有些集团连在一起形

成相当大的集团。此时 $s_{av}(p)$ 的值已远大于 20。当 $p=0.75$ 时(图 12.18(c)),出现了无穷大集团,集团的平均大小已无意义。

如前所述,在从图 12.18(b) 向(c) 变化过程中,系统的联结性已发生了临界性的变化。在 $p=0.59$ 时,逾渗通路开始出现,系统内出现了无穷大集团。$p=0.59$ 正是在正方形点阵上座逾渗的临界浓度 p_c,或称逾渗阈值。它标志着在这一点,系统的联结性已足够高,形成了无界的、跨越点阵的逾渗集团。图 12.19 给出了二维正方形上逾渗过程及相关表征参数。

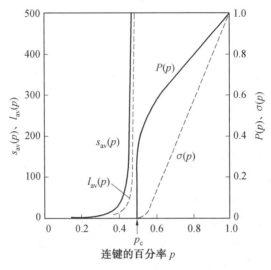

图 12.19　二维正方形上逾渗过程及相关表征参数

(2)逾渗概率 $P(p)$。

逾渗概率 $P(p)$ 定义为当连键的百分率为 p 时,任选的一条键属于无限大集团的连键的概率即 $P(p)$。

已知当 $p<p_c$ 时,不存在逾渗通路;当 $p\geqslant p_c$ 时,才出现逾渗通路;从 $p=p_c$ 到 $p=1$,逾渗通路不断“丰满”,最后占满整个点阵。因此逾渗概率 $P(p)$ 在 $p<p_c$ 时恒等于零;在 $p\geqslant p_c$ 时才不等于零;且随着 p 值增大而增大。当系统的全部键均为连键时,则有 $P(p)=p=1$。也就是说,$P(p)$ 代表整个系统中被逾渗通路(无限大集团) 所占据的百分比,故称为逾渗概率 $P(p)$。

图 12.19 中的粗线 $P(p)$ 描述了在二维正方形点阵上的键逾渗过程中,一个无限大集团体积的增长规律。显然,$P(p)$ 曲线与 $s_{av}(p)$ 曲线差别很大。$s_{av}(p)$ 曲线在 $p<p_c$ 时有意义,而 $P(p)$ 曲线从 $p=0$ 直到 p_c 恒等于零;过 p_c 后,随 p 的增加很陡地上升。最后当 p 趋于 1 时,$P(p)$ 趋于 p,即无穷大集团吞并了其他有限集团。

这里指出,图 12.19 中的所有函数都在逾渗阈值 p_c 处表现出某些特殊性质(“呈现奇异性”)。但是,逾渗概率 $P(p)$ 才是表征逾渗过程的真正最重要的量。它标志着在 p_c 点长程联结性从无到有的本质性变化,并且在 p_c 以上当 p 增加时,它还是对扩张网络体积增加的主要量度。

图 12.19 中 $P(p)$ 曲线的定性特征使凝聚态物理学家联想到相变。$P(p)$ 的行为很像热力学二级相变的"序参量"：当趋于相变温度时，序参量快速、连续地趋于零。事实上，可以把逾渗模型当作临界现象理论极好的范例，后者更注重在相变点附近系统的性质。

4. 连通率和平均跨越长度

（1）连通率 $\sigma(p)$。

图 12.19 中，与 $P(p)$ 曲线相似，有一条 $\sigma(p)$ 曲线。其特征为，对 $p < p_c$，$\sigma(p)$ 恒为零；对 $p > p_c$，$\sigma(p)$ 随 p 增加而单调增加。$\sigma(p)$ 可称为系统的连通率，表示系统的某种物理性质，如电导率、渗水率、力学强度等。对图 12.12 而言，$\sigma(p)$ 表示一个电阻网络的宏观导电性，当电阻网络被无规剪断（无规稀释）时，$\sigma(p)$ 描述了网络中电流的变化，与图 12.12 的电流－p 曲线相对应。当把网络设想成一个二维构件（例如纱窗）时，$\sigma(p)$ 代表构件的力学强度。

细致地观察 $\sigma(p)$ 与 $P(p)$ 两个函数，在逾渗阈值附近的行为有鲜明的差别。稍高于 p_c，$P(p)$ 立即很陡地上升。实际上，在阈值点附近它以无穷大的斜率上升（即 $\mathrm{d}P/\mathrm{d}p$ 可以任意大，只要 $p - p_c$ 选得足够小。同时，连通率却表现为缓慢地上升：在阈值处的起始斜率为零（当 $p - p_c$ 趋于零时，$\mathrm{d}\sigma/\mathrm{d}p$ 也趋于零）。

在 p_c 以上，逾渗概率和连通率之间的显著差别，显示了临界现象的一个方面。临界现象专门研究非常接近临界点的区域内（$|p - p_c| \ll 1$）系统的行为。临界区的行为由某些普适量所控制，这些量称为临界指数。

首先观察 $P(p)$ 的性质。在 $p > p_c$ 范围内，$P(p)$ 的爆炸式增长反映了当浓度超过 p_c 时，有限大的集团极迅速地连到无穷大集团上去。设想某一有限集团，再加一条连键就与已形成的逾渗通路连接上。一旦它已连上无穷大集团，它就成为无穷大集团的一部分，因而也对逾渗概率 $P(p)$ 有贡献。但是，从宏观电流的观点来看，这些新的连键并未增加使电流流过样品的新的平行通路，它们只是在原来的扩张网络上附加了一些"死胡同"的岔路，它们不会连到边界，即不是出口通路，因而对电导率 $\sigma(p)$ 无贡献。刚超过阈值 p_c 时，这种"死胡同"支路在逾渗通路中占绝大多数。只有占极小百分比的支路组成逾渗通路的骨干或"主干"，才对电导率有贡献。这就是刚超过 p_c 时 $\sigma(p)$ 增长很慢的原因。随着 p 的增加，逾渗通路中可参与导电的部分也增加，直到 $p \rightarrow 1$ 时，全部都有贡献。由此看来，在接近阈值 p_c 处 $\sigma(p)$ 与 $P(p)$ 有不同的函数行为从物理上不难理解，但在最初人们花了很长时间才认识到这一点。

（2）平均跨越长度。

式（12.13）定义了集团的平均大小，现在再从集团的特征长度 l 来描写集团的大小。集团特征长度可以有几种可能的选择，例如从集团重心计算的平均距离或方均根距离，或集团的直径等。不同的定义本质上是等价的（具有相同的数量级和相同标度行为），因此，最简单的办法是把集团的跨越直径或跨越长度取为 l。

跨越长度定义为集团中的两个座（对键逾渗则为两条键的中心）的最大间距：

$$l \equiv \max\{|r_i - r_j|\}_{i,j \text{在集团内}} \qquad (12.14)$$

对给定的 p，将特征长度对所有集团取平均，即得平均跨越长度 $l_{av}(p)$。这个量在逾渗现象中所起的作用，与相变中的"关联长度"相似。二者均提供了体系中的颗粒性的长度标尺。这种颗粒性在远离逾渗阈值或相变点时非常精细，而趋于转变点时则急剧地粗化。

对于逾渗理论而言，与 l_{av} 相应的函数为对联结性函数 $g(r)$。$g(r)$ 代表间距为 $r = |r_i - r_j|$ 的两点 i 和 j 属于同一集团的概率。根据以上讨论，可以立即导出在 $r \to \infty$ 时 $g(r)$ 的渐近式。若[已]占座的浓度小于逾渗阈值 p_c，则渐近值 $g(\infty)$ 为零。但若浓度大于 p_c 时，一对相距很大的点可以是彼此联结的，比如它们都属于无穷大集团。由于两个点都必须属于无穷大集团，故当 $r \to \infty$ 时，$g(r)$ 的极值应当是逾渗概率 $P(p)$ 的平方，即

$$\lim_{r \to \infty} g(r) = [P(p)]^2 \tag{12.15}$$

虽然逾渗现象还可以引入其他特征函数予以描述，但上述四个函数是描述逾渗过程的最基本函数。它们足以描绘逾渗过程的主要特征，其参变量均为联结百分率 p。

四个函数可以分成两组。集团平均大小 $s_{av}(p)$ 与平均跨越长度 $l_{av}(p)$ 描述低于阈值 p_c 时集团增长的几何特征：低于 p_c 时函数值是有限的，高于 p_c 时函数值为无穷大集团。逾渗概率 $P(p)$ 和连通率 $\sigma(p)$ 则描述跨越阈值 p_c 时系统性质的突变：低于 p_c 时函数值等于零，高于 p_c 时函数值为有限值。可以认为，$s_{av}(p)$ 与 $l_{av}(p)$ 的主要价值在于提供低于 p_c 时集团的定域程度。一旦出现逾渗通路，研究重点就集中到逾渗通路上，并转向 $P(p)$ 和 $\sigma(p)$，它们描写宏观扩展的（退定域的）集团。

5. 阈值的邻域 —— 临界区的性质

非常接近逾渗阈值的重要区域称为临界区（$|p - p_c| \ll 1$）。在这个区域内，四个逾渗函数的值都发生急剧变化。观察发现在临界区中，逾渗函数与相对于阈值的距离 $p - p_c$ 的依赖关系遵从幂次律。当从低侧趋向 p_c 时，集团平均大小 $s_{av}(p)$ 与平均跨越长度 $l_{av}(p)$ 均呈发散形式，具体形式为

$$(p - p_c) \to 0 \quad s_{av} \sim \frac{1}{(p_c - p)^{\gamma}} \tag{12.16}$$

$$(p - p_c) \to 0 \quad l_{av} \sim \frac{1}{(p_c - p)^{\nu}} \tag{12.17}$$

而逾渗概率 $P(p)$ 和连通率（电导率等）$\sigma(p)$ 的起始增长形式则为

$$(p - p_c) \to 0 \quad P \sim (p - p_c)^{\beta} \tag{12.18}$$

$$(p - p_c) \to 0 \quad \sigma \sim (p - p_c)^{t} \tag{12.19}$$

式（12.16）～（12.19）中的指数 γ、ν、β 和 t 称为临界指数。它们表征着在逾渗阈值附近，各个逾渗函数的标度行为。表 12.4 为重要逾渗函数在阈值附近标度行为的临界指数，列出了实验观测得到的在不同维空间点阵上发生逾渗过程的主要临界指数值，可以看出，对于二维和三维点阵，这些临界指数值多是正的非整数值。

表 12.4 重要逾渗函数在阈值附近标度行为的临界指数

接近 $p = p_c$ 时的函数形式	临界指数	d 维的临界指数		
		$d = 2$	$d = 3$	$d \geqslant 6$
$P \sim (p - p_c)^\beta$	β	0.14	0.40	1
$\sigma \sim (p - p_c)^t$	t	1.1	1.65	3
$s_{av} \sim (p_c - p)^{-\gamma}$	γ	2.4	1.7	1
$l_{av} \sim (p_c - p)^{-\nu}$	ν	1.35	0.85	0.5
$s \to \infty : n(s) \sim s^{-\tau}$	τ	2.06	2.2	2.5
$s \to \infty : l(s) \sim s^{(1/f)}$	f	1.9	2.6	4

临界指数的重要性在于,对同一维空间的不同点阵结构的逾渗过程而言,尽管其逾渗阈值不同,但各逾渗函数的临界指数却保持不变。也就是说,各个逾渗函数的标度行为,与发生逾渗过程的具体点阵结构形式无关。在同一维空间、不同空间点阵上,各个逾渗函数在逾渗阈值附近的标度行为相同。

后面还将介绍,对同一维空间的不同点阵结构,发生逾渗过程的逾渗阈值 p_c 差别很大。比如在三维空间,金刚石点阵结构上座逾渗的逾渗阈值为面心立方点阵结构上的二倍多。然而对于两种不同的点阵结构,在逾渗阈值附近式(12.16)~(12.19)中的幂次律形式却完全相同,即这些幂指数与不同点阵几何结构的细节差异无关。临界指数的这一特性称临界指数的"普适性"。换句话说,临界指数属于维数不变量,对于相同维数的一切点阵它们都有相同的值。

表 12.4 对座逾渗与键逾渗未加区分,这也是临界指数普适性的一个方面。即对相同的维数,观测到的临界指数值对键逾渗过程和座逾渗过程是相同的。根据相变的术语,我们称座逾渗与键逾渗属于相同的"普适类"。

在式(12.16)~(12.19)中,为了方便也为了与传统习惯一致,临界指数均定义为取正值。指数的大小与阈值附近各函数的定性行为有重要关系。在图 12.19 二维正方形点阵上座逾渗发生图中,从 p_c 开始,$P(p)$ 和 $\sigma(p)$ 是以完全不同的方式开始增长的:$P(p)$ 上升极陡,而 $\sigma(p)$ 极缓。确切地说,在 p_c 点,$P(p)$ 以无穷大斜率增长,而 $\sigma(p)$ 以零斜率增长。这个特征可以从比较式(12.16)~(12.19)的形式以及表 12.4 中 $\beta < 1$ 与 $t > 1$ 中看出。注意到逾渗概率 $P(p)$ 的行为如同二级相变中的序参量,因此在 p_c 点,有 $P(p)$ 连续,但 dP/dp 不连续。

表 12.4 第五行所定义的临界指数 τ,与其他指数不同。它不是描述某个函数在 $|p - p_c| \to 0$ 时的渐近行为,而是描述正在阈值点上($p = p_c$)大集团按大小分布的渐近极限。指数 τ 必须在 $2 \sim 3$ 之间。

表 12.4 中的第六个临界指数 f,可以结合逾渗模型来讨论。这个指数可反映在 p_c 点无穷大集团刚出现时的奇特几何性质:

$$p = p_c, s \to \infty : n(s) \sim s^{-\tau} \tag{12.20}$$

$$p = p_c, s \to \infty : l(s) \sim s^{1/f} \text{ 或 } s \sim l^f \tag{12.21}$$

按欧几里得几何学,一个 d 维物体的边界是 $(d-1)$ 维曲面,因此按常理会预期,当物体的大小趋于无穷大时,表面积与体积之比将趋于零。但对于阈值附近的逾渗集团并不是这样的。注意观察比值 b/s,它相当于一集团的表面与体积之比:

$$\lim_{s \to \infty}(b/s) = (1 - p_c)/p_c \qquad (12.22)$$

对三角形点阵上的座逾渗,这一比值正好等于 $1(p_c = 0.5)$。由此可见,对于逾渗大集团,表面对体积的关系是出乎意料的。按照 Mandelbrot(1977) 的说法,逾渗大集团定性的外观特征是"全是皮,没有肉"。例如海绵就是相近的实例。

考察式(12.21),该式将一长度量纲的量(l)与量度容积或体积的量(s)联系起来,按维数的定义(式 12.1),f 应是分形维数。由表 12.4 可知,临界无限大逾渗集团具有分形特征,其分维数小于拓扑维数($f < d$):二维时 f 近似为 1.9,三维时近似为 2.6。

分形维数 f 是大集团随机—几何特性的描述,是对不规则程度的测量,描述了大逾渗集团的几何"稀疏"程度。f 提供了对这个性质(即"全是皮,没有肉")的定量的量度,这个性质是接近阈值的很大集团才具有的。

正是临界区逾渗集团的分形特征决定了刚超过阈值时逾渗通路的概率与连通率(电导率)的差别。采用数学语言即分形维数 f 不等于空间维数 d。更确切地说,是差值($d - f$)提供了对"稀疏性"最好的量度。该差值对"集团究竟有多稀疏"给予了回答(因而 f 维的集团不能充满 d 维空间)。数学家称维数差($d - f$)为"豪斯道夫余维数"。对于一个正常的、充实的 d 维物体(如远离临界区的逾渗通路,$p - p_c > 0.05$),$f = d$,该差值变为零。

12.3.3 常见的逾渗模型

1. 经典统计的逾渗理论(Kirkpatrick — Zallen) 模型

Kirkpatrick、Zallen 等借用 Flory 凝胶理论描述导电网络的形成,并提出经典统计的逾渗理论方程:

$$\sigma = \sigma_p (v - v_c)^x \qquad (12.23)$$

式中,σ_p 为填料的电导率,S/cm;v 为填料的体积分数,%;v_c 为逾渗临界体积分数,%;x 为与体系维数相关的系数。

对于二维体系,x 的典型值为 1.3;对于三维体系,x 为 1.9。推断出,球状粒子只有体积分数达到 16% 以上时,才会形成导电网络,该模型不仅可以用于计算电导率,还可以通过计算 x、v 得到粒子在体系内的分布状况。Gubbels 在研究 PE/PS 复合导电体系时发现,当炭黑粒子分布在 PE 的无定形区域时,$x = 2.0$;当炭黑粒子分布在 PE/PS 的界面区域时,$x = 1.3$。这是一个基于统计学的理论,在填料超过临界浓度后,可设想导电粒子构成的聚集体展开后就像无规链一样偶联着,但是它描述粒子的不规则排列与实际情况不符,缺乏理论依据。

2. Mamunya 模型

Mamunya 等根据经典统计的逾渗理论,提出了填充型导电复合材料电导率的经验公式:

$$\frac{\sigma - \sigma_c}{\sigma_f - \sigma_c} = \left(\frac{v - v_c}{F - v_c}\right)^t \tag{12.24}$$

式中，t 为与体系维数有关的系数，对于二维电传导体系，一般为 $1.6 \sim 1.9$；σ_c 为逾渗临界电导率，S/cm；σ_f 为最大电导率，S/cm；F 为填充因子，与填料的形状、大小以及物性有关，其表达式为 $F = P/(v \cdot \sigma_f)$，P 为填料的质量，g。

该模型基于统计学的原理，充分考虑了填料的形状、大小及物性对复合材料电导率的影响。

3. Janzen 模型

Janzen 提出决定逾渗网络形成的关键因素是导电粒子的平均接触数 m，用理论公式可表示为

$$m = \frac{1}{1 + 0.67z\rho\varepsilon} \tag{12.25}$$

式中，z 为单位立方格粒子的配位数；ρ 为密度，g/cm^3；ε 为填充粒子的比孔隙体积，L。

在该模型中，$m = 2$ 时，形成一维的导电网络；$m = 1.5$ 时，形成三维的导电网络。在 Gurland 对银粉/酚醛树脂的研究中证明，当 $m = 1$ 时，电导率开始上升，在区间 $1.3 \sim 1.5$，电导率发生突变。Janzen 模型对许多金属粒子填充体系拟合较好，但其仍然没有考虑到粒子与基体的种类、形状及尺寸、分散与分布等因素。

4. 有效介质模型

有效介质理论（EMT）把无规非均匀复合材料的每个颗粒都看作处于具有相同电导率的一种有效介质中。根据 EMT，对于分散有球状颗粒的复合材料，有效介质模型的方程可表示为

$$v_1 \frac{\sigma_1 - \sigma_m}{\sigma_1 + 2\sigma_m} + v_2 \frac{\sigma_2 - \sigma_m}{\sigma_2 + 2\sigma_m} = 0 \tag{12.26}$$

式中，σ_m 为有效电导率，S/cm；σ_1 和 σ_2 为低电导率组分和高电导率组分的电导率，S/cm；v_1 和 v_2 为低电导率组分和高电导率组分的体积分数，%。

该模型只能解释导电相体积分数为 1/3 时，电导率突变的现象，但是不能解释逾渗阈值低于 1/3 的现象。

5. Bueche 模型

Bueche 借用 Flory 提出的聚合物凝胶的概念，得到如下关系式：

$$\frac{\rho}{\rho_m} = \frac{\rho_f}{(1 - v_c)\rho_f + v_c\omega_g\rho_m} \tag{12.27}$$

式中，ω_g 为粒子排入无限链的概率；ρ_f 为粒子的电阻率，$\Omega \cdot m$；ρ_m 为基体的电阻率，$\Omega \cdot m$；ρ 为复合物的电阻率，$\Omega \cdot m$；v_c 为粒子的体积分数，%。

该模型与 Kirkpatrick-Zallen 模型有相似之处，但其考虑到了基体树脂的电阻率对复合体系的影响。Bueche 认为导电网络与聚合物网络具有相似性，导电粒子构成的聚集体铺开后就像无规链一样呈线性耦合，是一种无限网链模型。

6. Nielsen 模型

Nielsen 从原生粒子的形状和配位数出发,推导出电导率的计算公式如下:

$$\sigma = \sigma_m \frac{1 + AB\varphi_f}{1 - B\psi\varphi_f} \tag{12.28}$$

式中,$B = \dfrac{\sigma_f/\sigma_m - 1}{\sigma_f/\sigma_m + A}$;$\varphi_f$ 为堆料体积分数;A 为絮凝指数,对粒子长径比和聚集数量敏感的系数,当 A 大约在 400 时,导电网络开始形成;$\psi \approx 1 + \left(\dfrac{1 - P_f}{P_f^2}\right)P_f$,堆积因子

$$P_f = [1 - \rho\mathrm{DBP}]^{-1} \tag{12.29}$$

其中,DBP 为结构性参数。

上述 6 种逾渗模型都是基于几何的唯象模型,在相关领域有所应用,但都缺少理论依据。

7. Miyasaka 热力学模型

Miyasaka 等认为逾渗从根本上是一个热力学的现象,导电复合材料的逾渗行为不仅与填充粒子和聚合物的性能等因素有关,而且与复合材料体系中基体介质与炭黑粒子界面层的润湿行为相关,有

$$v_f^c = \frac{1}{1 + (\gamma_c^{1/2} - \gamma_p^{1/2})^2 (S_0/v_0)/\Delta g} \tag{12.30}$$

式中,γ_c 为填充粒子的表面张力,N/m;γ_p 为聚合物粒子的表面张力,N/m;S_0 为炭黑粒子的外表面面积,m^2;v_0 为炭黑粒子的体积,m^3;v_f^c 为配位数为 f 时的临界浓度,Δg 为一个与体系界面能过剩有关的参数。

可以看出,炭黑粒子和基体介质间的界面能决定着逾渗网络的形成。聚合物的表面能越高,临界浓度或逾渗阈值越高。当体系界面能过剩达到一个与聚合物种类无关的普适常数 Δg^* 后,炭黑粒子开始形成导电网络,电阻率突降。前提条件是炭黑(CB)或本征导电粒子(ICP)是球形;在逾渗网络形成之前,CB 或 ICP 表面覆盖了一层树脂分子,覆盖层的厚度由树脂种类决定,而且不受加工过程的破坏,已经与原来树脂性质截然不同;粒子不是均匀分布的,而是以平面聚集体(flat agglomerates)的形式分布。

8. Wessling 动态界面模型

Wessling 认为粒子和基体的表面张力是影响逾渗网络形成的首要因素,认为逾渗现象是一种相变过程,最终结果是导电相和基体达到连续状态,该模型基于非平衡热力学原理,而且说明了逾渗效应发生的微观机制。该模型具有两个特点:一是采用了非平衡态热力学的概念;二是将逾渗过程形象化了。但是该模型假设太多,很难与实际相符,且有些模型参数还无法解析。动态界面模型的表达式为

$$U_c = \frac{0.64(1-c)\varphi_f}{\varphi_c}\left(\frac{x}{\gamma_c^{1/2} + \gamma_p^{1/2}} + y\right) \tag{12.31}$$

式中,$(1-c)$ 为树脂中无定形部分;x 为与体系维数相关的系数,依赖于相对分子质量(平均为 0.451);φ_f 为覆盖层体积因子;φ_c 为粒子的体积因子;$1 \leqslant \varphi_c/\varphi_f \leqslant \infty$。

以上两种模型除了考虑影响逾渗网络形成的多种影响因素外,也考虑了逾渗网络形成的热力学因素。

12.4　分形与逾渗模型在材料微观组织模拟中的应用

12.4.1　分形理论在材料非线性力学行为研究中的应用

1. 微结构、混沌、分维

（1）微结构。

材料微结构处于同阶有序和无序之间的范围。材料的微结构单元可以分为:空穴、位错、晶粒边界与分散的粒子。材料在损伤演化过程中,微观结构将经历从有序到无序的演化过程,同时对它的空间占位即维数也发生连续变化。空穴（维数 $d=0$）凝结而形成位错（$d=1$）;位错形成晶格边界（$d=2$）;进而在点阵中位错堆积而形成粒子（$d=3$）。微结构单元是发展式转换的,其空间占位是连续变化的。这种连续变化伴随着材料内部的各向异性、无序、逾渗,微结构的混沌、分形结构的形成等现象的出现。

（2）混沌。

混沌意味着无序。微结构的混沌意味着材料微结构已经无法区别晶格尺寸、晶格边界粒子占位等微结构参数,一切均杂乱无章。这个状态定义为"几何混沌"。在结晶材料中,微结构的无序程度可由微结构熵 S_m 来表示:

$$0 < S_m < \frac{R}{V_m}\ln \Omega < \infty, \quad 0 < \Omega < \infty \tag{12.32}$$

混沌即定义为 $S_m \to \infty$。式中,Ω 为每一类结构的数目;R 为气体常数;V_m 为分子体积。

（3）分维。

对于微结构无序的定量表示即分维。可以定性地想象:分维 $D \in (0,1)$ 对应于微结构点元到线元的变化;分维 $D \in (1,2)$ 对应于微结构线元到面元的变化（如位错 → 晶界）;分维 $D \in (2,3)$ 对应于微结构面元到体元的变化（如晶界 → 粒子）。

单一根位错线不是直线（$D > 1$）,单一晶界不是光滑的（$D > 2$）,这些都表现出分形的特性。给定一个位错场,通常对于直线位错,可假定位错密度 ρ_1 与位错空间占位 s_1 存在如下关系:

$$\sqrt{\rho_1} = s_1^{-1} \tag{12.33}$$

当考虑位错的分形效应时,位错线的真正长度应为

$$L(\delta) = N\delta = L_0 \delta^{1-D} \quad \lim_{n \to \infty} L(\delta) = \infty \tag{12.34}$$

式中,L_0 为常数;D 为分维;δ 为码尺尺度。根据式（12.34）,可求得位错密度

$$\rho = \frac{\sum L(\delta)}{V} = \frac{\sum L_0 \delta^{1-D}}{V} \geqslant \frac{\sum L_0}{V} \tag{12.35}$$

式中,V 为体积。

位错的不规则分布可能起源于光滑位错线与点缺陷的相互作用或直线位错的相互交截。

2. 断裂与分形

材料断裂后,断裂表面凹凸不平,是一个近似的分形表面。材料断裂表面的不规则性反映了在断裂时损伤断裂的能量耗散与微结构效应。这种不规则性又可由分形得到很好的模拟。这样可以根据材料断口的分形特征追溯到材料断裂的宏观力学行为。材料断裂的微观形式主要表现为沿晶断裂、穿晶断裂及其混合形式。在同一晶粒尺寸的材料中,沿晶和混合断裂具有最快的扩展速度,如果不考虑分形就不可能定量地反映这些规律,也不可能直接建立微观与宏观相结合的表达式。

测量断口最常用的方法是小岛法、垂直剖面法或用 STM 和原子力显微镜(AFM)在断口表面直接测量。把断口表面磨平,在扫描电子显微镜(SEM)下就会出现一个个小岛和湖。照相后把照片放入图像处理仪中,固定放大倍数可测出每个小岛的面积 A_i 以及小岛的周长 L_i。

基本原理是用一个长为 ε 的正方网格去覆盖小岛(图 12.20(a)),小岛周界通过的网格(图上已加粗)总数为 N,则周长 $L = N\varepsilon$。覆盖小岛的网格总数(包括和边界相交的网格)为 M,则小岛面积为 $A = M\varepsilon^2$。根据很多自相似小岛的 A_i 和 L_i 数据即可求出其分维 D。这个方法的最大优点是不需改变码尺,另外对每个小岛的自相似性要求不高。

对规则的几何图形,如正方形,其周界长度 $L(r) = 4r$,其面积为 $A(r) = r^2$,故 $L = 4A^{\frac{1}{2}}$。由此可知,规则图形的周界与面积的平方根成正比,而与图形大小(或测量码尺)r 无关,$L = \alpha A^{\frac{1}{2}}$,$\alpha$ 是比例系数,即 $\alpha = L/A^{\frac{1}{2}}$。具有分形结构的小岛,$L$ 和 A 均与码尺 ε 有关,且 L 与 D 有关;用 $L^{1/D}$ 代 L 就可获得分形图形的 $\alpha(\varepsilon)$,即

$$\alpha(\varepsilon) = L^{1/D}(\varepsilon)/A^{\frac{1}{2}}(\varepsilon) \tag{12.36}$$

小岛周界是分形曲线,则

$$L(\varepsilon) = L_0(\varepsilon)\varepsilon^{1-D} \tag{12.37}$$

可得

$$\alpha(\varepsilon) = L_0^{1/D}(\varepsilon)\varepsilon^{(1-D)/D}/A^{\frac{1}{2}}(\varepsilon) \tag{12.38}$$

因为小岛面积 A 是有限值,故当 $\varepsilon \to 0$ 时,$\lim\limits_{\varepsilon \to 0} A^{-\frac{1}{2}} = A_0^{-\frac{1}{2}}$ 是一个常数。则 $\varepsilon \to 0$ 时:

$$\alpha(\varepsilon) = L_0^{1/D}(\varepsilon)\varepsilon^{(1-D)/D}/A_0^{\frac{1}{2}} = C\varepsilon^{(1-D)/D} \tag{12.39}$$

$$L^{1/D}(\varepsilon) = \alpha(\varepsilon)A^{\frac{1}{2}}(\varepsilon) = CA^{\frac{1}{2}}(\varepsilon)\varepsilon^{(1-D)/D} \tag{12.40}$$

可见,$L(\varepsilon)$ 与 ε^{1-D} 成正比:

$$L(\varepsilon) \propto \varepsilon^{1-D} \tag{12.41}$$

这就是定义分形的幂律。小岛的面积和周长存在幂律关系,即

$$A \propto L^{2/D} \tag{12.42}$$

式中,D 为小岛的分维。

实验测量分维时取对数可得

$$\ln A(\varepsilon) = -2\ln \alpha(\varepsilon) + \frac{2}{D}\ln L(\varepsilon) \tag{12.43}$$

固定码尺 ε = 常数，然后测量 i 个小岛的周长 L_i 和面积 A_i，从而在双对数坐标 $\ln A$ 和 $\ln L$ 上就有一条直线，其斜率 $\beta = 2/D$。

用小岛法测量 300M 马氏体时效钢冲击断口分维。断口表面磨平后显示一个个岛和湖，固定码尺长度 ε = 0.156 μm，测量每一个小岛的周长 L 和面积 A。根据式 $A \propto L^{2/D}$，可得 lg A 随 lg L 的变化，如图 12.20(b) 所示。图上直线斜率为 $\beta = 2/D$，因为测出 $\beta = 1.56$，从而可得 $D = 1.28$。

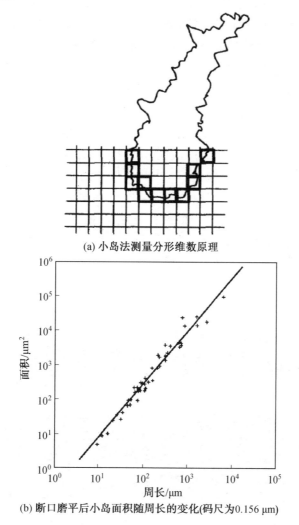

(a) 小岛法测量分形维数原理

(b) **断口磨平后小岛面积随周长的变化**(码尺为0.156 μm)

图 12.20　小岛法测量原理与马氏体时效钢断口磨平后小岛面积随
周长的变化(码尺为 0.156 μm)

分形不仅可以定性还可以定量分析材料损伤。通过研究不同几何形状的金属在不同振幅 — 时间特性的外部冲击作用下动态破坏过程的相似性特征，分形维数可以量化材料的损伤情况。在高强度外部冲击作用下的自相似行为使确定无量纲比率成为可能，应用非线性物理和分形理论来量化耗散结构的特征,可以建立相似的金属损伤过程,这种相似性是由其纯粹的非平衡耗散(如尺度不变性)引起的。

金属是常用的包装材料之一,金属材料在加工及服役过程中,会经历复杂的物理、化学等变化。这些过程具有非线性特征,使得金属材料的表面形貌非常复杂,往往在一定标度范围内具有统计学上的自相似性,即金属包装材料的表面形貌具有分形特征。我国学者利用互信息和混沌方法对在钝化处理、局部及均匀腐蚀等 3 种条件下的 304 和 316L 不锈钢电化学电位噪声的时间序列进行相空间重构,并计算相关的关联维数。不锈钢局部腐蚀的关联维数较高,钝化的关联维数较低,相空间重构为研究电化学噪声信号提供了一种新的方法,为识别腐蚀类型提供了新的信息。

采用盒形计数法,计算热冲击氧化铝陶瓷裂纹扩展(图 12.21)表面热冲击裂纹的分形维数。结果显示,在不同的热冲击温度下,分形维数对裂纹的变化非常敏感,粒度越小的陶瓷裂纹,其形貌的分形维数越高。准脆性固体中微裂纹分形图的断裂可用来解释裂纹长度与分形维数的关系。当裂纹扩展过程中的裂纹长度相同但分形维数较大时,裂纹吸收的断裂能较大。Vuckovic 等描述了一种分析材料微观结构性能的新方法,该方法用于结构、晶粒和孔隙的分形场模拟器中,通过分形特性编程预测陶瓷材料的最终性能。有学者利用像素点覆盖法与投影法计算不同工艺条件下锂电池隔膜微观形貌的分形维数,分析两种算法的各自优缺点并探索各自与隔膜透气、孔径之间的关系,如图 12.22 所示。像素点覆盖法分形维数和孔径有一定的正相关性,但相关系数仅为 0.812 9,未体现出良好的线性相关。投影法分形维数较像素覆盖法则表现出更好的线性相关,主要是因为投影法分形维数变化量大,能更好地表征实际情况。

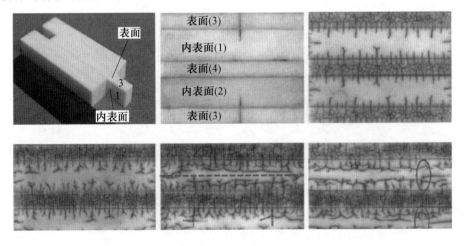

图 12.21　陶瓷的不同裂纹模式

有学者采用可控参数的谢尔平斯基模型进行分形多孔介质模型重构,在此基础上对分形多孔介质渗流特性与分形几何特征参数之间的关系进行数值模拟分析,研究结果表明,分形多孔介质模型满足严格自相似性,并随着分形级数增加,颗粒数增加,孔隙通道更加复杂,孔隙率逐渐减小,渗透率明显下降。

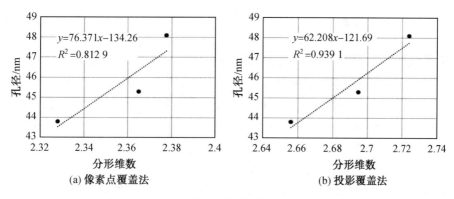

图 12.22　锂电池隔膜分形维数与孔径之间的关系

　　有学者建立涂层风沙冲蚀损伤表面分形维数预测模型,重构冲蚀损伤表面形貌,结合分形分布理论求解损伤表面分形维数,分析不同参数对理论模型的影响,如图 12.23 所示。分形理论模型中,主导粒子粒径越大,分形维数初期增长速度越慢;冲击损伤面积越大,分形维数初期增长速度越快;损伤尺度系数越大,分形维数最大值越大;冲蚀前损伤面积越大,初始分形维数越大。

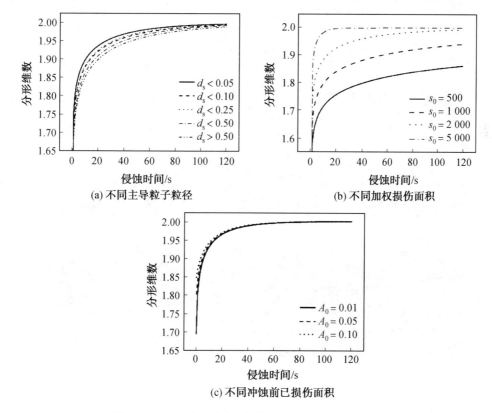

图 12.23　涂层风沙冲蚀损伤表面分形模型预测结果

12.4.2 逾渗模型应用实例

1.填充型导电高分子复合材料的逾渗模型

在填充型导电高分子复合材料研究中,可以看到影响逾渗阈值的主要因素有:填充粒子的形状和大小、基体树脂和导电粒子的种类及加工过程。一般而言,球形粒子要比纤维状的粒子逾渗阈值大,粒子的长径比越大,形成连通网络的机会越高。目前,从已经开展的研究来看,在导电复合材料体系中,特别是填充型导电高分子复合材料中,逾渗理论已经被广泛应用。当填充粒子达到一定的浓度时,电导率突增,从绝缘体转变为导体,使电导率的跨度可达到 13 个数量级。通过逾渗理论的分析,认为这和贯穿于体系的导电网络形成直接相关,并受制于基体介质的自身特性、加工条件等。

有学者研究了 Cu/Cu_2O 金属陶瓷电导逾渗行为与微观结构分形表征,建立模型并研究了二维正方晶格逾渗行为,模拟结果如图 12.24 所示。在逾渗体系中,无限网络总量和

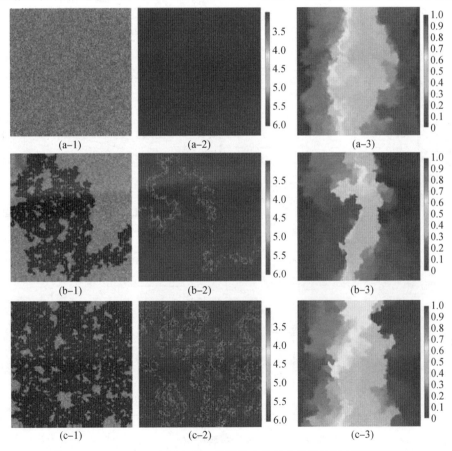

图 12.24 Cu/Cu_2O 金属陶瓷二维晶格逾渗行为模拟结果(彩图见附录)

(a)导通相体积分数小于逾渗阈值体积分数 1%;(b)导通相体积分数大于逾渗阈值体积分数 1%;

(c)导通相体积分数大于逾渗阈值体积分数 1.1%;(d)导通相体积分数大于逾渗阈值体积分数 3%;

(1)导通相;(2)导通骨架,云图表示电流大小相对分布;(3)电压分布,云图表示电压大小相对分布

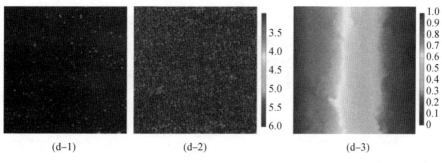

(d-1)　　　　　　　　(d-2)　　　　　　　　(d-3)

续图 12.24

骨架总量随着导通相体积分数的增加而增加。但是,骨架密度在逾渗阈值附近并不随着导通相体积分数的增加而增加。

2. 脆韧转变的逾渗分析理论模型

聚合物共混体的脆韧转变(BDT)是指聚合物基体由于加入一定数量的第二相形成共混体后,体系发生从脆性断裂到韧性断裂的过程。逾渗理论是处理强无序和具有随机几何结构系统的理论方法,它引入了一个明确、清晰、直观的模型来处理无序系统中由于相互联结程度的变化所引起的效应。将逾渗模型应用于聚合物的脆韧转变分析中,如图12.25 所示。随着单位体积内增韧粒子数目的增加,粒子间距缩小,最终形成逾渗通道,引起了材料从脆性向韧性的转变。

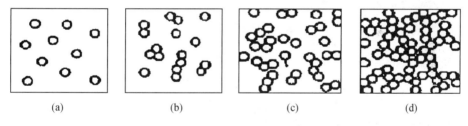

(a)　　　　　　(b)　　　　　　(c)　　　　　　(d)

图 12.25　聚合物脆韧转变逾渗模型示意图

杜邦公司在 20 世纪 80 年代末分析橡胶增韧尼龙的脆韧转变时首先应用了逾渗理论。假设橡胶粒子是等直径的圆球且随机分布在基体中,由于分散相橡胶粒子与塑料基体模量、泊松比及膨胀系数等的不同,在冲击断裂过程中,橡胶粒子与其周围 $T_c/2$(T_c 为临界基体层厚度) 厚的基体球壳形成平面应力体积球(图12.26),则平面应力体积球的直径(S) 为

$$S = d + T_c \tag{12.44}$$

式中,d 为橡胶粒径;T_c 为临界基体层厚度。

相邻平面应力体积球球心距(L) 为

$$L = d + T \tag{12.45}$$

式中,T 为基体层厚度。

当 $L \leqslant L_c$,即 $T \leqslant T_c$ 时,相邻应力体积球发生关联。

平面应力球的体积分数(Φ_s) 为

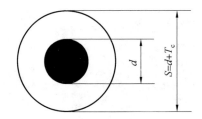

图 12.26　平面应力体积球

$$\Phi_s = (S/d)^3 \Phi_r \tag{12.46}$$

由式(12.50)可以看出,Φ_s 随 Φ_r(橡胶的体积分数)的增大而增大,即发生关联的平面应力体积球的数目增多,并互相连接,形成大小不一的逾渗集团。当 Φ_r 增大到逾渗阈值(Φ_{sc})时,出现贯穿整个剪切屈服区域的逾渗通道,共混体系发生脆韧转变。此时平面应力体积球的直径 S 为

$$S = S_c = d_c + T_c \tag{12.47}$$

式中,S_c 为临界平面应力体积球直径;d_c 为临界橡胶粒径。d_c 与 Φ_r 之间的定量关系式为

$$d_c = \frac{T_c}{(\pi/6\Phi_r)^{1/3} - 1} \tag{12.48}$$

$$\Phi_s = \Phi_{sc} = (s_c/d_c)^3 \Phi_{rc} \tag{12.49}$$

式中,Φ_{sc} 为临界平面应力体积球的体积分数;Φ_{rc} 为临界橡胶粒子的体积分数。

综上公式得:

$$\Phi_{sc} = \left(\frac{d_c + T_c}{d_c}\right)^3 \Phi_{rc} \tag{12.50}$$

将实验测定的共混体系脆韧转变的 d_c、Φ_{rc} 等数据代入式(12.50)中,即可计算出 Φ_{sc}、T_c。有人认为脆韧转变应力体积球分数 Φ_{bc} 与 Φ_{sc} 存在一个微小差值,即

$$\delta = \Phi_{bc} - \Phi_{sc} \tag{12.51}$$

故将 Φ_{sc} 的方程修订为

$$\Phi_{rc}(S_c/d_c)^3 = \Phi_{sc} + \delta \tag{12.52}$$

将其应用于尼龙／橡胶体系中,经计算得到 $\Phi_{bc} \approx 0.52$,$\Phi_{sc} \approx 0.42$。

用逾渗模型分析脆韧转变分散相形态对脆韧转变的影响,使研究从定性的图像观察提高到定量研究的水平,并发展了增韧的 T_c 判据理论,给出了脆韧转变的增韧机理,即当橡胶粒子相距很远时,一个粒子周围的应力场对其他的粒子影响很小,基体的应力场就是这些孤立粒子应力场的简单加和,故基体塑性变形的能力很小,材料表现为脆性。这是增韧理论发展的又一巨大突破,并被广泛地应用于增韧机理的研究,为新的增韧机理的发展开辟了新方向。

3. 溶胶－凝胶转变、凝胶化点

用逾渗模型来处理一种典型的相变——溶胶－凝胶转变。当亚硅酸钠(Na_2SiO_3)溶于水时,形成"水玻璃",可以认为溶解是通过如下反应进行的:

$$Na_2SiO_3 + 3H_2O \Longleftrightarrow 2NaOH + H_4SiO_4 \tag{12.53}$$

反应的第二个产物也可以写成 $Si(OH)_4$ 的形式,是一种四面体结构的分子,其中一个硅原子与四个 OH^- 相连。为了画图方便,图 12.27 中把 $Si(OH)_4$ 四面体用平面的正方形单元示意性地画出。

在溶液中,两个单硅酸分子可以结合成一个更大的分子,如图 12.27 右上角所表示的。$Si(OH)_4$ 分子附近的两个 OH^- 通过反应,放出一个水分子,形成一个 $Si—O—Si$ 桥。图中未画出 H_2O 分子,实际上水作为溶剂是存在的,并占据了图中所示的硅酸分子之间的"空位置"。这种"聚合"反应能持续进行,形成图中所示更大的分子。每一个最初的 $Si(OH)_4$"单体"可以形成多达四条的"反应键"(配位数 $z=4$),通过氧桥联到其他单体分子的硅原子上。虽然实际的聚合过程要通过这些组元变为离子作为中间步骤,而不是不带电的硅酸分子的简单组合,但是,图 12.27 描述的图像抓住了这一凝结现象的本质特征,因此仍采用这个模型。由于硅氧键的稳定性,可以认为这一特殊的凝结过程基本上是不可逆的:一旦形成 $Si—O—Si$ 跨越键,它就保持不变。

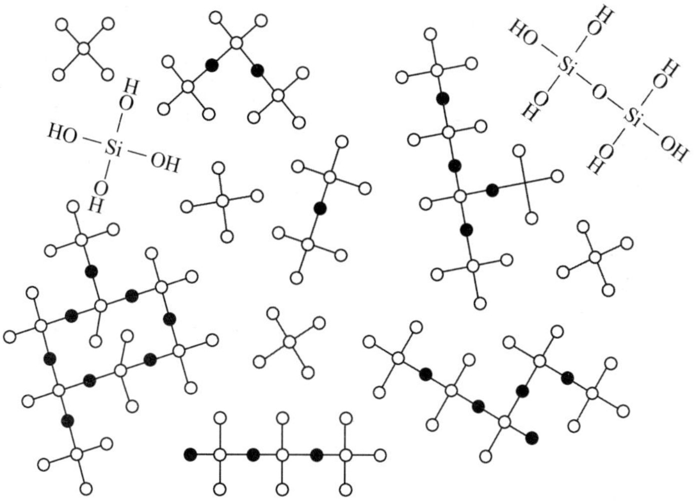

图 12.27 $Si(OH)_4$ 分子溶液形成硅胶的聚合反应示意图

反应继续进行,形成更多的跨越键,出现越来越大的分子。最后,在凝结过程的某一临界阶段,突然地出现了"无穷扩展的"分子。这个巨分子的大小仅由发生反应的容器限制。这种宏观广延的三维网络状分子称为凝胶巨分子,其形成过程称为凝胶化过程,突然出现凝胶的这一点称为溶胶－凝胶转变或凝胶化点。

溶胶一词适用于只有有限大小分子的溶液,而凝胶一词则适用于含有扩展网络的体系。在溶胶相,只存在原子尺度的分子,这时的物质是相当常规的液体。当趋向溶胶－凝胶转变点时,其黏滞性增加,在接近转变点时大到无法测量,许多其他物理性质也同样有惊人的变化。在转变点以上,体系不再是液体,而以凝胶状态存在。这时,物质具有抗切应力的能力并像各向同性固体一样可以发生弹性形变(具有弹性模量)。体系既不是常规的固体,也不是常规的液体;微观上它是扩展的、连续的固体组分(凝胶巨分子)和液体组分的共存物(在溶胶－凝胶转变点以上仍保留有一些溶胶,并与凝胶紧密混杂)。

由三维共价键框架组成的凝胶巨分子具有固态性,主要体现在凝胶的力学刚性上。在转变点以上,刚性随跨越键的增加而增加(比较网络的连通率)。由上述特殊凝胶反应所形成的物质称为水硅胶,由于溶剂仍然存在,物质中含有大量的水,故水硅胶是很软的固体,容易用刀切开。当溶剂基本去除后,材料变为脆的固体,是一种熟悉的干燥剂,称为硅胶。

早在 1963 年,Frisch 和 Hammersley 就正确指出了溶胶－凝胶转变与逾渗模型间的联系,1976 年,de Gennes 和 Stauffer 首次对此进行深入的分析,表 12.5 给出了两者的对比。可以看出溶胶－凝胶转变过程中的各个物理量都与逾渗模型中的相应物理量一一对应。溶胶分子相应于有限集团,凝胶巨分子则相应于无穷大集团,逾渗阈值 p_c 相应于凝胶化点,凝胶百分率 G 则相应于逾渗概率 $P(p)$ 等。这种简单的对比有助于我们更好地理解和运用逾渗模型来处理其他具体的问题。

表 12.5 逾渗过程与凝胶化过程的对比

逾渗过程	凝胶化过程
逾渗阈值 p_c	凝胶化点
连键	形成的 Si—O—Si 跨越键
键联结性概率 P	形成的跨越键的百分数(反应度)
有限集团	溶胶分子
平均集团大小 $s_{av}(p)$	溶胶平均分子量 M
平均跨越长度 $l_{av}(p)$	溶胶均方回转半径
无穷大集团	凝胶巨分子
逾渗概率 $P(p)$	凝胶百分率 G
配位数 z	作用度 z
连通率(电导率)$\sigma(p)$	弹性切变模量
贝特(Bethe)点阵近似	弗洛里－施托克迈尔(Flory－Stockmayer)理论

4. Flory － Stockmayer 理论

物理化学中最早描述溶胶 － 凝胶相变以及伴随发生的分子大小分布的理论称为Flory－Stockmayer(F－S)理论。它是 Flory 在 1941 年以及 Stockmayer 在 1943 年提出的,比逾渗理论出现得早。该理论的基本假设是:凝胶化可以用分支过程来模拟;该理论又称"树枝状聚合的理论"。

先来考察图 12.28 给出的几种空间点阵结构的性质。图 12.28(a)～(d)是在二维平面上的不同规则点阵,它们分别有不同的配位键数、不同的键逾渗和座逾渗阈值(表12.6)。图 12.28(e)所示点阵很特殊,它是一个配位键数等于 3,在空间无限生长的树枝状点阵,称为 Bethe 点阵。可以看出,它的实际维数为无穷大。数学上定义为一个 Bethe点阵"不能装入任何有限维空间中"。

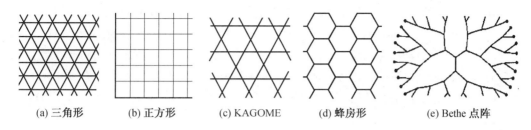

| (a) 三角形 | (b) 正方形 | (c) KAGOME | (d) 蜂房形 | (e) Bethe 点阵 |

图 12.28　五种点阵结构

表 12.6　各种点阵下座逾渗与键逾渗的逾渗阈值 p_c

维数	点阵	座逾渗 p_c	键逾渗 p_c	配位数
2	三角形	0.500 000	0.347 29	6
2	正方形	0.592 746	0.500 00	4
2	Kagome	0.652 7	0.45	4
2	蜂房形	0.696 2	0.652 71	3
3	面心立方	0.198	0.119	12
3	体心立方	0.246	0.180 3	8
3	简立方	0.311 6	0.248 8	6
3	金刚石	0.428	0.388	4
3	无规密堆积	0.27(实验值)	—	—
4	简立方	0.197	0.160	8
5	简立方	0.141	0.118	10
6	简立方	0.107	0.094	12

　　Bethe 点阵定义为无穷维空间的树枝状规则点阵,其主要特点为点阵中不包含循环或封闭回路,不具有周期性。这一特点决定它在扩展中,密度将无限增大,边界处非常拥挤。Flory 最早给出的一种作用度等于 3 的分子模型及其凝结过程如图 12.29 所示。可以看出这就是 $z=3$ 的 Bethe 点阵的一部分。Flory—Stockmayer 假定由反应单体产生的所有"大分子"都有这种树状结构,凝结反应即为分支过程。

　　Flory 运用该理论,首先准确地预言了"存在非常确定的凝胶化点。当分子之间的连键数超过某一临界值时它将发生";而在凝胶点之前,体系的黏滞性会极快地增大。此外,Flory 还推导出临界"反应度"(在该点发生凝胶化转变)与反应单体的作用度 z 之间存在一个重要的定量关系式:

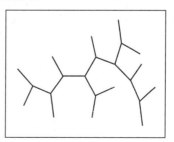

图 12.29　一种作用度等于 3 的支化分子示意图
（根据 Flory,1941）

$$p_c = 1/(z-1) \qquad (12.54)$$

式(12.54)与实验数据吻合很好。这些都是 Flory－Stockmayer 理论的成功之处。

然而 Flory－Stockmayer 理论并不等于逾渗理论，F－S 理论出现在逾渗理论之前，是物理学家或化学家从实用角度创造的数学工具。实际上 F－S 理论与逾渗理论在定量比较时有差别。例如对配位数为 4 的点阵，按照 F－S 理论，临界反应度应有 $p_c = 1/(z-1) = 1/3$，但是对于金刚石结构这样的三维点阵(配位数等于4)，在其上发生键逾渗的 $p_c = 0.39$。

F－S 理论还预言，在接近阈值 p_c 时，溶胶平均分子量 M(表现为体系的黏滞性)会极快地陡增，其随反应度的函数关系与图 12.19 中的 $s_{av}(p)$ 曲线相似，这也与实验结果接近。但是 Flory 给出接近阈值 p 时溶胶平均分子量 M 满足 $M - (p_c - p)^{-1}$ 的标度律，凝胶百分率 G 满足 $G - (p - p_c)^1$ 的标度律。而按逾渗理论，溶胶平均分子量满足 $M - (p_c - p)^{-1.7}$ 的标度律，比 F－S 理论预言的要增大得快；凝胶百分率满足 $G - (p - p_c)^{0.4}$ 的标度律，比 F－S 理论预言的要增长得慢。实验表明，逾渗理论比 F－S 理论更好地符合实验数据。

经典的 F－S 理论可以认为是三维凝胶化的一个重要的一级近似。理论的缺陷是假定了不存在封闭的环。这个假设虽然使理论可以严格求解，但也限制了理论的真实性及对实验的应用。不允许有封闭回路存在的假定在凝结反应的早期阶段可能问题不大，但在后期阶段则变得非常重要。实际上凝胶巨分子本身就是有大量环的网络结构。

5. 二元合金的组成

现在有一种分子式为 $A_{1-q}B_q$ 的二元合金，A 和 B 原子随机占据一个方格子中各个格位。设 q 为 B 原子的摩尔分数，q_c 为逾渗阈值。当 $q < q_c$，仅有 A 原子占绝大多数形成巨大的原子束，仅 A 发生逾渗；当 $q_c < q < 1-q_c$，A 和 B 原子都出现巨大的原子束，A 和 B 都发生逾渗；当 $q > 1-q_c$，仅 B 原子形成巨大的原子束，仅 B 发生逾渗。

这一实例的特点是仅有部分格位被占据，而邻近的格位间的键是存在的，这一情况可由座逾渗模型描述。逾渗阈值取决于逾渗模型的种类特点。

在无序二元合金中，溶质浓度增加超过逾渗阈值 q_c 后，合金内部会出现由溶质原子组成的逾渗通道(图 12.30)，黄铜脱锌就是沿这条 Zn 原子逾渗通道发生 Zn 的优先溶解从而产生脱锌腐蚀。J. H. Wang 等发现添加 As 和 B(原子比6∶1)时可抑制黄铜脱锌腐蚀，提出其微观机制是 As－B 原子对占据双空位(图 12.30 中方框)，截断了 Zn 的逾渗通道。

逾渗空间的维数可列举为几种情况。一维空间内的逾渗，如双官能团单体间的缩聚；二维空间内的逾渗，如大洪水、森林火灾、果树病害传播；三维空间内的逾渗，如置换式固溶合金和橡胶硫化。

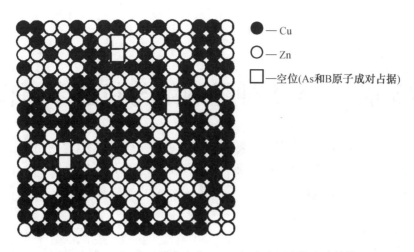

图 12.30　As 和 B 微合金化 Cu－Zn 合金固溶体逾渗结构

第13章　人工神经网络与机器学习模型

机器学习是一种能自动构建模型来处理一些复杂关系的技术,它利用计算机模拟人类学习行为,通过学习现有知识,获取新经验与新知识,不断改善性能并实现自身完善。

机器学习一般根据处理的数据是否需要人为标记分为监督学习、无监督学习和半监督学习 3 类。

(1) 监督学习。

监督学习是用具有分类标签的数据作为学习目标,每个要学习的样本都由学习输入和学习目标组成。机器学习算法通过已经打标签的数据进行模型训练,并将训练好的模型用来预测新数据的结果。因此,监督学习的最终目标是训练机器学习的泛化能力。监督学习的标记包括数据类别、数据属性以及特征点位置等。这些标记作为预期效果,不断修正机器的预测结果。监督学习具体过程是:通过大量带有标记的数据来训练机器,机器将预测结果与期望结果进行比对;之后根据比对结果来修改模型中的参数,再一次输出预测结果;再将预测结果与期望结果进行比对 …… 重复多次直至收敛,最终生成具有一定鲁棒性的模型来达到智能决策的能力。常见的监督学习有分类和回归。分类(classification)是将一些实例数据分到合适的类别中,它的预测结果是离散的。回归(regression)是将数据归到一条"线"上,即为离散数据生产拟合曲线,因此其预测结果是连续的。

(2) 无监督学习。

无监督学习用于处理不具有分类标签的数据,不需要提前进行训练,而是通过机器学习算法寻求数据间的内在模式和规律,从而发现样本数据潜在的结构特征。因此,无监督学习的最终目标是在学习过程中根据相似性原理对数据进行区分。无监督学习表示机器学习的数据是没有标记的。机器从无标记的数据中探索并推断出潜在的联系。常见的无监督学习有聚类和降维。在聚类(clustering)工作中,由于事先不知道数据类别,因此只能通过分析数据样本在特征空间中的分布,例如基于密度或是基于统计学概率模型等,从而将不同数据分开,把相似数据聚为一类。降维(dimensionality reduction)是将数据的维度降低,来平衡准确度与效率。

(3) 半监督学习。

在实际应用中,往往只有少量的带有标记的数据。因为有时对数据进行标记的代价会很高,所以衍生出半监督学习。半监督学习是使用大量的无标签的数据和一小部分有标签数据训练模型,在已标记的类别样本提供的监督信息的"引导"下,学习全部样本或只学习未标记类别样本。

强化学习也是机器学习的一种类型,强化学习是带激励的,具体来说就是,如果机器行动正确,将施予一定的"正激励";如果行动错误,也同样会给出一个惩罚(也可称为"负激励")。因此在这种情况下,机器将会考虑如何在一个环境中行动才能达到激励的最大化,具有一定的动态规划思想。

13.1 数据与网络模型概述

随着材料科学与工程的发展,工业界已积累了海量的数据,包括成分、工艺、结构、性能等,这些数据以结构化或非结构化的形式散见于各种数据库、手册、文献、文字、图像或视频记录中,大都未得到有效利用。常用的统计或回归分析已难以处理高维非线性海量数据集,利用计算机代替人脑分析处理数据已成为必然选择,无论对于材料性能预测,还是成分、工艺设计均具有十分重要的意义。

常见的机器学习算法有决策树、贝叶斯网络、人工神经网络、K 近邻算法、支持向量机和 AdaBoost 算法等。

13.1.1 决策树

决策树是一种类似树形结构的预测模型,其中树的每个分支是一个分类问题,树叶的节点表示对应分类的数据分割。决策树利用信息增益发现数据库中最大信息量的字段作为决策树的一个节点,按照字段取值的不同建立树的分支。对于每个分支再重复建立树的下层节点和分支过程,最终建立完成决策树。

13.1.2 贝叶斯网络

贝叶斯网络是一种基于概率推理的图形化网络。贝叶斯网络实质是有向无环图,其中节点主要代表随机向量。节点与节点之间的关系,代表向量与向量之间的联系。向量之间关系的强度,需采用条件概率标识。

13.1.3 人工神经网络

人脑神经信息活动具有以下特征:① 巨量并行性;② 信息处理和存储单元结合在一起;③ 自组织自学习功能。人工神经网络(Artificial Neural Networks,ANN)便是模拟人脑神经元结构进行信息处理的一种数学模型。

人工神经网络是由具有适应性的简单单元组成的广泛并行互连的网络,它的组织能够模拟生物神经系统对真实世界物体所做出的交互反应。人工神经网络是对人类大脑系统的一阶特性的一种描述。简单地讲,它是一个数学模型,可以用电子线路来实现,也可以用计算机程序来模拟,是人工智能研究的一种方法。

人工神经网络的主要哲学基础就是它们具有通过范例进行学习的能力,或者更专业地来说,它们可以系统地改进输入数据且能反映到输出数据上。

神经网络研究的发展可以大致分为三个阶段。20 世纪 40 ～ 60 年代末是神经网络研究的第一次热潮。1943 年,美国心理学家 McCulloch 和数学家 Pitts 提出了一个简单的神经元模型，即 MP 模型。1958 年，Rosenblatt 等研制出了感知机（perceptron）。20 世纪 70～80 年代初是研究的低潮，之后，神经网络的研究迎来了第二次热潮。1982 年，美国物理学家 Hopfield 提出 Hopfield 模型，它是一个互联的非线性动力学网络，该模型解决问题的方法是一种反复运算的动态过程，这是符号逻辑处理方法所不具备的性质。

研究人工神经网络具有重要意义，可以通过揭示物理平面与认知平面之间的映射，了解它们相互联系和相互作用的机理，从而揭示思维的本质，探索智能的本源；争取构造出尽可能与人脑具有相似功能的计算机，即 ANN 计算机；研究仿照脑神经系统的人工神经网络，将在模式识别、组合优化和决策判断等方面取得传统计算机难以达到的效果。

13.1.4　K 近邻算法

K 近邻（K−Nearest Neighbor，KNN）算法指假设一个样本在特征空间中的 K 个最相似（即特征空间中最近邻）的样本中大多数属于某一类别，则该样本也属于这个类别。该算法有 3 个基本要素：K 值、距离度量和分类决策规则。其中 K 值的选择与结果密切相关，K 值较小意味着只有与输入实例较接近的训练实例才会对预测结果有作用，但容易发生过拟合；而 K 值较大时，学习的估计误差减少，但近似误差增大，此时与输入实例较远的训练实例也会对预测起作用，可导致预测发生错误。一般来说，K 值常选用一个较小数值，通常采用交叉验证方法选择最佳 K 值。

首先，该算法无须参数估计与训练，比较简单有效，精度高，且对噪声不敏感；其次，由于 KNN 依靠周围有限的邻近样本，因而对类域交叉或重叠较多的待测样本来说，KNN 相对更理想，也更适合多分类问题。但 KNN 分类算法也存在解释性较差、计算量大、当样本不均衡时可能导致结果偏差等问题。

13.1.5　支持向量机

支持向量机（Support Vector Machine，SVM）于 1995 年首次提出，是一种以统计学理论为基础的模式识别的机器学习方法。SVM 是机器学习领域若干技术集大成者，它具有严格的理论和数学基础，可较好地实现结构风险极小化思想，能较为合理地解决小样本、非线性、高维数和局部极小等实际问题。SVM 的关键在于针对样本数据不可分情况，利用核函数把一个复杂的分类任务映射，使之能转化成一个线性可分问题。因而，SVM 专门针对有限样本设计，目标是获得现有信息下的最优解，根据有限的样本信息在模型的复杂性及学习能力之间寻求最佳折中；其算法将实际问题通过非线性变换映射到高维特征空间，并构建线性最佳逼近来解决原来空间的非线性逼近问题，这样既保证了机器学习取得最好推广能力（泛化能力），并且 SVM 的算法复杂性与数据维数无关，因而能较好解决维数灾难问题。

13.1.6　AdaBoost 算法

AdaBoost（Adaptive Boosting）算法是一种集成算法，即将多个机器学习算法构成集成分类器来完成学习任务。该算法的理论基础是假设存在"弱"分类器，这种弱分类器的预测能力(分类正确性大于 0.5)可能仅比随机猜测准确一点,当其个数趋于无穷个数时,最终形成一个预测错误率很低的"强"分类器。作为一种算法框架,AdaBoost 可用于绝大多数的机器学习算法以提高原算法的预测精度,故被评为数据挖掘十大算法之一。它的自适应性源于前一个基本分类器分错的样本会得到加强,加权后的全体样本再次被用来训练下一个基本分类器。同时,在每一轮中加入新的弱分类器,直至达到某个预定的足够小的错误率或指定的最大迭代次数。

AdaBoost 算法具有理论扎实、不需要先验知识、能够显著改善子分类器预测精度等优点。但在运用 AdaBoost 集成算法的过程中还需要解决如何得到若干个个体学习器和如何选择一种合理的结合方法等关键问题。

13.2　人工神经网络基础

13.2.1　生物神经网络

生物神经网络的构成如图 13.1 所示。神经元又称神经细胞,是神经系统的基本结构和机能单位。神经元具有感受刺激和传导兴奋的功能。通过神经元相互间的联系,能够把传入的神经冲动加以分析、贮存,并发出调整后的信息。神经元由胞体(soma)和突起(neurites)组成。胞体是神经元的代谢和营养中心。突起分为树突(dendrite)和轴突(axon),树突负责接收刺激并将冲动传入细胞体,轴突将神经冲动由胞体传入其他神经元或效应细胞。突触(synapase)是神经元之间的机能连接点。

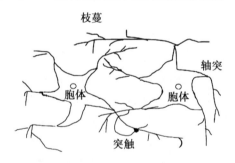

图 13.1　生物神经网络的构成

以人大脑为例说明生物神经网络工作过程。人的大脑主要包括遗传密码、形态结构、互连神经元的功能网络。平均而言,人的大脑含有 1 011 个神经元,同时还有 104 个"连接线"把这些神经元相互连接起来。生物神经元有两种类型的连接线,即轴突和树突。一般来说,轴突比树突长、粗;树突是把其他神经元的电化学信号传到它们所归属的那个神经元;轴突是把其所归属神经元的信号传送到其他各神经元;它们可以分布在邻接神经元附近,也可以延伸到距发射神经元非常远的地方。轴突所具有的长度可以在微米到米之间。

就功能而言,细胞体可以视为一个初等信号处理器。当信号从一个神经元经过突触传递到另一个细胞体,可以产生两个效果:接收信号的细胞电位升高或者降低。当细胞体内的电位超过某一阈值时,则信号被激发,它也会通过轴突传出一个有固定强度的持续时间的脉冲信号给下游神经末梢。此时该细胞称为激发态。当细胞体内电位低于某一阈值时,不产生任何信号输入,处于抑制状态。

大体上说,一个神经元有 104 个左右的输入通道,大致也有同样数量级的下游神经元与之相连。每几千个彼此稠密连接的神经元构成一个集合体,而大脑皮层则有许许多多这样的集合体如瓷砖一样拼接而成,也有人称之为"马赛克"结构。

由处在激发态的神经细胞所产生的脉冲信号,通过神经末梢传递给下游的每一个与之相连的神经元,但对于不同的下游神经元,信号所引起的电位变化是不同的。不同神经元间有不同的作用强度(或称为连接强度)。在发送完一个脉冲之后,神经元需要一段时间的恢复,在这段时间内,无论其接收的信号有多强也不产生脉冲输出。

神经元之间信号传输效能不是一成不变的。如果神经元 A 不断地向 B 传递信号,B 在接收信号后又不断地被激发,那么由 A 发出同样的信号,对 B 电位的影响将逐渐加强,即 A 和 B 之间的连接强度将逐渐加强。

一个神经元把来自不同树突兴奋(激发)性或抑制性信号累加求和的过程称为整和,它是一种时空整和。

生物神经元具有以下基本特性:① 神经元及其连接;② 神经元之间的连接强度决定信号传递的强弱;③ 神经元之间的连接强度可以随训练改变;④ 信号可以是起刺激作用的,也可以是起抑制作用的;⑤ 一个神经元接收的信号的累积效果决定该神经元的状态;⑥ 每个神经元可以有一个"阈值"。

人脑是由几十亿个高度互联的神经元组成的复杂生物网络,也是人类分析、联想、记忆和逻辑推理等能力的来源。神经元之间通过突触连接以相互传递信息,连接的方式和强度随着学习发生改变,从而将学习到的知识进行存储。模拟人脑中信息存储和处理的基本单元即神经元而组成的人工神经网络模型具有自学习与自组织等智能行为,能够使机器具有一定程度上的智能水平。按照该方式建立的这种仿生智能计算模型虽然不能和生物神经网络完全等价和媲美,但已在某些方面取得了优越的性能。

虽然计算机技术在过去几十年里取得了长足的发展,但是实现真正意义上的机器智能至今仍然困难重重。随着神经解剖学的发展,观测大脑微观结构的技术手段日益丰富,人类对大脑组织的形态、结构与活动的认识越来越深入,人脑信息处理的奥秘也正在被逐步揭示。如何借助神经科学、脑科学与认知科学的研究成果,研究大脑信息表征、转换机理和学习规则,建立模拟大脑信息处理过程的智能计算模型,最终使机器掌握人类的认知规律,是"类脑智能"的研究目标。

13.2.2　人工神经网络

人工神经网络和生物神经网络类似。图 13.2 给出了人工神经网络的构成。人工神经网络主要架构是由神经元、层和网络三个部分组成。神经元是人工神经网络最基本的单元。单元以层的方式组合,每一层的神经元和前后层的神经元连接,三层连接形成一个神经网络。

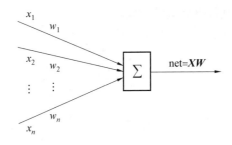

图 13.2　人工神经网络的构成

1. 神经元

人工神经网络是一种模仿大量神经元进行分布式并行信息处理的大型网络模型。以结构来分,包含输入层、隐含层、输出层。人工神经元是人工神经网络的基本结构,是具有多输入和单输出特性的处理单元,多个人工神经元的输出端连接一起经过加权处理达到阈值时又可以作为其他人工神经元的输入端。大量的人工神经元组成人工神经网络,能够完成数据的传递和处理。

基本单元通过权重与其他神经元相连接,即它可以连接到前一层的部分或所有神经元。每个连接有其自身的权重,在开始时它常常是一个随机数。一个权重可以是负数、正数、小值、大值或者为 0。它连接的每一个单元值被其各自的连接权重相乘,得到的结果值全部相加。在其顶部,也会相加一个偏置项。偏置项可以防止单元陷入零点输出(outputting zero),加速其操作,并减少解决问题所需的神经元数量。偏置项也是一个数,有时是常数,有时是变量。这一总和会传递至激活函数,得到的结果值就是单元值。

$$u = \sum_{j=1}^{m} w_j x_j \tag{13.1}$$

式中,$net = \sum w_j x_j$ 为输入的权值之和,向量形式为 $net = XW$,$X = (x_1, x_2, \cdots, x_n)$ 为输入;$W = (w_1, w_2, \cdots, w_n)^T$ 为连接权值。

在另一种描述中,神经元是神经网络中基本的信息处理单元,由下列部分组成:① 一组突触和连接,连接具有权值 $w_1, w_2, \cdots, w_m$;② 通过加法器功能,将计算输入的权值之和 $u = \sum_{j=1}^{m} w_j x_j$;③ 激励函数限制神经元输出的幅度 $y = \varphi(u + b)$。

2. 激活函数

激活函数是另一个比较重要的概念。激活函数也称传递函数,其作用是将输入值通过运算转换成输出值,以实现对下一个神经元的激活或抑制,同时传递函数也可以把大小差异较大的输入值控制在有限范围内,得到在给定区间内的输出值。常见的激活函数类型有线性函数(liner function)、非线性斜面函数(ramp function)、阈值函数(threshold fuction) 和 S 型函数(sigmoid function)。

（1）线性函数。

图 13.3 给出了线性斜面函数图像，表达式为

$$f(\text{net}) = k * \text{net} + c \tag{13.2}$$

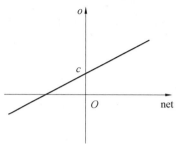

图 13.3　线性斜面函数

（2）非线性斜面函数。

图 13.4 给出了非线性斜面函数图像。非线性斜面函数表达式为

$$f(\text{net}) = \begin{cases} \gamma, & \text{net} \geqslant \theta \\ k * \text{net}, & |\text{net}| < \theta \\ -\gamma, & \text{net} \leqslant -\theta \end{cases} \tag{13.3}$$

式中，γ 为非负实数；θ 为阈值。

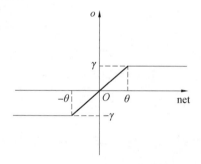

图 13.4　非线性斜面函数

（3）阈值函数。

图 13.5 给出了阈值函数（阶跃函数）图像。阈值函数表达式如下：

$$f(\text{net}) = \begin{cases} \beta, & \text{net} > \theta \\ -\gamma, & \text{net} \leqslant \theta \end{cases} \tag{13.4}$$

式中，β、γ、θ 均为非负实数；θ 为阈值。

二值形式为

$$f(\text{net}) = \begin{cases} 1, & \text{net} > \theta \\ 0, & \text{net} \leqslant \theta \end{cases} \tag{13.5}$$

双极形式为

$$f(\text{net}) = \begin{cases} 1, & \text{net} > \theta \\ -1, & \text{net} \leqslant \theta \end{cases} \tag{13.6}$$

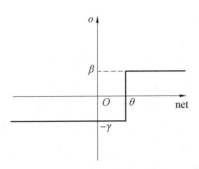

图 13.5   阈值函数(阶跃函数)

(4)S 型函数。

S 型函数是误差逆传播(Back Propagation,BP)神经网络中常用的非线性作用函数,又称 Sigmoid 函数。图 13.6 给出了 S 型函数图像,表达式为

$$f(\mathrm{net}) = a + b/(1 + \exp(-d * \mathrm{net}))\tag{13.7}$$

式中,a、b、d 为常数,它的饱和值为 a 和 $a+b$。

最简单 Sigmoid 函数形式为

$$f(\mathrm{net}) = 1/(1 + \exp(-d * \mathrm{net}))\tag{13.8}$$

S 型函数又分为压缩函数(squashing function)和逻辑函数(logistic function)。S 型函数的饱和值为 0 和 1。S 型函数有较好的增益控制。

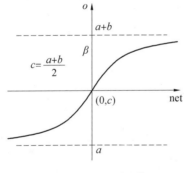

图 13.6   S 型函数

3. 人工神经网络的拓扑特性

(1) 连接模式。

根据单元之间的连接范围,可以把神经网络分为全连接神经网络和部分连接神经网络。在全连接神经网络中,每个单元和相邻层的所有单元都相连。在部分连接神经网络中,每个单元只与相邻层上的部分单元相连。

在数据的传递和处理过程中,多个人工神经元的输出端连接一起经过加权等处理又可以作为其他人工神经元的输入端,用正号("+",可省略)表示传送来的信号起刺激作用,它用于增加神经元的活跃度;用负号("−")表示传送来的信号起抑制作用,它用于降低神经元的活跃度。

神经元之间有三种不同的互连模式,即层(级)内连接、循环连接和层(级)间连接。

层内连接又称区域内(intra-field)连接或侧连接(lateral),用来加强和完成层内神经元之间的竞争。循环连接完成反馈信号的处理。层间(inter-field)连接指不同层中的神经元之间的连接。这种连接用来实现层间的信号传递,具体又可分为前馈信号和反馈信号。

根据层次之间的连接方式,可以把神经网络分为前馈型神经网络和反馈型神经网络。前馈是指外界信号从输入层经由隐含层到达输出层,不存在信号的反向传播。在前馈型神经网络中,连接是单向的,上层神经元的输出是下层神经元的输入。信息从输入结点仅仅以一个方向,即前进方向,穿过隐含层并抵达输出节点。在反馈型神经网络中,除了单向连接外,最后一层神经元的输出返回去作为第一层神经元的输入。BP神经网络算法是前馈型神经网络中最杰出的代表,它是迄今最成功的神经网络学习算法。

(2)网络的分层结构。

根据层次(又称为"级")的不同,可以把神经网络分为单级神经网络和多级神经网络。

单级神经网络包括简单单级网和单级横向反馈网等类别,它们都只有两个层次,分别是输入层和输出层。输入层里的"输入单元"负责传输数据,输出层里的"输出单元"则需要对前面一层的输入进行计算。单级神经网络无法解决异或问题,当增加一个计算层以后,两级神经网络不仅可以解决异或问题,而且具有非常好的非线性分类效果。图13.7为单级网－简单单级网示意图,图13.8为单级网－单级横向反馈网。

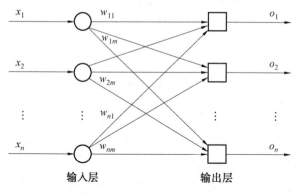

图 13.7　单级网－简单单级网

1986年,Rumelhar和Hinton等提出了BP神经网络算法,解决了两级神经网络所需要的复杂计算量问题,从而带动了业界使用两级神经网络研究的热潮。

理论证明,两层神经网络可以无限逼近任意连续函数。目前,大量关于神经网络的教材都是重点介绍两级(带一个隐含层)神经网络的内容。两级神经网络除了包含一个输入层、一个输出层以外,还增加了一个中间层。此时,中间层和输出层都是计算层。需要说明的是,在神经网络的每个层次中,除了输出层以外,都会含有一个偏置单元。偏置单元与后一层的节点连接,称为偏置。

与两级神经网络不同。多级神经网络增加了很多层数。图13.9为多级网示意图。多级神经网络中,输出按照一层一层的方式计算。从最外面的层开始,算出所有单元的值以后,再继续计算更深一层。只有当前层所有单元的值都计算完毕,才会计算下一层。研

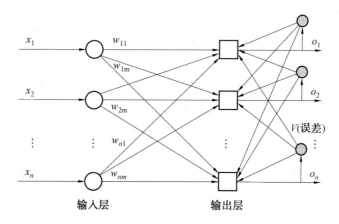

图 13.8　单级网－单级横向反馈网

究发现,更多的层次可以实现更深入的表示特征以及更强的函数模拟能力。在参数数量相同的情况下,深层网络往往具有比浅层网络更好的识别效率。

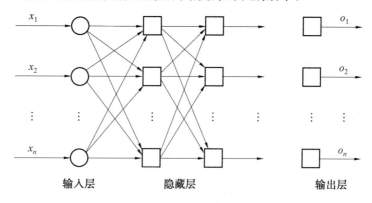

图 13.9　多级网示意图

（3）层次划分。

信号只被允许从较低层流向较高层。依据层号确定层的高低,层号较小者,层次较低;层号较大者,层次较高。输入层被记为第 0 层,该层负责接收来自网络外部的信息。第 j 层是第 $j-1$ 层的直接后继层（$j>0$）,它直接接收第 $j-1$ 层的输出。输出层是网络的最后一层,具有该网络的最大层号,负责输出网络的计算结果。除输入层和输出层以外的其他各层称为隐含层,隐含层不直接接收外界的信号,也不直接向外界发送信号。

通常约定:输出层的层号为该网络的层数,输出层数为 n 的网络称为 n 层网络或 n 级网络。第 $j-1$ 层到第 j 层的连接矩阵为第 j 层连接矩阵,输出层对应的矩阵称为输出层连接矩阵。今后,在需要时,一般用 $\boldsymbol{W}(j)$ 表示第 j 层矩阵。

（4）循环网。

如果将输出信号反馈到输入端,就可构成一个多层的循环网络。输入的原始信号被逐步地"加强"及"修复"。正如大脑的短期记忆特征 —— 看到的东西不是一下子就从脑海里消失的。循环网将输出信号对输入端的反馈作为记忆,提升人工神经网络的记忆能力。反馈信号会引起网络输出的不断变化,并且希望这种变化逐渐减小,直至消失。当变化最后消失时,称网络达到了平衡状态。如果这种变化不能消失,则称该网络是不稳定的。

4. 存储与映射

在学习 / 训练期间,人工神经网络以 CAM(Content Addressable Memory) 方式工作。CAM 方式指内容寻址方式是将数据映射到地址。神经元的状态表示模式为网络的长期存储(Long Term Memory,LTM)。

网络在正常工作阶段是以 AM(Associative Memory) 方式工作的。AM 方式指相联存储方式是将数据映射到数据。 神经元的状态表示模式为短期存储(Short Term Memory,STM)。

数据映射存在自相联(auto-associative) 映射和异相联(hetero-associative) 映射两种模式。自相联映射中,训练网络的样本集为向量集合 $\{A_1, A_2, \cdots, A_n\}$。在理想情况下,该网络在完成训练后,其权矩阵存放的将是上面所给的向量集合。异相联映射中训练网络的样本集为向量集合 $\{(A_1, B_1), (A_2, B_2), \cdots, (A_n, B_n)\}$,该网络在完成训练后,其权矩阵反映了向量集合所蕴含的对应关系。

5. 人工神经网络的训练

人工神经网络最具有吸引力的特点是它的学习能力。1962 年,Rosenblatt 给出了人工神经网络著名的学习定理:人工神经网络可以学会它可以表达的任何东西。人工神经网络的学习过程就是对它的训练过程。

人工神经网络的学习和训练过程可以分为两类:有导师(也称"监督")和无导师。无导师学习(unsupervised learning) 与无导师训练(unsupervised training) 相对应,该模式下抽取样本集合中蕴含的统计特性,并以神经元之间的连接权的形式存于网络中。有导师学习(supervised learning) 与有导师训练(supervised training) 相对应,该模式下输入向量与其对应的输出向量构成一个"训练对"。

训练算法的主要步骤如下:从样本集合中取一个样本 (A_i, B_i);计算出网络的实际输出 O;求 $D = B_i - O$;根据 D 调整权矩阵 W;对每个样本重复上述过程,直到对整个样本集来说,从样本集合中取一个样本 (A_i, B_i) 的输出误差不超过规定范围。

6. 人工神经网络的优点与局限性

与其他类型的计算方法相比,人工神经网络具有一些明显的优点,但它并不是万能的。工程技术人员在应用人工神经网络时,应同时了解其优点与局限性,以便更好地确定人工神经网络对特定问题的适用性。

人工神经网络以其具有自学习、自组织、较好的容错性和优良的非线性逼近能力,受到众多领域学者的关注。在实际应用中,80% ~ 90% 的人工神经网络模型是采用 BP 神经网络模型,目前主要应用于函数逼近、模式识别、分类和数据压缩或数据挖掘。

人工神经网络与其他计算机建模方法相比,具有以下明显的优点。

(1)自适应性。

人工神经网络具有对周围环境的自适应或学习的能力。当给人工神经网络以输入一输出模式时,它可以通过自我调整使误差达到极小,即通过训练进行学习。对于某些难以参数化的因素,可以通过训练,自动总结规律。

（2）容错性。

在输入－输出模式中混入错误信息,对整体不会带来严重的影响。与传统的经验曲线拟合模型相比,人工神经网络对噪声和不完整信息的敏感程度低。原因是在经验模型中,每一个自变量通常都起重要作用,但在人工神经网络中,每一个节点只反映问题的一个微特征,因此,如果某一节点的输入不完整或带有噪声,这一输入在人工神经网络中所体现出的影响不会那么严重。人工神经网络能够处理不完善的问题,能比其他适用性差的经验模型更有效地归纳、得出实质性结论。

（3）模式识别性能。

人工神经网络能够很好地完成多变量模式识别。在化学工程中,过程控制与故障诊断包含了大量的模式识别。

（4）外推性。

人工神经网络有较好的外推性,即从训练中、从部分样本中学到的知识可以推广到全体样本。

（5）自动抽提功能。

人工神经网络能通过采用直接的(有时是不精确的)数值数据进行训练,并能自动地确定原因－结果关系。

（6）在线应用的潜力。

人工神经网络的训练可能要花费大量时间,但训练一旦完成,它们就能从给定的输入很快地计算出结果。由于训练好的网络能在不到 1 s 的时间里得出计算结果,所以它有可能在控制系统中在线使用。但是应该注意,此时的人工神经网络必须是离线训练好的。

人工神经网络也具有局限性,主要体现在以下几点。

（1）训练时间长。

人工神经网络需要长时间的训练,有时可能使之变得不实用。大多数简单问题的网络训练需要至少上千次迭代,复杂问题的训练可能需要多达数万次迭代。根据网络的大小,训练过程可能需要主机时间几个到几十个小时。

（2）需大量训练数据。

人工神经网络在很大程度上取决于训练时关于问题的输入－输出数据,若只有少量输入－输出数据,一般不考虑使用人工神经网络。

（3）不能保证最佳结果。

反向传播是调整网络的一个富有创造性的方法,但它并不能保证网络恰当地工作。训练可能导致网络发生偏离,使之在一些操作区域内结果准确,而在其他区域则不准确。此外,在训练过程中,有可能偶尔陷入"局部极小"。

（4）不能保证完全可靠。

尽管这一点对所有的计算问题均适用,但对人工神经网络尤其如此。例如在故障诊断中,对于某些故障,误诊率可能只有 1%,而对同一问题的其他故障,误诊率可能高达

33％。重要的是事先无法知道(用反向传播训练)哪些故障比其他故障更易于出现误诊。因此对于需要近乎 100％ 可靠的军事问题,在采用人工神经网络时必须小心谨慎。

另外,对于一些"操作性的"问题,如训练集过小,由于传感器的故障导致采集到的数据错误等,有时明显影响人工神经网络的使用效果。

一般而言,人工神经网络与经典计算方法相比并非优越,只有当常规方法解决不了或效果不佳时人工神经网络方法才能显示出其优越性。尤其对问题的机理不了解或不能用数学模型表示的系统,如故障诊断、特征提取和预测等问题,人工神经网络往往是最有利的工具。

13.2.3　BP 神经网络

1. 概述

BP 神经网络示意图如图 13.10 所示,是利用梯度下降搜索技术调整权值、阈值以期使网络的实际输出值和期望输出值的误差均方差达到极小的算法。BP 神经网络是一种目前应用最广泛的多层前馈神经网络。该算法在标准人工神经网络的基础上增加了对人工神经元输出误差的反向传播,以不断调整人工神经元之间的连接权系数,得到输入与输出之间更加精准的映射关系,具有自适应、自学习和鲁棒性好的特点。

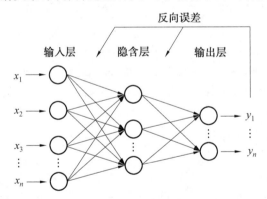

图 13.10　BP 神经网络示意图

1974 年,Paul Werbos 在其博士论文中首次论证了 BP 算法应用于神经网络的思想。然而由于当时人工智能正处于发展的低谷,这项工作并没有得到较大的重视。

1983 年,加州理工学院的物理学家 John Hopfield 利用神经网络,通过电路模拟仿真的方法求解了旅行商问题,在学术界引起较大的轰动,这也推动了人工智能第二次的快速发展。然而 Hopfield 网络并没有采用 BP 的训练方法,其网络结构可以看作一个完整的无向图,最终的训练目标是通过不断地迭代修正权值使网络整体能量达到极小,属于无监督学习。

1986 年,加州大学圣地亚哥分校 PDP(Parallel Distributed Processing) 小组的Rumelhart、Hinton 和 Williams 给出了 BP 算法清楚而简单的描述,并广泛应用于升级网络的训练中。

一方面,BP神经网络具有广泛的适应性和有效性。它能够进行自适应、自主学习,这是BP算法的根本以及优势所在。BP算法根据预设的参数更新规则,不断地调整神经网络中的参数,以达到最符合期望的输出;另外,BP神经网络拥有较强的非线性映射能力和严谨的推导过程;误差的反向传播过程采用已经非常成熟的链式法则,推导过程严谨且科学。BP神经网络具有较强的泛化能力,在BP算法训练结束之后,BP算法可以利用基于原知识中学到的知识解决新的问题。

另一方面,BP神经网络存在训练速度非常慢、局部极小点逃离、算法不一定收敛的问题。由于BP神经网络参数众多,每次都需要更新较多的阈值和权值,故会导致收敛速度过慢。另外,网络中隐含层节点个数尚无明确的公式,需要不断地设置隐含层节点数进行试凑,根据网络误差结果确定最终隐含层节点个数。从数学角度看,BP算法是一种速度较快的梯度下降算法,很容易陷入局部极小值的问题。当出现局部极小时,从表面看,误差符合要求,但这时所得到的解并不一定是问题的真正解。

2. 基本 BP 算法

(1) 网络的构成。

BP神经网络具有三层网络,分别是输入层(input layer)、输出层(output layer)、隐含层(hide layer),只有相邻两层之间的神经元才能互相连接,这些数量众多的神经元构成的网络可实现丰富的功能。

神经元的网络输入:

$$\text{net}_i = x_1 w_{1i} + x_2 w_{2i} + \cdots + x_n w_{ni} \tag{13.9}$$

神经元的输出:

$$o = f(\text{net}) = \frac{1}{1 + e^{-\text{net}}} \tag{13.10}$$

$$f'(\text{net}) = -\frac{1}{(1 + e^{-\text{net}})^2}(-e^{-\text{net}}) = o - o^2 = o(1 - o) \tag{13.11}$$

(2) 网络的拓扑结构。

BP神经网络是一种典型的前馈型网络,多用于多层网络结构。网络中除包含输入层节点和输出层节点外,还包含至少一层的隐含层。各层之间的神经元之间没有耦合连接,输入信号向量依次经过各层节点直到输出结果,各层神经元的输入来自前一层的输出。其网络的拓扑结构如图13.11所示。

Wieland 和 Leighton 指出,如果隐含层节点数选择合适,只有一个隐含层的三层 BP 神经网络可以实现对任意精度的输入层到输出层的非线性映射。增加隐含层的层数和隐含层的神经元个数不一定总能够提高网络精度和表达能力。

(3) 训练过程。

样本为(输入向量,理想输出向量)格式,样本集为

$$S = \{(X_1, Y_1), (X_2, Y_2), \cdots, (X_s, Y_s)\} \tag{13.12}$$

在向前传播阶段,从样本集中取一个样本 (X_p, Y_p),将 X_p 输入网络,计算相应的实际输出 O_p:

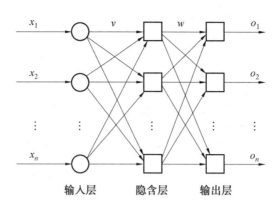

图 13.11　网络的拓扑结构

$$O_p = F_1 (\cdots (F_2 (F_1 (X_p W^{(1)}) W^{(2)}) \cdots) W^{(L)}) \tag{13.13}$$

在向后传播阶段 —— 误差传播阶段,计算实际输出 O_p 与相应的理想输出 Y_p 的差,按极小化误差的方式调整权矩阵。网络关于第 p 个样本的误差测度为

$$E_p = \frac{1}{2} \sum_{j=1}^{m} (y_{pj} - o_{pj})^2 \tag{13.14}$$

网络关于整个样本集的误差测度为

$$E = \sum_p E_p \tag{13.15}$$

逐一地根据样本集中的样本 (X_k, Y_k) 计算出实际输出 O_k 和误差测度 E_p,对 $W^{(1)}$,$W^{(2)}, \cdots, W^{(L)}$ 各做一次调整,重复这个循环,直到 $\sum E_p \leqslant \varepsilon$。即用输出层的误差调整输出层权矩阵,并用此误差估计输出层的直接前导层的误差,再用输出层前导层误差估计更前一层的误差。如此获得所有其他各层的误差估计,并用这些估计实现对权矩阵的修改。形成将输出端表现出的误差沿着与输入信号相反的方向逐级向输入端传递的过程。

BP 网络的训练就是通过应用误差反传原理不断调整网络权值使网络模型输出值与已知的训练样本输出值之间的误差平方和达到极小或小于某一期望值的过程。虽然理论上早已经证明具有 1 个隐含层(采用 Sigmoid 转换函数)的 BP 网络可实现对任意函数的任意逼近,但遗憾的是,迄今为止还没有构造性结论,即在给定有限个(训练)样本的情况下,如何设计一个合理的 BP 网络模型并通过向所给的有限个样本的学习(训练)来满意地逼近样本所蕴含的规律(函数关系,不仅仅是使训练样本的误差达到很小),目前在很大程度上还需要依靠经验知识和设计者的经验。因此,通过训练样本的学习(训练)建立合理的 BP 神经网络模型,是一个复杂且十分烦琐和困难的过程。

由于 BP 网络采用误差反传算法,其实质是一个无约束的非线性最优化计算过程,在网络结构较大时不仅计算时间长,而且很容易陷入局部极小点而得不到最优结果。目前虽已有改进 BP 法、遗传算法(GA)和模拟退火算法等多种优化方法用于 BP 网络的训练(这些方法从原理上讲可通过调整某些参数求得全局极小点),但在应用中,这些参数的调整往往因问题不同而异,较难求得全局极小点。

这些方法中应用最广的是增加了冲量(动量)项的改进 BP 算法。增加冲量项的目的是为了避免网络训练陷于较浅的局部极小点。理论上其值大小应与权值修正量的大小有关,但实际应用中一般取常量,通常在 0 ~ 1 之间,而且一般比学习率要大。

(4) 样本数据。

首先是收集和整理分组。采用 BP 神经网络方法建模的前提条件是有足够多、精度高的典型性样本。而且,为监控训练(学习)过程使之不发生"过拟合"及评价网络模型性能和泛化能力,必须将收集到的数据随机分成训练样本、检验样本(10% 以上)和测试样本(10% 以上)三部分。此外,数据分组时还应尽可能考虑样本模式间的平衡。

然后进行输入 / 输出变量的确定及其数据的预处理。一般来说,BP 网络的输入变量即为待分析系统的内生变量(影响因子或自变量)数,可根据专业知识确定。若输入变量较多,一般可通过主成分分析方法压减输入变量,也可根据剔除某一变量引起的系统误差与原系统误差的比值的大小来压减输入变量。输出变量即为系统待分析的外生变量(系统性能指标或因变量),可以是一个,也可以是多个。一般将一个具有多个输出的网络模型转化为多个具有一个输出的网络模型效果会更好,训练也更方便。由于 BP 神经网络的隐含层一般采用 Sigmoid 转换函数,为提高训练速度和灵敏性以及有效避开 Sigmoid 函数的饱和区,一般要求输入数据的值在 0 ~ 1 之间。因此,要对输入数据进行预处理。一般要求对不同变量分别进行预处理,也可以对类似性质的变量进行统一的预处理。如果输出层节点也采用 Sigmoid 转换函数,输出变量也必须做相应的预处理,否则,输出变量也可以不做预处理。预处理的方法有多种,各文献采用的公式也不尽相同。但必须注意的是,预处理的数据训练完成后,网络输出的结果要进行反变换才能得到实际值。再者,为保证建立的模型具有一定的外推能力,最好使数据预处理后的值在 0.2 ~ 0.8 之间。

(5) 神经网络拓扑结构的确定。

先讨论隐含层数的确定。一般认为,增加隐含层数可以降低网络误差,提高精度,但也使网络复杂化,从而增加了网络训练时间和出现"过拟合"的倾向。Hornik 等早已证明:若输入层和输出层采用线性转换函数,隐含层采用 Sigmoid 转换函数,则含一个隐含层的 MLP 网络能够以任意精度逼近任何有理函数。对于没有隐含层的神经网络模型,实际上就是一个线性或非线性(取决于输出层采用线性或非线性转换函数形式)回归模型。因此,一般认为,不含隐含层的网络模型归入回归分析中,技术已很成熟,没有必要在神经网络理论中再讨论。

在 BP 神经网络中,隐含层节点数的选择非常重要,它不仅对建立的神经网络模型的性能影响很大,而且是训练时出现"过拟合"的直接原因,但是目前理论上还没有一种科学的和普遍的确定方法。目前多数文献中提出的确定隐含层节点数的计算公式都是针对训练样本任意多的情况,而且多数是针对最不利的情况,一般工程实践中很难满足这些条件,不宜采用。各种计算公式得到的隐含层节点数有时相差几倍甚至上百倍。为尽可能避免训练时出现"过拟合"现象,保证足够高的网络性能和泛化能力,确定隐含层节点数应遵循以下基本原则:在满足精度要求的前提下取尽可能紧凑的结构,取尽可能少的隐含层节点数。研究表明,隐含层节点数不仅与输入 / 输出层的节点数有关,更与需解决的问题的复杂程度和转换函数的形式以及样本数据的特性等因素有关。在确定隐含层节点数时必须满足下列条件：① 隐含层节点数必须小于 $N-1$（其中 N 为训练样本数），否则，网络模型的系统误差与训练样本的特性无关而趋于零，即建立的网络模型没有泛化能力，也没有任何实用价值。同理可推得：输入层的节点数（变量数）必须小于 $N-1$。② 训练样本数必须多于网络模型的连接权数，一般为 $2\sim10$ 倍，否则，样本必须分成几部分并采用"轮流训练"的方法才可能得到可靠的神经网络模型。总之，若隐含层节点数太少，网络可能根本不能训练或网络性能很差；若隐含层节点数太多，虽然可使网络的系统误差减小，但一方面使网络训练时间延长，另一方面，训练容易陷入局部极小点而得不到最优点，也是训练时出现"过拟合"的内在原因。一般合理的隐含层节点数应在综合考虑网络结构复杂程度和误差大小情况下用节点删除法和扩张法确定。

在映射关系的建立过程中，除了隐含层数和隐含层节点数，以下参数也对算法效果的实现至关重要。① 学习速率：学习速率是指连接系数在每次循环中变化量的大小。学习率影响系统学习过程的稳定性。大的学习率可能使网络权值每一次的修正量过大，甚至会导致权值在修正过程中超出某个误差的极小值呈不规则跳跃而不收敛；过小的学习率导致学习时间过长，不过能保证收敛于某个极小值。所以，一般倾向选取较小的学习率以保证学习过程的收敛性（稳定性），通常在 $0.01\sim0.8$ 之间。② 期望误差：期望误差是衡量算法拟合度的量，较小的误差往往需要更多的隐含层节点数量以及更长的训练时间。因此期望误差的选择需要考虑多方面的因素。③ 迭代次数：也称最大训练次数，设定的迭代次数的目的是为了避免当算法拟合误差一直达不到期望误差的要求导致程序无法结束运行的情况。④ 传递函数：也称激活函数，其作用是将输入值通过运算转换成输出值，以实现对下一个神经元的激活或抑制，同时，传递函数也可以把大小差异较大的输入值控制在有限范围内，得到在给定区间内的输出值。⑤ 学习函数：也称训练函数，它表示了 BP 神经网络的训练规则，即各个节点间连接系数的调整规则，经过多输入数据的多次训练，修正各层神经元之间的连接系数使输出值和期望输出值两者的误差达到期望误差。

13.3　深度神经网络与机器学习模型

2006 年，Hinton 等在 *Science* 上提出了一种基于人脑学习思想的深度神经网络的机器学习方法。该文首次提出深度信念网（Deep Belief Networks，DBN），其基本思想是采用无监督的方法预训练多个受限玻尔兹曼机（Restricted Boltzmann Machine，RBM），再将多个 RBM 组成一个深度构架，将已经训练好的 RBM 权值作为网络的初始权值，然后采用传统有监督的反向传播算法"微调"整个网络，最后加上分类器用于识别。此种网络构架避免了人工神经网络由于层数较多容易陷入局部最优以及收敛速度慢等缺点，在多个数据库上取得了很好的分类正确率。

受到 Hinton 逐层训练网络思想的启发，2007 年 Bengio 等将 RBM 替换为自动编码器（auto-encoder），提出了深度自动编码器（Deep Auto-Encoders，DAE）的深度结构并取得了类似于 DBN 的结果。逐渐地，深度神经网络形成了以 DBN 结构、DAE 结构和 LeCun 在 1998 年提出的卷积神经网结构（Convolutional Neural Networks，CNN）为主的基本结构,上述三种结构及其变形结构已经在图像、自然语音处理、视频处理等机器学习领域取得了突破性的进展,同时也在学术界和工业界引起了广泛关注。

深度神经网络也称深度学习(deep learning),该方法是一种多层无监督神经网络,并且将上一层的输出特征作为下一层的输入进行特征学习,通过逐层特征映射后,将现有空间样本的特征映射到另一个特征空间,以此来学习对现有输入具有更好的特征表达。深度神经网络具有多个非线性映射的特征变换,可以对高度复杂的函数进行拟合。如果将深层结构看作一个神经元网络,则深度神经网络的核心思想可描述如下:① 每层网络的预训练均采用无监督学习;② 无监督学习逐层训练每一层,即将上一层输出作为下一层的输入;③ 由监督学习来微调所有层(加上一个用于分类的分类器)。

深度学习的定义在过去的十年一直不断变化,其中大部分学者认为深度学习应该"具有两层以上的神经网络",其特点是具有更多的神经元、更复杂的网络连接方式、惊人的计算量,能够自动提取数据高维特征。

深度学习本质上是一种新兴的机器学习算法,其基本模型框架是基于 ANN 的,如含有多隐含层的感知器。其可以通过对数据的底层特征进行学习从而得到更加抽象的隐藏特征,从而得到数据的分布式规律,进而预测或分类数据。

深度神经网络与传统神经网络的主要区别在于训练机制。为了克服传统神经网络容易过拟合及训练速度慢等不足,深度神经网络整体上采用逐层预训练的训练机制,而不是采用传统神经网络的反向传播训练机制。

深度神经网络分为以下 3 类:① 前馈深度网络(Feed-Forward Deep Networks,FFDN),由多个编码器层叠加而成,如多层感知机(Multi-Layer Perceptrons,MLP)、卷积神经网络(Convolutional Neural Networks,CNN) 等。② 反馈深度网络(Feed-Back Deep Networks,FBDN),由多个解码器层叠加而成,如反卷积网络(Deconvolutional Networks,DN)、层次稀疏编码网络(Hierarchical Sparse Coding,HSC) 等。③ 双向深度网络(Bi-Directional Deep Networks,BDDN),通过叠加多个编码器层和解码器层构成(每层可能是单独的编码过程或解码过程,也可能既包含编码过程也包含解码过程),如深度玻尔兹曼机(Deep Boltzmann Machines,DBM)、深度信念网络(Deep Belief Networks,DBN)、栈式自编码器(Stacked Auto-Encoders,SAE) 等。

选择深度学习,一方面是因为它节省工程师们的时间,降低工程师们的工作量,提高工作效率。在深度学习出现之前,机器学习的工程师们往往需要花费数天、数周,甚至数月的时间去收集数据,然后对数据进行筛选,尝试各种不同的特征提取方法对数据进行提取,或者结合几种不同的特征对数据进行分类和预测。深度学习则不需要工程师去提取特征,而是自动地对数据进行筛选,自动地提取数据高维特征。深度学习的一般方法与传统机器学习中的监督学习一般方法相比,少了特征工程,节约了大量工作时间,从而让工程师们把更多的时间和精力投入在更有价值的研究方向上。另一方面是深度学习的效果已经在众多领域开始超越传统的机器学习算法,甚至在某些领域能够获得比人类预测更好的效果。此外,深度学习还可以与大数据无缝结合,输入庞大的数据集进行大数据端到端(end-to-end)的学习过程,这种简约的理念吸引着无数的研究者。

深度学习已经不仅仅是计算机科学领域的问题,它结合了更多关于神经网络的问题,涉及生物学、神经科学等众多领域,仍有非常巨大的发展空间。

13.4　人工神经网络与机器学习的应用

传统的材料设计与研发主要是依靠实验方法去合成与测试样品,新材料的研发过程耗时长、效率低。随着计算机技术的不断发展,理论上的模拟计算,尤其是高通量筛选技术的引入,加快了材料的研发进程。

机器学习的应用具有很强的跨学科性。机器学习在材料科学中的应用对象十分广泛,包括金属材料、无机氧化物材料、有机材料和各类功能材料。各种各样的相关研究表明,机器学习可以作为一种快速、准确的工具用于材料科学领域。随着理论和方法的进一步发展,机器学习必将在材料科学领域拥有更加深入、广泛的应用。目前,机器学习已经被应用于许多材料的研究与设计之中,包括金属有机框架材料、软物质及生物材料、锂离子电池材料、热电材料、催化材料、碳材料等。

除了可以有效加快新型材料的设计与研发过程、预测材料的性能之外,机器学习在计算材料学中也有应用,可以优化和改良现有的材料理论计算方法。在材料计算模拟中,经常会产生大规模、高维度的数据集,机器学习可以提供一种可扩展的方法识别大数据集中的模式,提取数据中的规律和趋势。基于机器学习的方法,建模训练可以进行大量系统性的分析,相比于现在主流的理论计算方法,计算速度快、灵活度高、泛化能力强,并且具有与实验相结合的潜力,可以有效地加快材料的设计和研发过程,节约资源和成本,这为材料的逆向设计提供了一种策略和思路。

近年来,机器学习模型在材料领域的应用正在逐渐深化,一些更为深入复杂的模型如深度学习模型开始在材料领域应用。例如在钢丝绳(SWR)损伤检测领域的研究中,具有手动特征提取的常规机器学习方法具有很强的主观性,如果不能准确地提取判别信息,那么检测精度则会降低。一种基于卷积神经网络的智能 SWR 损伤检测方法可以通过训练 SWR 的表面图像自动提取判别特征。结果表明,与传统的机器学习方法相比,该卷积神经网络方法具有更高的准确率和更快的检测速度。

但数据采集和管理以及机器学习代码和数据的开放共享是机器学习在材料领域的应用迫在眉睫的挑战,探索使用自然语言处理方法从文献中自动获取数据(以填充数据库)制定标准化协议实现机器学习代码和数据的开放共享将加速机器学习在材料领域的应用进程。

下面从 3 个案例入手了解机器学习在材料研究中的应用。

案例 1　利用机器学习方法筛选高性能锂硫电池单原子催化剂

锂硫电池的高能量密度使其成为下一代储能技术的有力候选者,其正负极的主要活性物质分别是硫和锂,在充放电过程中会产生"穿梭效应",形成可溶的高阶多硫化物并从正极扩散至负极,导致正极活性物质的流失以及负极的失活。同时,正极处缓慢的硫还原动力学也限制了锂硫电池的性能。近年来,有研究发现,应用在锂硫电池正极材料中的负载型单原子催化剂可以抑制"穿梭效应",以及加快硫还原反应动力学。然而,单原子催化剂的结构种类繁多,超出了传统的"试错法"和常规 DFT 计算的能力。

中国科学院金属研究所沈阳材料科学国家研究中心采用基于高通量密度泛函理论计算的机器学习方法,系统研究了多硫化物的吸附模式,并对上千种氮掺杂碳材料负载的过渡金属单原子催化剂进行了筛选,为锂硫电池正极材料中单原子催化剂的设计提供了指导。

研究人员首先采用密度泛函理论对 800 余个吸附结构进行计算,如图 13.12 所示结果显示多硫化锂在催化剂上有四种可能的吸附构型,并可分为两大类,即解离吸附和非解离吸附。基于晶体图卷积神经网络训练的分类器,研究区分了发生 S—S 键断裂的吸附与其他类型的吸附。进一步对吸附构型的电子结构分析显示,负载金属原子后催化剂与多硫化锂间的相互作用发生明显变化,因而使吸附显著增强,从而减少"穿梭"过程的发生。此外,机器学习训练出的回归模型对吸附能也有较好的预测能力,其平均绝对误差为 0.14 eV。基于这一模型,研究预测了上千个吸附构型的吸附能,并利用过电势的计算给出了相应的火山型曲线。结合可溶性多硫化物的吸附能,研究预测并筛选出数个性能均衡的单原子催化剂。该研究拓宽了单原子催化剂的应用范围,也为锂硫电池正极材料的设计提供了新思路。

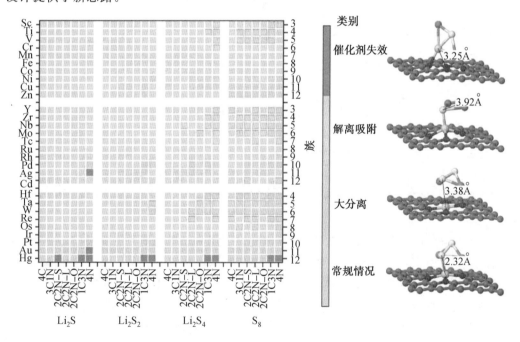

图 13.12　利用机器学习方法筛选高性能锂硫电池单原子催化剂(彩图见附录)

案例 2　机器学习加速镍基高温合金设计

在受数据科学浪潮启发之前,合金建模有着类似机器学习方法的历史。计算数据库的出现使分析、预测和发现成为加速合金研究的关键主题。机器学习方法和增强数据生成技术的进步为计算材料科学提供了有力支持。将机器学习与合金进行结合,可以推动各种材料的发展,包括并不限于金属玻璃、高熵合金、形状记忆合金、磁铁、高温合金、催化剂和结构材料等。

目前,社会对优质高温合金的需求不断增加,需要对其成分进行精确设计。然而,筛选合金性能(如抗蠕变性和微观结构稳定性)的常规方法会耗费大量时间和资源。

为此,中南大学和新加坡南洋理工大学以镍基高温合金为例,致力于开发一种高温合金的高通量设计策略以加速其成分选择并实现最佳性能,如图13.13所示。

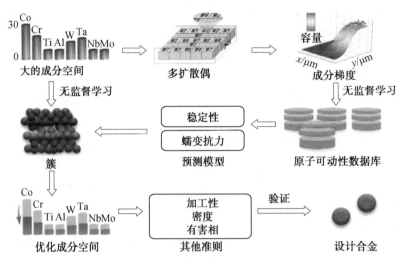

图13.13　开发一种高温合金的高通量设计策略(彩图见附录)

首先,研究者进行了高通量实验,通过系统设计合金扩散倍数在单个样品中获得多个扩散对,并采用自动成分检测技术快速收集成分分布。

之后,利用HitDIC软件进行高通量计算得到包含镍基高温合金原子迁移率和互扩散率的数据库。然后使用该数据库提高LSW粗化和极小蠕变速率(MCR)模型的准确性,该模型可用于评估镍基高温合金的γ'粗化和蠕变行为。这对于确定这些合金的机械性能和微观结构稳定性非常重要,通过将这些预测与文献进行比较验证了模型预测的准确性。

接下来,研究者采用无监督机器学习,即通过使用K-均值聚类算法根据其蠕变速率和结构稳定性对镍基合金的成分进行分类。然后可以确定具有最佳抗蠕变性和结构稳定性的成分范围,其中获得了超过648 000种具有不同成分的镍基合金并最终确定了综合最优性能的两种合金。通过实验验证了选择的可靠性(图13.14),这两种镍基合金在高温下表现出比其他成分的合金更高的优异抗蠕变性和结构稳定性。

该高通量设计策略可有效地加速多组分材料的开发,包括钛基、铝基、铁基,甚至高熵合金。此外,这种策略能够应对在无限成分空间中发现新型合金的挑战,从而满足高温材料的增长需求。

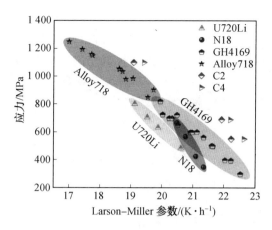

图 13.14　机器学习辅助合金设计的验证

案例 3　基于 BP 神经网络的铸态高熵合金成分 —— 强度预报

高熵合金是 20 世纪 90 年代由叶均蔚首先提出的概念。该合金和传统合金最大的区别是由多种元素构成,这些元素按照等原子比或近似等原子比配比,每种元素原子分数均不超过 35%,没有元素占 50% 以上,因此该合金是由多种元素共同作用来展示其特色。对高熵合金的研究表明,高熵合金倾向于形成简单固溶体,而不是形成金属间化合物,因此合金内相的总数远远低于吉布斯相规则所允许的数值。正是由于高熵合金拥有传统合金不具备的优异特性,因此可以通过适当的合金配方设计,获得高强度、高硬度、耐高温软化和氧化、耐腐蚀、耐磨等特性组合,具有很大的应用潜力。高强度作为铸态高熵合金的一个主要特性,与合金的元素种类及含量有着密切联系,如何确定它们之间的关系成为该合金研究领域中富于挑战性的一个课题。

为解决上述问题,基于文献统计得到铸态高熵合金成分(元素种类与含量)和强度(压缩断裂强度)数据,利用 BP 神经网络建立起了它们之间的关系模型。

首先进行本数据的获取及预处理。网络所采用样本数据为文献上对铸态高熵合金的成分和强度进行研究的实验数据,其中网络的输入数据为铸态高熵合金各元素的相对摩尔量比值,输入顺序按照 Fe、Cr、Ni、Al、Co、Ti、Cu、Mn、V、Mo 的顺序,若无该元素则输入参数为 0。由于文献上 Fe、Cr、Ni 这三种元素摩尔比均为 1,因此不输入这三种元素的摩尔比,输入参数仅仅为 Al、Co、Ti、Cu、Mn、V、Mo 这 7 种元素的摩尔比值。输出参数则为对应体系的压缩断裂强度。如 FeCrNiCoTiCuMnV 合金,按照 Al、Co、Ti、Cu、Mn、V、Mo 顺序,输入数据则为 0 1 1 1 1 1 0,输出参数为对应体系的压缩断裂强度 1.3 GPa。

然后建立合金成分－强度网络模型。选取部分数据作为训练样本,随机选取部分数据用作预测。样本数据归一化方法如下:

$$X'_i = \frac{X_i - X_{\min}}{X_{\max} - X_{\min}} \tag{13.16}$$

式中,X_i 为样本数据;$X_{\max}$ 为样本数据中的最大值;$X_{\min}$ 为样本数据中的极小值。在网络输出结果时进行反归一化。

本案例中通过试错法来确定网络的隐含层数、隐含层神经元数、学习率、目标误差值等。经过反复调整和训练得到了较好的成分－强度网络,结构如图 13.15 所示。具体说明如下:以成分参数作为网络的输入,强度参数作为输出,一个隐含层,神经元数为 4,建立 $10 \times 4 \times 1$ 的网络,训练函数为 trainscg,目标误差值设为 0.001,学习率为 0.2。

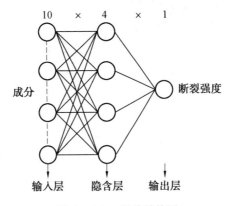

图 13.15　网络结构图

进行网络的学习和预测。对比文献统计所得数据与网络输出,统计其相对误差的绝对值,发现网络输出与文献统计结果具有很好的拟合性(图 13.16),网络的相对误差绝对值大部分都能保持在 10% 以下,误差均较小,并且误差总体平均值在 5% 左右(图中前 34组都为网络训练输出的对比结果,后 4 组则是预测输出结果)。这说明建立的网络是合理并且可靠的。

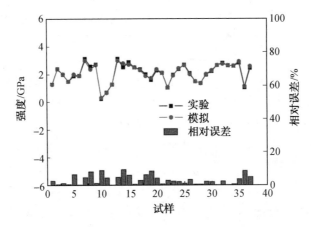

图 13.16　成分－强度网络的性能输出与实验结果的对比

选取样本数据值范围内的非样本数据输入到网络中,便可得到相应的输出。利用网络,便可得到铸态高熵合金的成分和压缩断裂强度之间的关系。图 13.17 和图 13.18 是利用该网络预测得到的铸态高熵合金成分－强度之间的关系图,分别为单组元成分变化和两组元成分变化对铸态高熵合金压缩断裂强度的影响关系图。

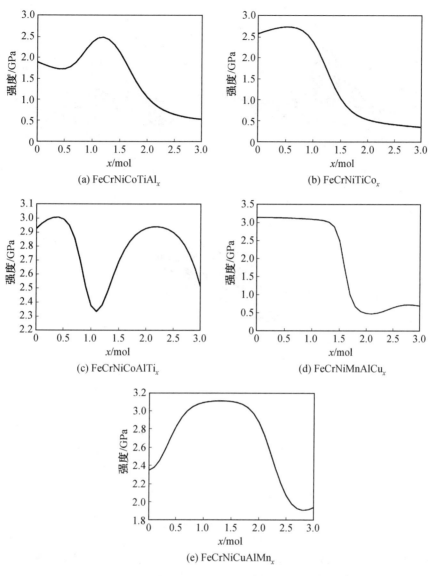

图 13.17　铸态高熵合金断裂强度随元素成分的变化规律

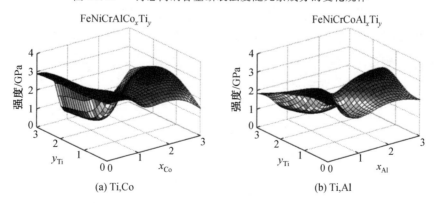

图 13.18　两种元素含量对铸态高熵合金断裂强度的影响规律

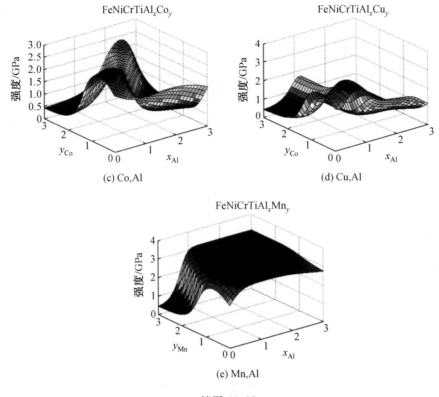

续图 13.18

　　综合图中结果可以发现,对于铸态高熵合金来说,成分的变化对其压缩断裂强度有明显的影响。从图中可以很容易地看出,随着 Al 含量的增加,铸态高熵合金的压缩断裂强度先增加后减小;随着 Co 含量的增加,铸态高熵合金的压缩断裂强度略微增加之后立刻减小;随着 Ti 含量的增加,铸态高熵合金的压缩断裂强度有先减小再增加的趋势,并且一直保持着较高的水平;随着 Cu 含量的增加,铸态高熵合金的压缩断裂强度开始变化不大,后来急剧下降,最终保持一定水平;随着 Mn 含量的增加,铸态高熵合金的压缩断裂强度先略微增加然后减小。该规律与通过实验得到的成分对铸态高熵合金压缩断裂强度的影响规律一致。

　　因此,在实际生产中,如要设计一种高强度的铸态高熵合金,应该选择对提高强度有利的元素如 Ti 和 Al 等。这样,可以根据本案例所得到的结果,很好地根据所需要的强度性能确定铸态高熵合金的成分。

参 考 文 献

[1] 张跃,谷景华,尚家香,等. 计算材料学基础[M].北京:北京航空航天大学出版社,2007.

[2] LEACH A R. Molecular modelling principles and application[M].2nd ed. 北京:世界图书出版公司,2003.

[3] 单斌,陈征征,陈蓉. 材料学的纳米尺度计算模拟:从基本原理到算法实现[M].武汉:华中科技大学出版社,2015.

[4] 任凤章. 材料物理基础[M].2版.北京:机械工业出版社,2012.

[5] 费维栋,郑晓航,王国峰. 计算材料学[M].哈尔滨:哈尔滨工业大学出版社,2021.

[6] 刘勇. 固体物理导论[M].哈尔滨:哈尔滨工业大学出版社,2020.

[7] 于金,吴三械. 第一性原理计算:Heusler合金[M].北京:科学出版社,2016.

[8] 罗德. 计算材料学[M].项金钟,吴兴惠,译. 北京:化学工业出版社,2022.

[9] 支颖,王振范,刘相华. 原胞自动机在金属材料研究中的应用[M].北京:科学出版社,2020.

[10] 徐光宪,黎乐民. 量子化学基本原理和从头计算法(上册)[M].北京:科学出版社,2007.

[11] 李雨桐.四元成分空间半金属性 Heusler 合金的第一性原理计算设计[D].哈尔滨:哈尔滨工业大学,2022.

[12] 周易.新型钙钛矿铌酸盐稀磁半导体计算设计与性能调控[D].哈尔滨:哈尔滨工业大学,2021.

[13] 廖名情.多元成分空间弹性数据模型与 Nb-Ti-V-Zr 合金高通量设计[D].哈尔滨:哈尔滨工业大学,2021.

[14] 王科.合金元素对石墨烯/铝界面结构与结合的影响[D].哈尔滨:哈尔滨工业大学,2021.

[15] PAUDEL R.面向自旋电子学应用的$(Co,Fe)_2$基 Heusler 合金的设计与优化.哈尔滨:哈尔滨工业大学,2019.

[16] 周飞.钙钛矿铌酸盐晶体的低维度生长行为与非线性光学效应[D].哈尔滨:哈尔滨工业大学,2017.

[17] 何晴.过渡金属 B 位掺杂 $BaNbO_3$ 晶体的结构与多铁性质[D].哈尔滨:哈尔滨工业大学文,2017.

[18] 王天姿,碳基体团簇模型构建与碳/碳复合材料性能预测[D].哈尔滨:哈尔滨工业大学,2023.

[19] 康崇禄.蒙特卡罗方法理论和应用[M].北京:科学出版社,2015.

[20] 郭俊梅,邓德国,潘健生,等.计算材料学与材料设计[J].贵金属,1999,20(4):7.

[21] 何淑芷,刘策军.Metropolis 蒙特卡罗计算方法的新发展及应用[J].华南理工大学学报（自然科学版).1995(9):99.

[22] YU Q,ESCHE S K. A Monte Carlo algorithm for single phase normal grain growth with improved accuracy and efficiency[J]. Computational Materials Science,2003,27(3):259.

[23] LEE H N,RYOO H S,HWANG S K. Monte Carlo simulation of microstructure evolution based on grain boundary character distribution[J]. Materials Science & Engineering A,2000,281(1-2):176.

[24] GUPTA H,WEINKAMER R,FRATZL P,et al. Microscopic computer simulations of directional coarsening in face-centered cubic alloys[J]. Acta Materialia,2001,49(1):53.

[25] YU Q,ESCHE S K. Three-dimensional grain growth modeling with a Monte Carlo algorithm[J]. Materials Letters,2003,57(30):4622.

[26] YANG Z,SISTA S,ELMER J W. Three dimensional Monte Carlo simulation of grain growth during GTA welding of titanium[J]. Acta Materialia,2000,48(20):4813.

[27] LIU J,SUN F,YU H,et al. Monte Carlo simulation of nitriding in iron by a mixing technology with laser and plasma beams[J]. Current Applied Physics,2007,7(6):683.

[28] 何东.晶粒组织演化的原胞自动机模拟[D].哈尔滨:哈尔滨工业大学,2012.

[29] OUYANG D L,LU S Q,CUI X,et al. Modeling of grain growth for dynamic recrystallization of TA15 titanium alloy[J]. Rare Metal Materials and Engineering,2010,39(7):1162.

[30] 罗志荣.金属材料微观组织结构演化的相场法研究[D].南宁:广西大学,2013.

[31] 李永胜.温度对 $Ni_{75}Al_xV_{25-x}$ 合金沉淀过程影响的微观相场模拟[D].西安:西北工业大学,2007.

[32] 李永胜.$Ni_{75}Al_xV_{25-x}$ 合金沉淀行为的微观相场模拟[D].西安:西北工业大学,2005.

[33] FEDER J. Fractals[M]. New York:Plenum Press,1988.

[34] MANDELBROT B B. The fractal geometry of nature[M].上海:上海远东出版社,1998.

[35] LUNG C W. Fractals and the fracture of cracked metals[M]. North Holland:Fractals in Physics,1986.

[36] 陈颙,陈凌.分形几何学[M].北京:地震出版社,2005.

[37] 张济忠.分形.2 版[M].北京:清华大学出版社,2011.

［38］林鸿溢，李映雪.分形论：奇异性探索［M］.北京：北京工大学出版社，1992.

［39］穆在勤，龙期威.断口分维测试方法及一些问题［J］.物理测试，1992(6)：8.

［40］卢春生，白以龙.材料损伤断裂中的分形行为［J］.力学进展，1990，20(4)：468.

［41］WESSLING B. Electrical conductivity in heterogenous polymer systems（V）（1）：Further experimental evidence for a phase transition at the critical volume concentration［J］. Polymer Engineering & Science，1991，31(16)：1200-1206.

［42］BREUER O，TCHOUDAKOV R，NARKIS M，et al. Segregated structures in carbon black-containing immiscible polymer blends：HIPS/LLDPE systems［J］. Journal of Applied Polymer Science，1997，64(6)：1097-1106.

［43］LUX F. Models proposed to explain the electrical conductivity of mixtures made of conductive and insulating materials［J］. Journal of Materials Science，1993，28(2)：285.

［44］ZALLEN R. The physics of amorphous Solids［M］. New York：Wiley，1983.

［45］孙业斌，张新民.填充型导电高分子材料的研究进展［J］.特种橡胶制品，2009，30(3)：6.

［46］刘生丽，冯辉霞，张建强，等.逾渗理论的研究及应用进展［J］.应用化工，2010，39(7)：5.

［47］MITCHELL T M. Machine learning［M］. New York：McGraw-Hill，2003.

［48］LIU Feng，WANG Zexin，WANG Zi，et al. High-throughput method-accelerated design of Ni-Based superalloys［J］. Advanced Functional Materials，2022，32(28)：2109367.

［49］LIAN Z，YANG M，JAN F，et al. Machine learning derived blueprint for rational design of the effective single-atom cathode catalyst of the lithium-sulfur battery［J］. The Journal of Physical Chemistry Letters，2021，12(29)：7053.

［50］朱景川，农智升，来忠红，等.基于 BP 神经网络的铸态高熵合金成分-强度预报［J］.金属热处理，2013，38(2)：26.

［51］程杰.自组装环肽纳米管的分子模拟研究［D］.哈尔滨：哈尔滨工业大学，2009.

［52］赵荣达.二元合金调幅分解与有序化共存相变动力学和微观机制研究［D］.哈尔滨：哈尔滨工业大学，2012.

［53］姚雷.TC11 钛合金热塑性变形过程组织变化及计算机模拟［D］.哈尔滨：哈尔滨工业大学，2005.

附录 部分彩图

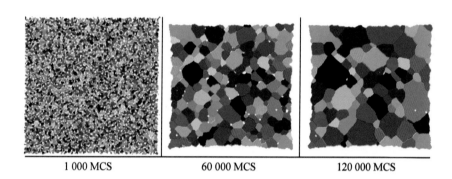

1 000 MCS   60 000 MCS   120 000 MCS

图 1.15

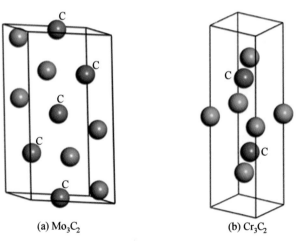

(a) Mo_3C_2 (b) Cr_3C_2

图 5.2

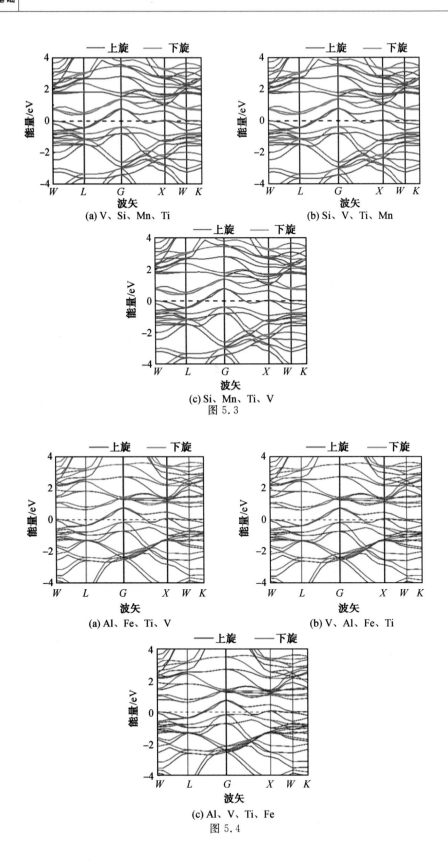

(a) V、Si、Mn、Ti

(b) Si、V、Ti、Mn

(c) Si、Mn、Ti、V

图 5.3

(a) Al、Fe、Ti、V

(b) V、Al、Fe、Ti

(c) Al、V、Ti、Fe

图 5.4

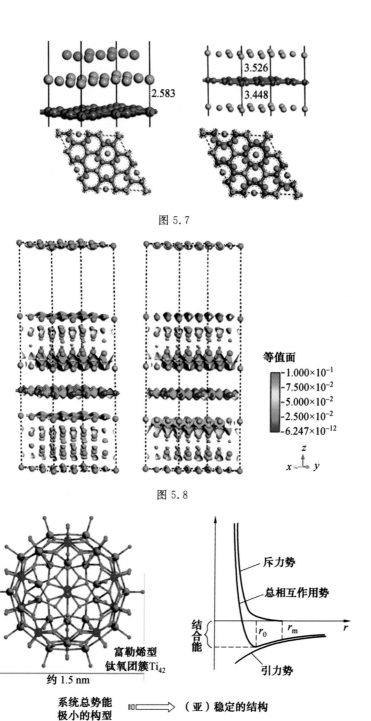

图 5.7

图 5.8

等值面
- 1.000×10^{-1}
- 7.500×10^{-2}
- 5.000×10^{-2}
- 2.500×10^{-2}
- 6.247×10^{-12}

富勒烯型
钛氧团簇 Ti_{42}

约 1.5 nm

斥力势

总相互作用势

结合能

引力势

r_0　r_m　r

系统总势能
极小的构型　⟹　（亚）稳定的结构

图 6.6

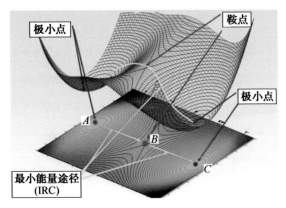

图 6.12

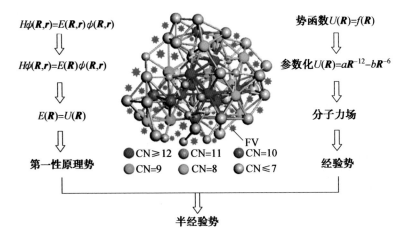

图 6.14

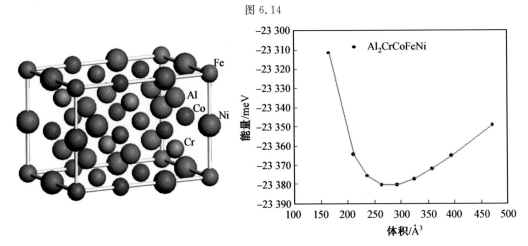

图 6.15

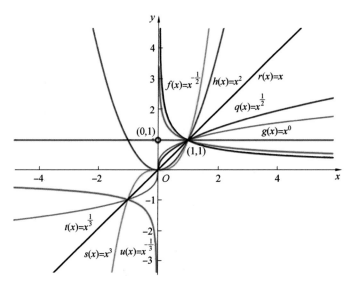

图 6.20

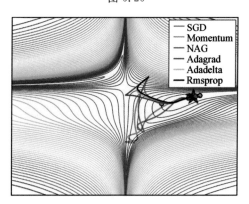

图 7.12

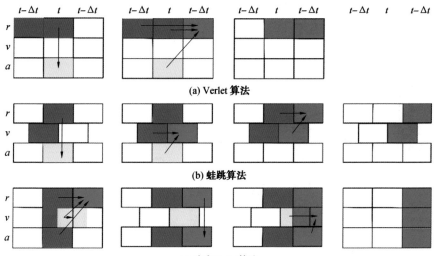

图 8.8

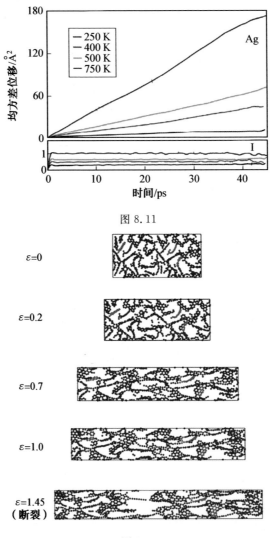

图 8.11

$\varepsilon=0$

$\varepsilon=0.2$

$\varepsilon=0.7$

$\varepsilon=1.0$

$\varepsilon=1.45$
（断裂）

图 8.14

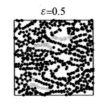

$\varepsilon=0$

$\varepsilon=0.2$

$\varepsilon=0.4$

$\varepsilon=0.5$

$\varepsilon=0.7$

图 8.15

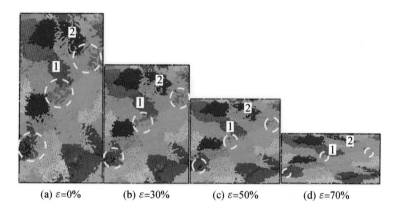

(a) ε=0%　　(b) ε=30%　　(c) ε=50%　　(d) ε=70%

图 8.16

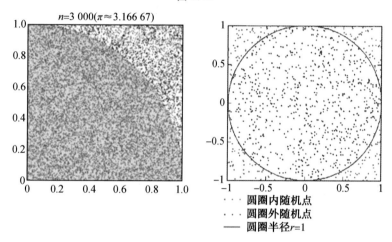

图 9.7

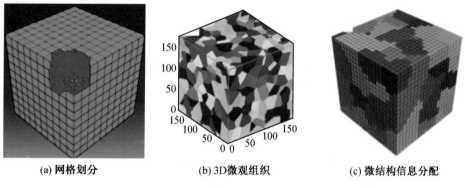

(a) 网格划分　　　　(b) 3D微观组织　　　　(c) 微结构信息分配

图 10.14

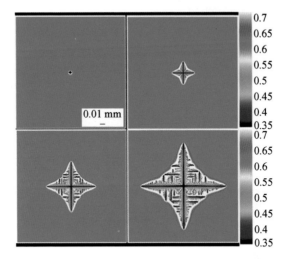

图 11.8

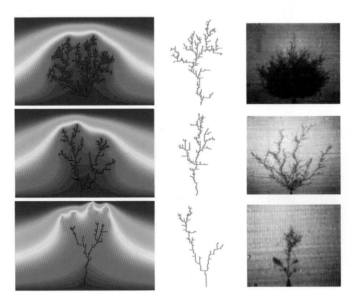

图 12.16

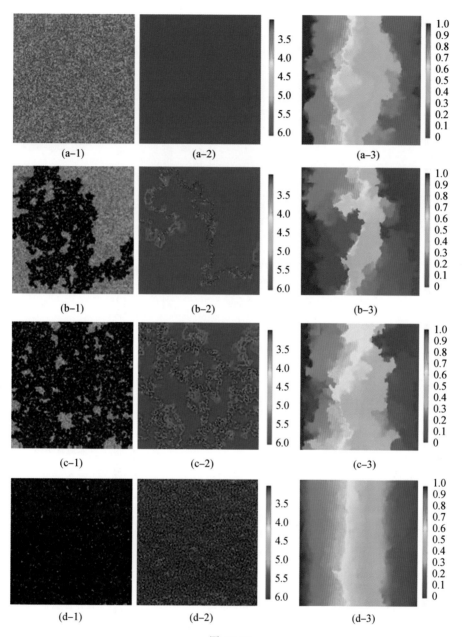

图 12.24

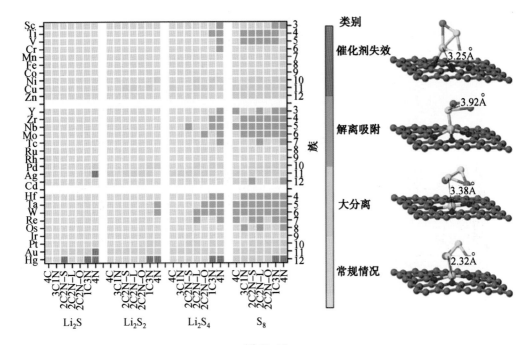

图 13.12

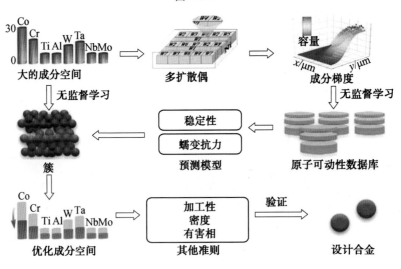

图 13.13